高等学校交通运输与工程类专业教材建设委员会规划教材

# 城市地下工程

翁效林　徐龙飞　赵高文　主　编
叶　飞　汪　波　主　审

人民交通出版社
北京

## 内 容 提 要

本书共分8章,包括:绪论、城市地下空间规划、城市地下工程勘察、城市地下结构设计与计算、城市地下工程施工技术、城市地下工程施工机械、城市地下工程灾害与防灾减灾、城市地下空间韧性。本书紧密结合城市地下工程设计、施工、科研等方面所包含的技术问题,深入探讨新时期城市地下工程中的新理论、新技术和新理念,并引进工程实例进行深入分析。

本书资料翔实,内容新颖,重视实践,可读性强,可作为普通高等学校岩土、土木、水利工程等专业的硕士研究生教材,也可供相关专业的本科生以及从事城市地下工程或相近专业的设计、施工、科研及管理人员参考。

**图书在版编目(CIP)数据**

城市地下工程 / 翁效林,徐龙飞,赵高文主编.
北京：人民交通出版社股份有限公司,2025.1.
ISBN 978-7-114-19853-3

Ⅰ.TU94
中国国家版本馆 CIP 数据核字第 20244MQ096 号

高等学校交通运输与工程类专业教材建设委员会规划教材
Chengshi Dixia Gongcheng

| | |
|---|---|
| 书　名： | 城市地下工程 |
| 著作者： | 翁效林　徐龙飞　赵高文 |
| 责任编辑： | 袁倩倩 |
| 责任校对： | 赵媛媛 |
| 责任印制： | 张　凯 |
| 出版发行： | 人民交通出版社 |
| 地　　址： | (100011)北京市朝阳区安定门外外馆斜街3号 |
| 网　　址： | http://www.ccpcl.com.cn |
| 销售电话： | (010)85285911 |
| 总 经 销： | 人民交通出版社发行部 |
| 经　　销： | 各地新华书店 |
| 印　　刷： | 北京科印技术咨询服务有限公司数码印刷分部 |
| 开　　本： | 787×1092　1/16 |
| 印　　张： | 17.25 |
| 字　　数： | 411千 |
| 版　　次： | 2025年1月　第1版 |
| 印　　次： | 2025年1月　第1次印刷 |
| 书　　号： | ISBN 978-7-114-19853-3 |
| 定　　价： | 56.00元 |

(有印刷、装订质量问题的图书,由本社负责调换)

# 前言

进入21世纪以来,由于人口急剧增长,世界多个城市面临建设用地短缺、居住空间拥挤、交通拥堵和环境恶化等问题,严重影响城市居民的幸福感。"城市,让生活更美好",不仅是一种生活理念,更是生活在城市里的人们的愿望。城市地下空间是迄今尚未被充分开发与利用的一种自然资源,合理开发与利用城市地下空间以满足未来城市发展的需要,是解决城市发展与土地资源紧张矛盾的最现实的途径。

为适应城市地下空间大规模开发与利用对高级技术人才的需求,近年来,许多高校为土木工程专业方向的研究生开设了"城市地下工程"的课程。我们在多年"城市地下工程"课程教学实践的基础上,编写了本书。本书紧密结合城市地下工程规划、勘察、设计以及施工等方面的技术问题,深入探讨新形势下城市地下工程中的新理论、新技术和新理念,并引入了大量的工程实例进行分析。本书拟作为普通高等学校岩土、土木、水利工程等专业的硕士研究生"城市地下工程"课程的教材,也可供相关专业的本科生以及从事城市地下工程或相关工程的设计、施工、科研及管理人员参考使用。

本书共分为8章,分别为:第1章绪论、第2章城市地下空间规划、第3章城市地下工程勘察、第4章城市地下结构设计与计算、第5章城市地下工程施工技术、第6章城市地下工程施工机械、第7章城市地下工程灾害与防灾减灾、第8章城市地下空间韧性。其中，第1、4、5章由翁效林编写，第2、3章由徐龙飞、翁效林编写，第6章由赵高文编写，第7、8章由徐龙飞编写，全书由翁效林统稿。

在本书编写过程中，长安大学研究生高骁恺、沈凤琳、李林静、党博涵、耿英俏、侯乐乐、马阳晨等做了大量的文字编辑和插图工作，中铁五局集团第五工程有限责任公司李红、湖北轨道交通设计研究股份有限公司唐飞、中铁第一勘察设计院集团有限公司王俊也给予了大力支持与帮助，特向他们表示感谢。本书在编写过程中，参阅了许多作者的著作，并吸纳了相关的最新研究成果及技术总结，在此对这些著作的作者表示诚挚的谢意。

由于编者水平有限，书中错漏之处在所难免，恳切希望广大读者不吝指教。

编　者

2023年8月

# 目录

第1章 绪论 ·································································· 1
1.1 城市地下工程的分类 ················································ 2
1.2 城市地下工程的特性 ················································ 5
1.3 城市地下空间开发与利用的意义和现状 ·························· 7
1.4 我国城市地下工程的发展趋势与挑战 ···························· 15

第2章 城市地下空间规划 ················································ 19
2.1 城市地下空间规划概述 ············································· 19
2.2 城市地下空间功能确定与需求预测 ······························· 22
2.3 城市地下空间布局 ·················································· 26
2.4 城市地下空间规划编制 ············································· 34
2.5 城市地下空间心理及生理学 ······································· 39
2.6 城市地下空间规划案例分析 ······································· 41

第3章 城市地下工程勘察 ················································ 52
3.1 城市地下工程地质调查 ············································· 52
3.2 城市地下工程地质勘察 ············································· 58
3.3 城市地下工程地质评价与测绘 ···································· 68
3.4 城市地下工程地质勘探与试验 ···································· 74
3.5 特殊地层城市地下工程勘察与评价案例分析 ··················· 80

第4章 城市地下结构设计与计算 ········································ 86
4.1 地下结构 ······························································· 86

  4.2 围岩与地下结构的相互作用体系 ······ 89
  4.3 地下工程支护结构设计 ······ 98
  4.4 地下结构计算 ······ 103
  4.5 明挖基坑支护桩设计 ······ 126

第5章 城市地下工程施工技术 ······ 134
  5.1 城市地下工程施工方法 ······ 134
  5.2 城市地下工程特殊与辅助施工方法 ······ 150
  5.3 城市地下工程监测技术 ······ 162
  5.4 典型城市地下工程应用案例分析 ······ 165

第6章 城市地下工程施工机械 ······ 182
  6.1 竖向开挖机械 ······ 182
  6.2 水平掘进机械 ······ 196
  6.3 支护维护机械及通风防尘设备 ······ 210

第7章 城市地下工程灾害与防灾减灾 ······ 219
  7.1 灾害分类 ······ 219
  7.2 城市地下工程灾害风险分析与评价 ······ 221
  7.3 城市地下工程地震灾害防护 ······ 223
  7.4 城市地下工程火灾防护 ······ 228
  7.5 城市地下工程中水灾防护 ······ 232
  7.6 城市地下防空防灾体系 ······ 235
  7.7 城市地下工程施工事故及其防护 ······ 238

第8章 城市地下空间韧性 ······ 243
  8.1 城市地下空间韧性概述 ······ 244
  8.2 城市地下空间韧性规划与设计 ······ 246
  8.3 城市地下空间韧性建设与运营 ······ 252
  8.4 城市地下空间韧性建设案例分析 ······ 258

参考文献 ······ 261

# 第1章
# 绪论

随着科学技术的飞速发展、城市居住人口的迅猛增长和城市化水平的不断提高,城市空间拥挤、交通阻塞、环境恶化、资源匮乏等问题愈演愈烈,城市地下空间作为城市空间资源的重要组成部分,越来越受到人们的关注。1982年联合国自然资源委员会正式将地下空间列为"潜在而丰富的自然资源",同时,地下空间也是迄今尚未被充分利用的一种自然资源。1991年,城市地下空间国际学术会议通过的《东京宣言》提出,21世纪是人类开发与利用地下空间的世纪。

城市建设区范围内的地下空间统称为城市地下空间。城市地下工程是指在地面以下的土层和岩体中以开发与利用城市地下空间资源为目的建造的地下土木工程,综合了地下工程规划管理、勘察设计、建筑施工和运营维护等应用科学与工程技术。城市地下工程主要分为地下管线(包括管廊、共同沟)、单独的地下建筑物、地面建筑物附设的地下室、地下交通设施(包括地下铁道、公路隧道、人行隧道等)四类,包括交通运输设施、市政设施、地下商业设施、文娱活动设施、体育设施、防灾减灾设施、生产储存设施、能源设施、科研设施和军事设施等。

## 1.1　城市地下工程的分类

（1）按功能属性分类

城市地下工程按功能属性分类见表1-1。

城市地下工程按功能属性分类　　　　　表1-1

| 类别 | 设施名称 | | |
|---|---|---|---|
| | 大类 | 中类 | 小类 |
| 基础 | 地下基础 | 浅基础 | 独立基础、条形基础、筏形基础、箱形基础等 |
| | | 深基础 | 桩基础、沉井等 |
| 交通 | 地下交通设施 | 地下轨道交通设施 | 地下铁路、地下磁悬浮交通等 |
| | | 地下车行通道 | 山岭隧道、水下隧道、地下立交、地下道路等 |
| | | 地下人行通道 | — |
| | | 地下停车场（站） | 地下自走式停车库、地下机械式停车库等 |
| | | 地下公交场（站） | 地下公交枢纽、地下火车站 |
| 市政 | 地下市政设施 | 地下市政管线 | 给水管道、排水管道、燃气管道、电力隧道、热力管道、地下垃圾输送管道、电信管线等 |
| | | 地下综合管廊 | 缆线综合管廊、支线综合管廊、干线综合管廊等 |
| | | 地下市政场（站） | 地下变电站、地下污水厂、地下垃圾转运站、地下垃圾焚烧厂、地下能源中心、地下燃气调压站等 |
| 社会公共服务 | 地下社会公共服务设施 | 地下商业设施 | 地下商场、地下商业街等 |
| | | 地下行政办公设施 | 地下社区活动中心等 |
| | | 地下文化旅游设施 | 地下音乐厅、地下大剧院、地下图书馆、地下博物馆等 |
| | | 地下教育科研设施 | 地下实验室等 |
| | | 地下体育设施 | 地下篮球场、地下游泳馆、地下射击场 |
| | | 地下医疗卫生设施 | 地下医院等 |
| 物流 | 地下物流设施 | 地下货物分拨场（站） | — |
| | | 地下货物配送场（站） | — |
| | | 地下物流终端场（站） | — |
| 仓储 | 地下仓储设施 | 地下仓库 | |
| | | 地下专用储库 | 地下粮库、地下油气库、地下物资库等 |
| 防灾减灾 | 地下防灾减灾设施 | 地下消防设施 | 地下消防站等 |
| | | 地下防洪设施 | 地下雨水调蓄池、地下调蓄隧道等 |
| | | 地下避难设施 | 地下防灾避难所等 |
| 军事 | 地下军事设施 | 人民防空工程 | 地下指挥中心、地下急救医院、地下应急物资库、地下人员掩蔽设施等 |
| | | 地下军事交通工程 | — |
| 其他 | 地下其他设施 | 其他 | 地下工业厂房、地下殡葬设施、地下数据中心等 |

(2) 按建设形式分类

城市地下工程按建设形式分类见表1-2。

城市地下工程按建设形式分类　　　　　表1-2

| 类别 | 名称 |
|---|---|
| 单建 | 单建式地下工程 |
| 结建 | 结建式地下工程 |
| 结建 | 街区整体式地下工程 |

(3) 按开发深度分类

城市地下工程按开发深度分类见表1-3。

城市地下工程按开发深度分类　　　　　表1-3

| 类别 | 名称 | 说明 |
|---|---|---|
| 浅层（包括半地下） | 浅层地下工程 | 0m≤深度≤地下15m |
| 中层 | 次浅层地下工程 | 地下15m<深度≤地下30m |
| 中层 | 次深层地下工程 | 地下30m<深度≤地下50m |
| 深层 | 深层地下工程 | 深度>地下50m |

(4) 按所处岩土环境分类

城市地下工程按所处岩土环境分类见表1-4。

城市地下工程按所处岩土环境分类　　　　　表1-4

| 类别 | 名称 | 说明 |
|---|---|---|
| 松软土 | 土层地下工程① | 砂土、粉土、冲击砂土层，疏松的种植土、淤泥（泥炭）。坚固系数0.5~0.6，密度600~1500kg/m³ |
| 普通土 | 土层地下工程① | 粉质黏土，潮湿的黄土，夹有碎石、卵石的砂，粉质土混卵（碎）石，种植土，填土。坚固系数0.6~0.8，密度1100~1600kg/m³ |
| 坚土 | 土层地下工程① | 软及中密黏土，重粉质黏土，砾石土，干黄土，含碎石和卵石的黄土或粉质黏土，压实填土。坚固系数0.8~1.0，密度1750~1900kg/m³ |
| 砂砾坚土 | 土层地下工程① | 坚硬密实的黏土或黄土，含碎石、卵石的中密黏土或黄土，粗卵石，天然级配砾石，软泥灰岩。坚固系数1.0~1.5，密度1900kg/m³ |
| 软石 | 岩层地下工程② | 硬质黏土，中密页岩、泥灰岩、白垩土，胶结不紧的砾岩，软石灰岩及贝壳石灰岩。坚固系数1.5~4.0，密度1900kg/m³ |
| 坚石 | 岩层地下工程② | 泥岩、砂岩、砾岩、坚实的页岩、泥灰岩、密实的石灰岩，风化花岗岩、片麻岩及正长岩等。坚固系数4.0~10.0，密度2200~2900kg/m³ |

注：① 土层地下工程包括西北黄土高原的窑洞。
　　② 岩层地下工程包括岩洞和开矿活动产生的矿坑、矿洞。

(5) 按布局形态分类

城市地下工程按布局形态分类见表1-5。

城市地下工程按布局形态分类　　　　　　　表1-5

| 类别 | 名称 | 类别 | 名称 |
|---|---|---|---|
| 点状 | 点状地下工程 | 面状 | 整体式地下工程 |
| 线状 | 线状地下工程 | 组合状 | 组合状地下工程 |

(6)按地下建筑结构类型分类

城市地下工程按地下建筑结构类型分类见表1-6。

城市地下工程按地下建筑结构类型分类　　　　　　　表1-6

| 类别 | 名称 |
|---|---|
| 浅埋式结构 | 地下结构物 |
| 结建式地下结构 | |
| 地下连续墙结构 | 地下连续墙 |
| 基坑围护与支撑结构 | 基坑工程 |
| 沉井结构 | 沉井(箱) |
| 沉箱结构 | |
| 盾构法隧道结构 | 盾构法隧道 |
| 沉管法隧道结构 | 沉管法隧道 |
| 顶管结构 | 顶管 |
| 箱涵结构 | 箱涵 |
| 整体式衬砌隧道结构 | 整体式衬砌隧道 |
| 锚喷支护隧道结构 | 锚喷支护隧道 |
| 其他结构 | 竖井、斜井 |

(7)按地下工程施工工法分类

城市地下工程按地下工程施工工法分类见表1-7。

城市地下工程按地下工程施工工法分类　　　　　　　表1-7

| 类别 | | 名称 |
|---|---|---|
| 明挖法 | | 明挖法隧道 |
| | | 明挖法地下工程 |
| 盖挖法 | | 盖挖法隧道 |
| | | 盖挖法地下工程 |
| 逆作法 | | 逆作法隧道 |
| | | 逆作法地下工程 |
| 暗挖法 | 浅埋暗挖法 | 浅埋暗挖法隧道 |
| | 矿山法 | 矿山法隧道 |
| | 盾构法 | 盾构法隧道 |
| | 掘进机法 | 掘进机法隧道 |
| | 新奥法 | 新奥法隧道 |

续上表

| 类别 | 名称 | |
|---|---|---|
| 暗挖法 | 沉管法 | 沉管法隧道 |
|  | 顶管法 | 顶管法隧道 |
|  | 管幕法 | 管幕法隧道 |
|  | 沉井法 | 沉井 |
|  | 沉箱法 | 沉箱 |
| 其他工法 | 新意法 | 新意法隧道 |
|  | 冻结法 | 冻结法隧道 |

## 1.2　城市地下工程的特性

(1)规划设计特点

城市地下工程规划与开发是城市地下工程建设的重点,开发前需进行合理的规划,以确保城市职能充分发挥,避免影响大众的正常生活。

①地下工程规划受到原有城市规划的限制。

地下工程规划作为城市规划的一部分,其发展远不如传统城市规划。地下工程规划受地面上部空间开发情况的限制,一旦未考虑地面上部空间而开发地下工程,地下工程建成后将很难调整。城市规划中的地面工程受施工技术、区域及环境等限制,通常其建设影响深度为地下10~100m的范围,因此地下工程规划深度越大,受到地面上部空间的限制便越少。

②地下工程规划需结合地面进行。

浅层和次浅层以内的地下工程需结合城市的广场绿地、公园、庭院进行规划。此外,城市地下工程所包括的城市地下铁道、公路隧道、地下自行车道、地下人行通道等交通设施,需与地面城市道路相协调。

③地下工程规划受地质条件影响大。

目前的施工技术条件要求地下工程必须妥善处理不同岩层和土层地质条件(如地下水、地层结构、岩石或土壤性质等)的影响,如越江隧道工程受到地下水、江水等的影响。

④地下工程规划需考虑城市防灾减灾功能。

地下工程的范围广、类型多、技术条件复杂,地下市政公用设施又是城市"生命线"工程的重要组成部分。这些特点都使地下工程规划比地面工程规划更具防护功能。因此,地下工程规划需考虑城市防灾减灾功能。

⑤地下工程规划需考虑岩土体参数随环境变化而产生的变化。

地下水的状态往往对地下工程产生巨大影响,在设计中,首先要了解地下水的变化情况,更要注意地下水变化带来的地层参数变化,例如地层中的静水压力和动水压力的变化。

(2)施工特点

①施工条件复杂。

地下空间广阔,施工条件复杂,地下工程施工与传统地上施工有所不同,施工人员需要对地下整体空间资源进行分析，充分考虑地下环境的复杂性。例如，施工过程中的挖掘作业会破坏岩土体的稳定状态，引发地下水渗漏，进而诱发各种地质灾害。这就需要安排专业人士对地下地质环境进行勘察，在制定施工方案时需要遵照一定的规范、结合勘察结果并参考以往施工经验。城市建设是在现有城市基础上不断发展的，城市地下空间中遍布管道线路，若施工期发生管道泄漏事故，则会严重威胁工人的健康和安全，甚至影响城市居民的正常生产和生活，因此施工中还需注意避开地下管道线路。综上所述，城市地下工程建设面临众多注意事项，需要施工单位对施工管理有较高的重视程度。

②需注重生态保护。

生态保护一直是城市发展中的重点，因此在进行地下工程建设时，需要贯彻环保理念。务必注意规避施工中设备和操作对地下环境可能造成的影响，特别要注意避免对地下水造成污染。

③施工隐蔽性强。

施工隐蔽性强也是地下工程施工的一大特点，地下空间对比地上较为黑暗，难以及时发现工程隐患，且空间稳定性不均匀，因而对施工人员的经验要求非常高。

④对施工技术要求高。

施工技术是确保地下工程施工高质、高效开展的重要条件。由于地下环境具有复杂性和不稳定性，因此施工过程中可能会遇到各种问题，如果施工技术不达标，问题发生的概率会显著提高，拖慢施工进度。此外，施工技术水平会直接影响工程质量，工程投入使用后，一旦因施工技术问题引发安全事故，将产生恶劣的社会影响。在施工过程中，施工人员需要采取合适的技术手段，项目负责人应当合理安排施工进程，消除相关隐患，保证施工安全。

⑤须合理控制岩土体的变形。

由于地下工程在施工过程中，需要对岩土体进行开挖，因而岩土体会产生变形。设计和施工者需将变形控制在允许范围之内。

⑥须充分考虑岩土体受力状态的变化。

由于地下工程开挖岩土体破坏了其原有的应力平衡，岩土体需要较长的时间实现应力重分布，所以地下工程受力状态也是在不断变化的。

(3) 环境特点

①地下工程的光环境与地面工程不同。

一般而言，地下工程缺乏自然光照，需要使用人造光源进行照明。部分地下工程为了节约成本，设置的光源较少，导致地下工程的环境较为幽暗。即使光源充足，光环境也与自然条件下存在很大不同，长时间处于人造光源下，人的心理状态和生理状态会受到影响。

②地下工程的噪声较大。

地下工程中的噪声源有风洞、空气压缩机站、进排风机房、中频电机等。风洞和空气压缩机的噪声大、频带宽、声级高且空气压缩机噪声持续时间长，对人的影响很大。

③地下工程一般较为潮湿。

防潮除湿是地下工程建设的一个关键问题，不少地下工程由于防潮防水处理不当，会出现渗漏水、结露和潮气大等不良反应，影响在其间工作的人员，降低其工作效率。此外，潮湿引起的物品生锈、发霉、变质和质量下降等直接影响地下工程的正常使用。

④地下环境影响人的心理反应。

地下工程所处环境易引发使用者产生幽闭、压抑的心理反应,因此修筑时应采取技术手段以提高建筑环境的舒适度,同时利用现代科技成果改善地下建筑的室内环境,如提高建筑艺术处理的水平,以避免地下环境对人的心理产生较大负面影响。

## 1.3 城市地下空间开发与利用的意义和现状

### 1.3.1 城市地下空间开发与利用的意义

地下空间的有序开发与利用,能够提高土地利用率,提升能效,改善生态环境,对于打造韧性、绿色、低碳、智慧的现代化城市意义重大。

从拓展人类生存空间的意义上看,合理开发与利用城市地下空间以满足未来城市发展的需要,是解决城市发展与土地资源紧张矛盾的最现实和最有效的途径。其对城市土地的多重利用、地面交通条件和环境污染的改善、能源的节约等方面都起着不可替代的重要作用,具体体现在以下几个方面:提高土地利用效率,节约土地资源;有效缓解城区交通压力,减少地面噪声;增加地面绿地面积,改善城市生态环境;扩充基础设施容量;保护历史建筑;提高城市总体防灾、减灾能力;节能减排和降低碳排放量等。

从实现城市可持续发展的角度来看,城市由地面及上部空间向地下空间发展延伸是必然趋势,积极开发与利用城市地下空间是实现人类社会和经济可持续发展、构建资源节约型和环境友好型社会的关键途径。这主要体现在以下几个方面:城市建设充分利用地下空间资源可提高抗御自然灾害的能力,是建设"生命线"工程的重要途径之一;地下空间是处理放射性废物或其他有害废物的安全场所;隧道等地下工程可提供安全、便捷、高效而经济的交通手段;增加对用作生产场所以及居住场所等地下空间的利用,可扩展人类生存空间;食料、瓦斯等的地下储存是能源储存的发展趋势等。

总而言之,合理开发和利用城市地下空间是人类社会和城市发展的必然趋势,是生态文明建设的重要组成部分,也是医治快速城市化所带来的各种"城市病"的良方。城市地下基础设施是"里子",只有筑牢"里子",才能撑起城市亮丽光鲜的"面子",这是百年大计。

### 1.3.2 城市地下空间开发与利用的现状

随着科学技术的不断进步,人类对地下空间的利用逐渐深入。起初仅仅是地铁等地下交通工程以及由大型建筑物延伸出的地下结构,后来发展为基于地下轨道交通系统连接的地下街、文化体育工程、地下综合管线廊道等构成的地下综合体,最终形成地下城市。目前,地下空间已成为城市发展的重要资源,人们愈发认识到开发与利用地下空间资源是改善城市环境、走绿色发展之路的必然选择。

1) 国外城市地下空间开发与利用

目前,国外城市地下空间开发与利用的动因主要体现在以下几个方面:

①城市地下空间的利用可以缓解由高昂的市中心地价导致的用地紧张问题,具有良好的经济前景,发达国家雄厚的经济实力和技术储备也使大规模开发地下空间具有了可行性,例如日本、美国等。

②人口不断增长导致拓展生存空间的需求增大,且现代生活愈发强调对交通效率和环境秩序的追求。这种现象在北欧、北美、俄罗斯等气候寒冷地区尤为明显,这些国家和地区的地下空间开发程度很高,城市地下空间已相互连通并形成了一个四季温度适宜的地下世界。

③基于节能抗灾、保护历史风貌、提高城市活力和中心凝聚性的需求,城市人口及建筑的密度越来越高,建设功能完备、集约高效、交通立体的综合空间成为迫切需求。法国首都巴黎已在这方面取得了重大成就。

④大规模城市地下空间开发与利用能显著提升土地利用率、降低公共设施投资和市政管理费用、保障城市景观性和高效性。

日本、新加坡等国是城市地下空间开发与利用方面的佼佼者,下面举例说明。

(1)日本

日本国土狭小,城市用地紧张,第二次世界大战后日本的经济迅速发展,人口在城市的大量聚集引发了城市更新、改造和再开发。自20世纪60年代开始,城市地铁、地下街等的建设,以及90年代掀起的大深度地下空间开发与利用等形成了特色鲜明的地下空间开发与利用的日本模式。

①轨道交通枢纽。

日本学者通过对日本轨道交通开发历程中的大量成功案例进行总结,提出了"站城一体开发"理念。该理念把公共交通导向发展(Transit Oriented Development,TOD)模式理论与紧凑城市的基本特征和原则相结合,将轨道交通站点作为中心,周边建设商业、居住、教育、娱乐、体育、餐饮等设施,使其成为功能完备的集合体,从而实现城市的高密度、紧凑化、集约化发展。究其本质是城市交通功能与其他服务功能高度融合、相辅相成,实现"共同发展结构"的开发模式。

②地下商业街。

日本第一条地下街(东京上野火车站地下街道)建于1930年。目前,日本80%地下商业街集中在东京、大阪和名古屋三大都市圈内。

东京八重洲地下街位于日本新干线东京车站地下,是日本至今为止最大的地下商业街之一。地下建设深度为三层,地下一层以商业街为主,主要为店铺;地下二层布置停车库;地下三层主要为设备用房。

天神地下街是福冈的商业中心,是集购物、餐饮、休闲等多种功能于一体的综合性地下街市。天神地下街充当了连接周边商业、办公楼的地下通道,使街区与周边区域成为复杂的地下空间网络。街区东西两侧每隔35m布置一个出入口,共布置32个,方便出行同时满足防灾需求。地下街直接与周边的地下停车场相连接,停车换乘方便。地下街周边的三越商业大楼三层设福冈天神公共汽车中心,二层设西铁大牟田线福冈站,繁忙的公共交通为三越百货和天神地下街带来了充足的客源。

(2)新加坡

新加坡是世界上拥有广受赞誉的地下城市系统的城市国家之一。新加坡位于东南亚马来半岛南端,是一个人口稠密的城市国家,它拥有近564万人口(2022年),但国土面积却只有

$733.2km^2$,新加坡政府在2002年时提出了"在地下再建立一个新加坡"的方案。

① 地铁。

新加坡地铁的发展历史可追溯至20世纪60年代,1987年11月南北线首段开通,之后东西线、东北线、环线、滨海市区线、汤申-东海岸线等陆续建成通车或部分通车。目前,新加坡地铁已形成较为完善的网络,并且仍在不断扩展和优化中。新加坡地铁是当今世界上最便捷高效、明亮整洁的公共交通系统之一,其集成开发模式也值得其他国家借鉴。

② 地下管网系统。

新加坡拥有完备的地下排水系统,尽管经常遭遇暴雨,但城市很少发生内涝。新加坡市区重建局在滨海湾区修建了一条综合管路隧道,该隧道集中了该区主要的供水管道、通信电缆、电力电缆。此外,新加坡公用设施局还投资兴建了一个深埋隧道排污系统,该系统第一阶段包括一条长约48km的排水深隧道和一座污水处理厂,排水隧道直径最大6m,隧道埋深20~40m不等,污水处理厂的设计排水量为$80mm^3/d$(最高极限能力可增至$240mm^3/d$)。

③ 地下公共空间。

新加坡政府希望建设更大规模的地下公共空间来适应越来越多的人口,工程技术的发展为地下空间大开发提供了基础,应用深大竖井建设技术来开发大型地下工程(如地下医院、地下科学城、地下物流等)将成为新加坡政府的首要选择。新加坡计划在肯特岗公园附近打造一座相当于30层楼的地下科学城,如图1-1所示。

图1-1 新加坡地下科学城概念

2) 国内城市地下空间开发与利用

中国城市地下空间开发与利用始于20世纪50年代,主要为备战备荒的防空地下室,较欧美、日本等发达国家和地区起步略晚。自"十二五"以来,为了缓解城市交通压力,拓展城市发展空间,中国很多城市开始了对地下空间大规模开发与利用的探索,以地铁为主导的地下轨道交通体系和以综合管廊为主导的地下市政体系建设快速发展,专门用于地下空间开发与利用的装备已基本打破国外垄断,技术瓶颈不断被突破,城市地下空间开发与利用呈现规模发展态势,各种业态的发展意味着我国在城市地下空间的开发和利用方面进入了一个新的时代,中国已成为名副其实的地下空间开发与利用大国。

从空间上看,截至2020年年底,中国城市地下空间发展格局为:"三带三心多片"。其中,"三带"是指城市地下空间开发与利用连绵带,包括东部沿海带、长江经济带和京广线连绵带。

"三心"是指中国城市地下空间发展中心,中心区域内的地下空间开发与利用整体水平较高,区域内城市间地下空间开发与利用水平差距较小,整体发展水平全国领先。"三心"包括北部发展中心、东部发展中心与东南发展中心。北部发展中心为京津冀都市圈,该地区的地下空间发展主要遵循人防政策的要求。东部发展中心为长三角城市群,南部发展中心为粤港澳大湾区,东部发展中心和南部发展中心的地下空间发展均以市场经济为主导。"多片"是指以各级中心城市为动力源,不同规模城市群为主体且呈多源分布的地下空间集中发展片区。"多片"包括以成都、重庆为核心的成渝城市群地下空间发展片,以郑州为核心的中原城市群地下空间发展片,以西安为核心的关中平原城市群地下空间发展片。这些城市发展片的典型特征是片区内的城市在"十三五"期间城市地下空间发展水平有较大提升,推动城市地下空间发展的主要动力是政府引导和市场力量的共同作用,片区城市群的中心城市地下空间发展水平明显领先于其他区域。下面通过举例加以详细论述。

(1)北京

①地下交通系统。

北京地铁是国际地铁联盟的成员,其首条线路于1971年1月15日正式开通运营,使北京成为中国首个开通地铁的城市。截至2022年7月,北京地铁运营线路共有27条,运营里程783km,车站463座。截至2022年3月,北京地铁在建线路10条。到2025年,北京地铁将形成有30条运营线路且总长1177km的轨道交通网络。2021年,北京地铁年客运量为30.66亿人次。截至2021年12月,北京地铁单日最高客运量为1375.38万人次(2019年7月12日)。

②地下市政设施系统。

城市地下市政基础设施建设是城市安全有序运行的重要基础,也是高质量发展的重要内容。北京是国内率先建设地下管廊系统的城市,先后建成了长安街、中关村西区、未来科学城等地下综合管廊。截至2020年,北京市共有32条综合管廊投入使用,总长度达199.69km。入廊管线包括给水、排水、热力、天然气、电力、通信、真空垃圾和其他(含供冷、医疗供气)共8大类14小类管线,入廊管线总长为2640km,到2035年全市预计建成综合管廊长度达450km左右。

③地下公共空间。

北京CBD核心区(图1-2)地下公共空间市政交通基础设施项目,是集交通、地下综合管廊、景观以及综合防灾功能于一体的地下工程建设项目。核心区规划总用地面积117万$m^2$,总建筑面积524万$m^2$,市政综合管廊建筑面积约9万$m^2$。共五层的地下建筑涵盖人行交通系统、车行交通系统、人防工程以及机房等。其中,地下一层夹层为市政管廊层;地下一层为人行联系层,能为核心区各二级地块提供方便的人行交通;地下二层为车行联系层,这一层将核心区各二级地块地下车库连为一体,形成便捷的车行交通体系;地下三到五层则为人防工程(兼作车库)和机房。作为目前为止北京开挖深度最大、面积最大、功能最复杂的地下工程项目,该项目的地下公共空间面积达到了52万$m^2$,此项目创造性地解决了多项技术难题,涵盖建筑、市政、交通、防灾、智能化等众多方面,其规划设计代表着国内最先进的水平。

(2)上海

在我国城市地下空间开发的历史上,上海算是起步较早的城市,但在1990年以前,上海的地下空间开发与利用进展一直较为缓慢,且已开发的项目主要为人防工程和市政管线。1990年,上海地铁1号线的开工建设成为上海城市地下空间开发与利用进入新时期的标志,该时期的城市地下空间开发以轨道交通为主导。2000年后,上海成功申办世界博览会,为保证世界博览会的顺利举办,大量投资被用于上海重点片区的城市建设和城市轨道交通、道路、隧道等基础交通设施建设,借着这波红利,上海城市地下空间的综合开发水平快速提高。目前,上海中心区的城市地下空间已具备相当规模,形成网络化、多核心的发展结构。

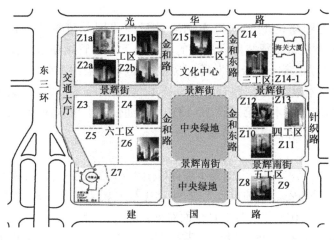

图 1-2　北京 CBD 核心区平面

① 轨道交通。

截至 2022 年 1 月,上海轨道交通共开通线路 20 条(1～18 号线、浦江线、磁浮),上海轨道交通全网络运营线路总长 831km(地铁 802km + 磁浮 29km)。至 2021 年,上海地铁对城市公共交通客流的分担比率已超过 70%,平均运距达 16.31km/乘次,客运周转量达 9736 万乘次·km/d,客流强度达 1.57 万乘次/(km·d),拥有了可日均服务 1200 万乘客安全出行的能力,在国内稳居前列,形成了全球第一的超大规模轨道交通网络。

② 地下道路。

截至 2021 年 10 月底,上海地下隧道规模及里程已突破 22 条、78km;目前上海已建成地下立交道路 50 余条,系统型地下道路里程超过 24km,其中以外滩通道、北横通道(隧道段全长 14.7km)和东西通道最具代表性,这些设施显著提升了城市中心区骨干路网的服务水平。

③ 地下市政设施。

1994 年,上海建设了我国(不包含港澳台)首条规模较大的管廊——张杨路共同沟,全长 11.125km,首次容纳危险性大的燃气管道。2002 年,安亭新镇综合管廊建设完成,该综合管廊长约 5.78km,是我国第一条网络化的综合管廊工程,迈出了大城市卫星城镇综合管廊规划建设的第一步,成功突破了管廊互相交叉布置的技术瓶颈。2007 年,上海世博园综合管廊建设完成,该综合管廊长约 6km,首次使用了预制装配技术,该项技术是未来地下市政设施建设的主流方式。该项目的成功建设开了我国大型展览区展期配套服务与展后高强度再开发的超前配套设施建设先河。至 2020 年,上海已建成地下综合管廊总长约 56km。

(3) 西安

① 地铁。

西安地铁第一条线路于 2011 年 9 月 16 日开通试运营,使西安为中国(不包括香港特别行政区、澳门特别行政区、台湾)第14座开通城市轨道交通的城市、西北地区第1个开通地铁的城市。西安计划未来将有23条轨道交通线路,覆盖关中城市群都市区,主体网络形态呈棋盘+环+放射结构,规划线路总长度986.0km,其中西安市范围内线路长度691.1km,西咸新区范围内线路长度238.4km,咸阳市区范围内线路长度56.5km。

②综合管廊。

西安地下综合管廊建设PPP项目Ⅰ标段是目前我国单笔投资额最大、总公里数最长(73.13km)、管线种类最多且智慧程度最高的城市地下综合管廊项目。其涉及西安5个行政区、11个市级开发区以及多个区级开发区,工程施工区域覆盖约4000km²。该项目建设过程中充分利用当前科学技术最新成果,将智慧城市技术、物联网技术、人工智能技术、机器人技术、互联网技术、大数据应用技术和第四代TD-LTE移动通信技术融合应用于智能化管廊建设中,打造了"管、控、营"一体化的智慧型管廊。

③地下综合体。

西安幸福林带项目是全球最大的地下空间综合利用工程之一、全国最大的城市林带工程、陕西省重点工程,也是西安最大的市政工程、生态工程和民生工程,被誉为"世纪工程"。该项目于2016年启动建设,2021年7月1日全面对外运营。林带工程主要包括地上景观、市政道路、地下空间(含综合管廊和地铁配套)。其中,地上主要为绿化景观,面积70万m²,绿化覆盖率85%;市政道路改造12km;地下空间共分三层,建筑面积92万m²,负一层为商业及公共服务配套,面积42万m²,负二层为停车场,车位7600个,负三层为综合管廊和地铁工程。西安幸福林带航拍图见图1-3。

图1-3 西安幸福林带航拍图

(4)雄安新区

雄安新区在建立之初,就已经着手充分利用地上和地下空间,打造一个从地下到地上的立体雄安新区。从雄安新区的规划来看,几乎所有项目都包括了地下空间。最早的K1快速路,在建设之前都是先期开挖地下(深达十几米)。即使是雄安新区的住宅项目也都规划有地下空间。与其他城市相比,雄安新区管廊的铺设阻力较小。容东片区千家万户的供暖就是通过容东片区地下管廊的能源舱供暖管道来供给的,综合管廊全面建设完成之后,城市所需的一切能源供给都将通过这座"地下城"进行输送。

位于雄安新区容东片区的雄安商务服务中心项目,是雄安新区首个标志性城市建筑群,包含会展中心、酒店、办公场所及地下环廊等。雄安商务服务中心项目总用地面积约为22万 $m^2$，总建筑面积约90万 $m^2$，地下建筑面积约32万 $m^2$。商务服务中心的负一层的层高为9.6m，此外，还有约1万 $m^2$ 的下沉式湖泊，为会展中心增添了一些闲情雅致。

(5) 武汉

武汉是热门的旅游城市和国内最大的水、陆、空交通枢纽，交通实力也是毋庸置疑的，武汉拥有亚洲最大、最复杂的地下综合体——武汉光谷广场综合体。武汉光谷广场综合体早在2014年就开始正式施工，位于既有的光谷广场下方，是集轨道交通、市政、地下公共空间于一体的超大型综合体工程，包括轨道交通工程、市政工程、地下公共空间。建成后，空间之间互相连通，形成51.6万 $m^2$ 的立体空间，被誉为"亚洲最复杂地下综合体"。

如图1-4所示，从地面看，以光谷广场为中心的圆盘直径为200m，向外呈放射状延伸至虎泉路、珞喻路等5条道路。从内部看（图1-5），整个项目空间设计为地下三层：地下一层为地铁站厅及地下公共空间；地下一层夹层为地铁9号线站台及其相邻区间段、与之并行的鲁磨路下穿公路隧道。地下二层为地铁2号线南延线区间、地铁换乘厅及设备用房、珞瑜路下穿公路隧道。地下三层为11号线站台及其相邻区间段。项目有14个出入口与地面连接，保证了人与车辆的通行，有1/3的车流将从地上转盘分流到地下通道，交通堵塞大大缓解。作为亚洲规模最大、最复杂的地下综合体，其对武汉交通作出了重要贡献，即使在中国复杂的交通网中，它也是罕见的。

图1-4 武汉光谷广场综合体俯瞰图

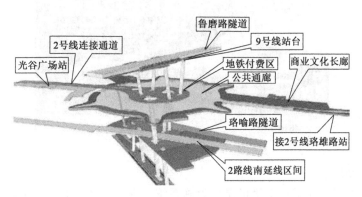

图1-5 武汉光谷广场综合体内部构造图

(6) 香港

土地资源一直是香港发展中的稀缺资源，香港特别行政区总面积为 1104km²，其中城市建成区域的面积只占 24%。然而香港常住人口已超过 700 万，是世界上人口最稠密的城市之一，其中九龙地区的人口密度更是高达 4.5 万/km²。土地资源稀缺、城市空间拥挤是香港作为国际化大都市，想要实现可持续发展所面临的重大挑战。为应对这一挑战，香港主要采取两种城市空间拓展解决方案：其一是填海造陆；其二就是开发地下空间。100 多年以来，香港围绕维多利亚海港共填海造地近 7000 万 m²。但随着维多利亚海港面积不断压缩，香港填海造陆的空间也日益狭小，开发地下空间成为香港城市土地利用的主要来源。统计表明，在过去的 50 多年里，香港已开发 500 万 m² 的地下建筑面积，相当于香港建筑总面积的 2%，同时还开发建设了诸多地下交通、市政、商业、储藏等设施。从功能来看，香港的地下空间开发与利用主要包括以下几种类型。

① 地下交通系统。

截至 2024 年 12 月，香港地下交通已形成相当规模且高效运行的体系。港铁运营线路共 11 条，包括铁路线路及地铁线路 10 条、机场快线 1 条，运营里程共 245.3km，市区线设车站 96 座，其网络覆盖香港七成人口区域。香港地铁的独特之处在于采用"地铁 + 物业"的发展模式，综合考虑了社会效益、经济效益以及市民出行的便利和舒适。

地铁只是香港地下交通的一部分，除此以外还包括利用地下空间建设的大量车行隧道、地下公共步道及停车场。香港高楼密集、交通流量大，导致城市交通设施建设和组织面临众多挑战。特别是由于香港山地较多，地势不平，交通常常需要穿山越岭。为此，香港修建了 10 多条车行隧道、1000 多条人行天桥及行人隧道（地下公共步道），香港海底隧道如图 1-6 所示。其中，中环和尖沙咀中心区的地下公共步道建设规模最大，主要为地铁车站换乘提供条件。中环站地下步道连接地铁香港站和中环站，全长约 220m，日客流量约 12 万人，是机场核心项目的一部分。尖沙咀站中心区地下步道连接地铁尖沙咀站和尖东站，包括长约 370m 和 240m 的两条人行道，日客流量约 17 万人。另外，香港还结合地面开发建设了大量地下停车场，大大改善了交通环境，提升了城市的综合竞争力。

图 1-6 香港海底隧道

② 地下市政系统。

地下市政系统是一个城市关键的基础设施系统。香港特区政府多年来致力于发展先进的地下市政设施，建造完成了地下污水处理厂、地下废物转运站、危险品储存库、地下水库、地下蓄洪池以及雨水排放隧道等大批项目,这些地下市政基础设施有的建在山体之中,有的布局在市区的球场、绿地、跑道等地面公共空间之下,既满足了香港城市发展的功能性需求,又节约了大量地面土地,堪称学习的典范。最为典型的是位于香港跑马地地下的巨大蓄水池,容量达6万 $m^3$,相当于24个标准游泳池。其不仅可以收集和存储雨水以及地下水供城市用水,同时还是现代化、智能化的地下防洪系统,可抵御50年一遇的特大暴雨,使香港城市免受洪涝灾害,被誉为香港的"沉默卫士"。这些地下"隐形工程"上方便是足球场、跑道、绿地等运动场所,工程完工后并不影响场地原本的用途,通过将市政空间与公共空间有效结合,实现"一地多用"。

③地下商业。

地下商业是地上商业的补充,是城市商业发达的标志之一。众所周知,香港商业非常发达,城市中的各类商业设施鳞次栉比。但除了地面商业设施外,香港的地下商业空间亦是业态多样。香港1980年以后建造的高层建筑基本都设置了地下室,地下室除了用作停车场,还被用于建设商铺、餐饮和娱乐等设施,如时代广场、置地广场、国金中心等,这些地下室大都建有与邻近地铁站相连的通道。地铁站厅内也建有大量商铺,涵盖饮食、美容、饰物、书店、银行等。由此可见,香港的城市地下空间以地铁站为枢纽向四面八方延展开来,连通公共设施、地面大型商业中心。除此之外,香港还开发了大量商业设施空间,衍生出许多其他新的城市功能。这些地下空间由政府主导规划,兼顾公共服务功能和商业开发功能。而这些彼此之间有机联系的"地下城市综合体",构成了香港的地下城市空间网络。

## 1.4　我国城市地下工程的发展趋势与挑战

### 1.4.1　我国城市地下工程的发展趋势

随着城市规模不断扩大,"地下新基建"已成为未来城市发展的战略趋势。中国国土广阔,可开发的地下空间体积达200亿 $m^3$,经济价值超过15万亿元,《"十三五"现代综合交通运输体系发展规划》的颁布实施正式对地下空间开发做出指示,要求进一步推进地下空间的分层开发,加大纵深拓展,合理规划城市交通设施与地下综合管廊的布局,提高城市交通系统的立体性。随着以地铁和地下综合管廊为代表的城市地下工程建设进入黄金阶段,我国地下工程的发展获得了前所未有的契机。

为响应国家政策,各省市开始大规模开发地下空间,纷纷将地下空间利用纳入城市发展规划中,典型如《南京市"十四五"地下空间开发利用规划》,不仅明确将加大地下空间利用力度作为城市发展规划的重中之重,还从数据上明确了地下空间的增加计划,即以年增400万 $m^2$ 的地下空间开发量作为目标;《深圳市地下空间资源利用规划(2020—2035年)》,不仅以建立"站城一体"的立体城市空间格局为目标,更是将设立地下科学实验室和地下医疗设施等作为地下空间开发利用的体现,提出了将在45个重点片区下"造城"的重大任务。

总体来看,我国城市地下工程呈现出以下发展趋势。

(1)智慧化

近些年来,物联网、云计算、大数据和人工智能等新兴科学技术发展极为迅速,若能将其智能感知、互联、处理和协调等技术优势在设计、建造和运营过程中充分运用,城市地下工程将更加智慧化。例如,借助云计算所具有的分布式处理、分布式数据库、云存储和虚拟化技术优势,分析城市居民的生活、工作和企业经营等数据,结合居民、企业的需求对城市地下工程进行合理规划设计;借助 BIM(Building Information Modeling)、GIS(Geographic Information System)、RS(Remote Sensing)、GNSS(Global Navigation Satellite System)等技术搭建施工综合管理平台,实现施工进度的可视化管理,对施工安全隐患、质量、劳务、物资及成本等要素进行精细智能管理,提升城市地下工程的施工效率和质量;借助物联网和人工智能技术开发环境、设备监控、通信、安全防范和预警等系统,广泛收集数据,搭建管理、服务、运营三位一体的综合性智慧管理平台,实现城市地下工程运营维护智能化。

智慧化城市地下工程,能帮助解决城市化进程中产生的问题,提升城市居民的幸福感,推进城市的高端化发展,是智慧城市的重要组成部分。

(2)绿色化

城市地下工程绿色化主要体现在建设和运营维护两个阶段。在城市地下工程建设阶段,应当采用绿色建筑材料和绿色施工技术,以达成经济环保的目的。具有代表性的绿色建筑材料包括透水混凝土、再生混凝土、高性能混凝土、高强度钢筋和多功能一体化墙体材料等;绿色施工技术则包括封闭降水及水收集综合利用、新型支护桩、柔性复合基坑支护、可回收式锚杆、临时结构优化替代、综合管廊智能化移动模架和预制装配式等。地下结构预制装配式技术是工业化建造发展过程中产生的建设技术,其广泛应用于明挖施工、暗挖施工和地下空间内部二次结构施工。明挖施工中的应用包括节段预制装配、分块预制装配和叠合预制装配等技术,暗挖施工中的应用包括初期支护、二次衬砌、临时支护的预制装配技术,地下空间内部二次结构施工中的应用包括轨顶风道、站台板、中隔墙和楼梯等。在城市地下工程运营维护阶段,则围绕温度、湿度、空气和光照等环境要素的低碳环保控制采取措施,充分发挥浅层低温能利用、节约型水环境利用、复合通风节能、阳光采集导入和环境友好型降噪等环境控制技术的优势,实现城市地下工程运营维护绿色化。

(3)深层化

近些年来,人口的快速增长导致土地资源严重不足,地下工程的建设虽能缓解地面拥挤问题,但在很多大城市中,中浅层(0 至地下 40m)地下空间的开发已经日趋饱和。而深层地下空间(地下 40m 至地下 100m)具有广阔的开发前景,若能充分将其开发与利用,能够扩大城市容量,改善城市环境,完善城市功能,提升居民生活水平。因此,拓展地下空间开发深度,将城市深层地下空间作为未来开发与利用目标已成为现代城市所面临的重要课题。

深层地下工程的建设面临许多新的技术难题,不能将其看作简单的中浅层地下空间向下延伸。技术难题主要包括三个方面:其一,深层地下工程巨大的埋深导致开挖工程量大增,建设成本远远高于中浅层地下工程。例如,东京圈排水系统,全长 6.4km,直径 10.6m,设有专门应对暴雨的地下储水设施(总储水量 67 万 $m^3$),造价高达 192 亿元人民币。其二,大城市的地下工程建设规模已相当庞大,涵盖地铁、地下仓库、地下变电站等方面,但由于早期建设时缺乏理论支撑,规划存在诸多不合理之处,各个工程间无法联通却又互相干扰,导致地下空间利用率低,连通性差。其三,深层地下工程施工难度较大,对工程设计、施工规划和施工技术都提出了很高的要求,以目前的技术水平很难满足要求,还需要对城市深大地下工程的设计和施工关键技术开展更系统的研究。

(4)综合化

城市地下工程的综合化主要指建设集商业、娱乐、储存、轨道交通和市政等功能于一体的大型多功能公共地下空间工程,从而达到地面与地下协调发展、空间合理利用的目的。地下工程的综合化建设,能够提高空间集约化利用水平,实现土地高效能利用,解决城市交通及环境问题,因此必将成为未来地下空间开发与利用的重要模式。其优势体现在以下两方面:一方面,地下工程综合化建设解决了用地紧张问题,拓展了城市空间形态,达成了生态环境协调的目标,地下综合体能提供出行、用餐、购物、学习和娱乐等多方面服务,极大提高了居民生活的便利程度;另一方面,地下工程综合化建设能为经济增长注入新的动力,从而实现社会效益和经济效益的最大化。例如,轨道交通的沿线物业开发、上盖物业以及周边地下空间互联互通能创造更多的收入,缓解经营压力。

### 1.4.2 我国城市地下工程面临的挑战

21世纪是人类开发与利用地下空间的世纪,随着科学技术的突飞猛进和人类文明的不断发展,城市地下空间利用的前景显而易见,但是城市地下工程建设发展面临着巨大的挑战,涌现出各种各样亟须解决的关键问题,主要表现在以下几点。

①适应环境保护的需要,城市地下工程的建设必须与环境保护协调发展。城市地下工程建设具有不可逆性,稍有不慎就会对地下环境造成永久影响。另外,城市地下工程施工不当会引发一系列的自然灾害,直接干扰大众的生活;施工过程中也会产生很多的工程垃圾,如果没有妥善处理也会破坏地下环境。

②现有的规划粗放且以浅层为主,功能较单一。城市地下空间开发若不进行统筹规划,地下空间利用率势必会继续降低,不利于未来深层次开发与利用。《中华人民共和国国民经济和社会发展第十四个五年规划和2035年远景目标纲要》(简称"十四五"规划)提出,要"推行功能复合、立体开发、公交导向的集约紧凑型发展模式,统筹地上地下空间利用"。地下空间资源不可再生且地下工程建设不可逆,粗放无序地开发与利用,会严重影响城市功能需求及开发安全,制约未来的可持续发展。目前来说,城市地下空间利用尚未做到整体统筹规划,开发与利用呈现碎片化,仅有北京、深圳、上海等一线城市出台了地下空间规划设计导则或建设管理办法,二三线城市极少。且出台的规划设计导则多以人防、轨道和市政工程为主,对规划整体性缺乏充分考虑。

③地质条件会对城市地下工程的建设模式产生很大影响,影响范围包括地下工程的布局、功能、规模及深度等方面,根据特殊的地质环境条件设计合适的开发方案,是合理开发与利用城市地下空间的前提和基础。伴随着人口的迅速增加,人类的生存空间在逐渐压缩,城市生产和生活活动势必向岩土环境更为复杂的城市地下空间扩展。我国城市地下工程的建设反映出了一系列因特殊地质条件产生的问题,如上海、西安及天津等城市的地面沉降问题;西安、北京、大同及太原等城市的地裂缝问题;西安、乌鲁木齐、福州及深圳等城市的地层活动断裂问题;武汉、长沙、广州及桂林等城市的岩溶问题等。

④人们对生活质量的要求越来越高,交通与居住设施对岩土体变形控制及地下工程安全的要求也更加严格。随着城市地下工程建设的不断深入,新建工程往往与地铁等既有建筑物

产生下穿、上跨或直穿等空间关系,导致工程面临的"水、软、变形难以预测"三大技术难题更加突出。因此,需要严格控制施工产生的地层位移,否则地下工程很容易威胁周边建筑的安全。目前,城市地下工程所面临的近接施工技术问题包括地层冻结组合系统技术、盾构下穿控制精细技术、重叠隧道与桩基组合下穿建筑群技术、超近距离矩形顶管技术、穿越密集成片老旧小区组合技术、跨地铁运营隧道建设地下工程等。尽管部分技术难题已经解决,但仍需要加大相关技术研发投入力度,以促进综合施工技术及装备升级。

**本章思考题**

1. 浅析国内外开发利用城市地下空间动因的相同点及区别。
2. 试设想一种新型地下空间工程设施,并说明其用途。

# 第 2 章
# 城市地下空间规划

城市地下空间规划能够从宏观视角考量城市未来的发展方向与需求，促使地下工程的建设更契合城市整体布局，有效避免无序建设及资源浪费。经由合理的城市地下空间规划，可将地下工程与地上建筑、交通等完美融合，提升城市空间利用效率，营造更为便捷、舒适的城市环境。本章系统地介绍地下空间规划方面知识，并结合几个规划案例进行分析。

## 2.1 城市地下空间规划概述

### 2.1.1 城市地下空间规划的主要任务

城市地下空间规划的根本目的是满足城市的发展与保护生态环境的需要，合理组织城市地下空间的开发。中国目前的城市地下空间规划的主要目标是改善居住环境，促进我国经济、社会、环境、文化和谐发展以及可持续发展，创造舒适、健康、均衡的空间和社会环境。城市空间规划工作的重点是对地下空间的建设行为进行约束、规范和引导。

地下空间开发受岩土介质的制约，施工完成后很难进行改造和拆除。同时由于前期投入巨大，而环境、资源、防灾等社会效益收益缓慢且难以量化，因此，必须从长远的眼光和全局的角度来考虑,以充分发挥其整体效益。为此,必须在前期统筹、综合规划、发展功能、规模、布局等方面对其进行约束和规范,以免给城市的资源和环境带来不可逆转的不利影响。城市地下空间规划的主要任务如下:

①协调并平衡城市地上、地下空间建设容量。地上空间和地下空间组成城市功能空间,地下空间的规划是对城市发展方式的改革,使地上、地下空间得到统筹利用。城市的基础设施和不需要人类居住的设施尽量放在地下,以改善城市建筑环境,使城市地上空间更多地利用阳光和绿地,令城市功能分布得以优化,使地上、地下建设容量达到均衡,使城市可持续、健康地发展。

②为城市地下空间开发和利用提供技术依据。城市地下空间规划是城市规划的重要组成部分,是地下空间开发和利用活动的约束手段,也是地下空间开发与利用管理及制定管理政策的依据。

### 2.1.2 城市地下空间规划的基本原则

(1)系统综合原则

城市地下空间的规划是涉及多方面的综合规划。首先,地下空间的规划需要城市规划、交通、市政、环保、防灾和防空等多方面的专业知识支持,对规划人员的综合能力要求很高。其次,地下空间的规划涉及生态和民生问题,需要国土资源、城建、市政、环卫、人防等多个城市行政部门配合。因此,城市地下空间必须与地上空间作为一个整体来分析研究,充分考虑各行业的特点和要求,从而保证规划编制的科学性和可行性。

(2)协调原则

①人与自然相协调原则。

鉴于城市地下空间资源的不可再生属性和其开发对生态与自然环境的可能影响,应协调好城市地下空间资源保护与开发的关系,科学、合理和有序地利用城市地下空间资源。在城市地下空间规划中应注重对生态、自然资源等的保护,促进城市地下空间开发与资源保护间的协调发展。

②上、下部空间相协调原则。

对地下空间规划时需充分考虑地上与地下的关系。在开发地下空间时统筹兼顾,使地下和地上空间在空间上相互连通,功能上相互补充,充分利用地上和地下的优势使两者构成统一的整体,形成地面上下贯通、有机联系的复合空间体系。

城市地下空间布局必须考虑对城市上、下部空间的整体利用,维护和保障城市整体利益和公众利益。尽管城市下部结构从属于上部结构,但仍然会对上部结构的设计和建造形成制约,因此城市地下空间规划工作进行时,需要充分考虑上、下部结构的协调。城市上部结构与下部结构间的关系经历了从制约到协调,再由协调到制约的演化过程。在地下空间开发中,应辩证地协调两者的关系,以求达到城市布局结构的最优化。

(3)前瞻与适用原则

①远期与近期相呼应原则。

考虑到城市地下空间利用的不可逆特性,城市地下空间利用应注重规划的前瞻性和建设的有序性。城市地下空间的开发与建设是城市综合建设的重要组成部分,具有不可逆性,开发方案需要大系统进行大决策。因此,不应该在经济实力和技术水平都无法满足大规模地下空间开发的条件时盲目在城市重要地段操刀地下空间的开发与利用,这样很容易导致地下空间资源的浪费,并对后续高层次开发产生阻碍。

考虑到各个城市间的发展状况存在差异,经济更发达、城市问题更严重的城市应当首先开展城市地下空间的大规模开发与利用,但是开发前必须对前期决策和具体的规划设计方案都进行充分论证。若城市发展水平并不能满足大规模城市地下空间开发与利用所需的条件,则应当从前期的技术研究和规划设计开始准备,避免盲目建设,应目光长远,树立城市建设全局观。

②平战结合原则。

平战结合是指城市地下空间的开发与利用要做到平时与战时结合,包括两方面含义:一方面,城市地下空间要同时具备日常防灾与战时防空的功能;另一方面,应当将城市地下防灾防空工程纳入城市地下空间的规划体系,实现其规模、功能、布局和形态与城市地下空间总体系统的协调。城市地下空间规划应注重平时与战时相结合,城市地下空间利用应与人防工程建设相协调。由于城市地下空间本身在具有抗震、防风雨等功能的同时还具有一定程度的抵抗武器袭击功能,因此城市地下空间天然就能发挥防灾防战争的作用,其在和平时期可以发挥防灾功能,提高城市抗灾能力,战争时期能作为避难所,保障城市居民的生命安全。想要充分发挥城市地下空间的作用,就应当遵循平战结合原则,实现平时防灾与战时防护相结合,做到一举两得。

(4)开发与保护相结合原则

城市地下空间规划是对城市地下空间开发和利用进行科学合理的安排,从而为城市提供有效的服务。当前,很多城市在进行地下空间规划时往往仅注重对地下空间的利用,而忽视了对空间资源的保护。为了实现可持续发展的战略目标,必须将合理利用城市地下空间资源作为城市建设的首要任务。

对城市地下空间资源的保护要从多个角度进行。第一,因为城市地下空间开发是不可逆转的,因此,在开发的过程中必须一次达到一定的开发强度,以免未来城市用地面积不够时要再次进行地下空间的开发。第二,要从长远角度考虑城市地下空间的资源,为未来的发展预留一定的发展空间。第三,便于开发的广场和绿地应当被作为城市地下空间开发规划中的重点,对于难以开发的区域,则应将其作为远景或长期开发项目。

(5)综合效益原则

城市地下空间的发展,远比地表要复杂,如果不考虑地价,那么发展起来的成本将会远远高于地表。以城市交通为例,假如在地面上轨道交通成本是1,那么地面上的高架是3~5,地下则是5~10。为了维持地下空间的室内环境,达到人类活动的需要,其能耗是在地表上的3倍左右。总之,在不考虑地价和特殊条件(仓库)的前提下,无论是一次性投入,还是日常运营的成本,地下工程都不能和地面工程相比,但其综合效益却不可取代。

## 2.1.3　城市地下空间规划的技术路线

城市地下空间规划的技术路线(图2-1)是根据城市总体规划等上层次的空间规划要求,在充分研究城市的自然、经济、社会和技术发展条件的基础上制订的。由于城市的现状条件、发展战略和建设速度各不相同,需要针对不同的情况对规划内容进行实时调整。规划时要遵循充分利用原有基础的原则,在对老城区进行城市地下空间开发时应该以解决城市问题为主要目标,而开发新城区时,则应当首先考虑建设城市基础设施,从而实现地下空间开发与城市总体建设的协调发展。

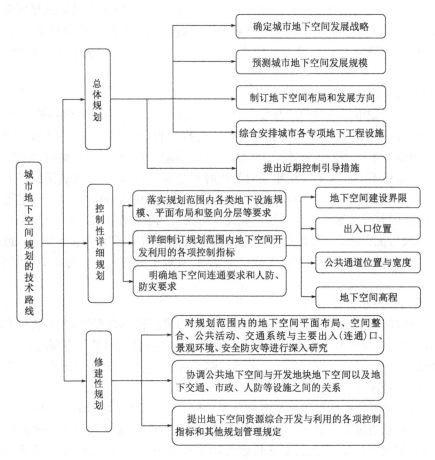

图 2-1 城市地下空间规划的技术路线

## 2.2 城市地下空间功能确定与需求预测

根据规划区的发展目标、建设规模、社会经济发展水平和地下空间资源条件,对城市地下空间利用的必要性、可行性和一定时期内地下空间利用的规模需求及功能配比进行分析与判断,是城市地下空间布局的重要指导和依据。

### 2.2.1 城市地下空间功能的确定

城市是一个复杂的有机结合体,由具有不同功能的多个系统构成。这些系统对外部环境的作用和响应是城市之所以存在的根本,我们称其为城市功能。城市地下空间功能是城市功能在地下空间范围内的具体体现,实现城市地下空间功能的多元化,是城市地下空间发展的必要要求,也是实现城市功能多元化的基础条件。但城市的地下空间资源并不是无限的,若要避免城市地上、地下功能失调而导致的各种城市问题,就必须做好城市地下空间各功能的分工安排。

(1)城市地下空间功能的确定原则

城市地下空间功能确定应遵循以人为本、适应性、对应性、协调性四个原则。

①以人为本。

为了达到建设以人为本,与自然协调发展的现代化立体城市的目标,设定城市地下空间功能时,需要遵循"人在地上,物在地下""人的长时间活动(如居住、办公)在地上,短时间活动(如购物)在地下""人在地上,车在地下"等原则。如此一来,便能将大部分地上空间用作生活休憩和享受自然的场所,提高居民的生活质量。

②适应性。

城市地下空间功能复杂,涵盖交通、商业、文娱、居住、仓储、防灾、市政等多个方面。交通功能主要通过地下轨道交通(地铁、轻轨、城铁等)、地下道路设施(地下快速路、隧道、地下立交、地下过街道)、地下公共人行通道、地下停车系统、地下交通场站等设施实现;商业功能则体现在地下商业街、地下商场、地下餐厅等方面;实现文娱功能的设施包括地下博物馆、地下展览馆、地下剧院、地下音乐厅、地下游泳馆、地下球场等;地下市政公用设施则包括地下供水、地下排水、地下能源供给、地下通信、地下环卫等设施。

城市地下空间具有隔离性、防护性、抗震性、温度稳定性等优势。同时,自然阳光不足、自然通风受限、空间闭塞又是其无法回避的不利因素。评估地下公共设施的适应性是进行地下空间规划任务时的主要工作,对于适合安置在地下的设施,如交通和市政等方面基础设施,应当尽量置于地下,对于不适合放置在地下的设施,切忌盲目引进,避免造成城市功能失调。

③对应性。

城市地下空间的开发与利用是为了减缓地面空间的压力,因此并不需要复刻地面空间功能,只需拓展和补充地面空间功能。在地下空间规划建设中要将地上、地下空间的功能相对应,将地面的某些功能扩展到地下,地面、地下一体化建设完成后,城市容纳能力将大大提高,随着城市的不断发展,居民对部分城市功能的需求将由地下管网、地下交通、地下公共设施等地下设施满足。

④协调性。

地下空间的规划工作必须结合地面规划进行,不可脱离地面情况,科学慎重地对地下空间的发展规模进行预测,慎重地对由地面转入地下的城市功能进行选择,并合理地安排开发时机,保证地面功能的调整与地下空间的建设协调进行,最终实现城市可持续发展。

通过地下空间的规划促进地上、地下两大系统的和谐共生,是地下空间规划有别于地面规划的根本特征。目前,国内众多城市已经将部分城市功能转入地下,并建立了较为完善的城市地下空间功能理论体系,并为后续的地下空间开发提供了许多指导,但是怎样才能做到地上与地下开发的有机结合,实现城市地上、地下功能的合理分配,协调好地上、地下开发规模,以在保证城市容量的前提下突出空间布局的合理性,仍然有众多问题悬而未决。

(2)城市地下空间功能层次

根据城市地上空间用地性质的不同,地下空间的功能呈现出不同程度的混合性,其可分为以下几个层次。

①单一功能。

地下空间的功能专一,相邻地下空间之间并未完全连通。如地下市政设施、文化娱乐设施和地下工业设施等。

②混合功能。

地下空间的功能较为复杂,根据不同的用地、位置、所在区发展需求等因素表现出功能的混合性,常见形式为"地下商业+地下交通+其他"。

③综合功能。

城市地下空间开发的重点区域往往兼具多种功能,此处常为商业中心与交通枢纽汇集之地,地下空间不仅彼此之间具有复杂的联系,其与地上建筑之间也物理连通,从而表现为"地下商业+地下公共服务+地下交通+地下市政+其他"的地下综合体。

(3)城市地下空间功能演化

社会还未实现工业化时,城市规模有限,交通和环境问题不突出,因此城市地下空间的开发进度缓慢,功能单一。

工业化的浪潮导致了城市规模的急速扩张,交通拥堵、环境污染等问题日渐显现,地下空间的开发与利用因此成为必需。1863年,英国伦敦建造了世界上第一条地铁,这标志着人类对城市地下空间的开发与利用发生改变,地下空间的功能正式从单一功能向解决交通问题为主的综合性功能转化。此后,地铁的建设在世界各地相继推广,城市的交通问题得到缓解。

然而伴随着人民生活水平的提高,环境问题越来越受到重视。1987年,联合国世界环境与发展委员会正式提出将可持续发展作为城市建设的重要指导思想,从此之后城市地下空间的开发与利用开始从以功能型为主的环境消耗型转变为改善环境与拓展功能并重的可持续发展型。许多发达国家的大城市都开始建设集交通、市政和商业等功能于一体的综合型地下工程。

### 2.2.2 城市地下空间需求预测

1)城市地下空间需求预测的原则

(1)整体性原则

地下空间需求预测需从城市自身需求入手,解决城市切实发展问题,但不是以地下空间开发解决所有城市问题。地下空间需求是城市空间需求的一部分,对其规划时应当根据城市空间总需求、城市总用地规划和各项专业的空间需求进行预测。地下空间规划必须配合城市地面空间的规划与发展建设,补充、拓展、完善并引导地面空间开发和建设容量平衡,从而实现城市上下部空间协调和谐发展。

(2)前瞻性原则

应当结合规划区发展实际,科学预测城市发展的需求,准确把握城市地下空间开发与利用的主导方向和发展策略。在预测时要有前瞻性。在实施过程中应根据城市的需要以及对社会、经济和环境效益整体把握,分期、分批地进行开发建设。在总体规划阶段,城市地下空间的需求预测应遵循城市有机系统的发展规律,预测不同规划期限内城市中各种功能的地下设施(如地铁、共同沟、地下停车空间等)的需求规模;在详细规划阶段,则应根据地下空间开发与利用的自身发展规律,科学地预测不同的建设阶段内城市地下空间设施各功能组成部分的规模。

(3) 生态性原则

城市地下空间开发的目标之一,就是优化城市生态环境,构建生态友好型城市。因此,在预测城市地下空间需求时,除了从城市空间及功能需求发展的角度,合理预测具有实体使用功能的地下空间需求外,还应该根据城市的区域地理、地形、地质、水文和气候等条件,从提高城市生态环境质量的角度,充分考虑能够为城市提供足够绿色生态的地下空间,从而保证利用好城市地下空间开发的机会,实现生态优化和可持续发展。

2) 城市地下空间需求预测方法

城市地下空间开发与利用的规模与城市发展对地下的空间需求有关。地下空间需求取决于城市发展规模、社会经济发展水平、城市的空间布局、人们的活动方式、信息等科学技术水平、自然地理条件、法律法规和政策等多种因素,其预测方法有如下几种。

(1) 分功能预测法

一般来说,城市地下空间开发包括交通系统、公共建筑、市政公用设施系统、工业设施系统、能源及物资储备系统、防灾与防护设施系统等功能空间。其中,地下交通系统又包括地下的轨道交通系统、道路系统、停车系统、人行系统和物流系统等。地下公共建筑应能作为行政办公、文化娱乐、体育、医疗卫生、教育科研等的载体。地下市政公用设施系统则包括地下的供水系统、供电系统、燃气系统、供热系统、通信系统、排水系统、固体废弃物排除与处理系统等。

根据不同城市或城市不同地区的特点,预测出其地下空间开发的特点和功能类型,再分别预测出地下交通、地下公用设施等的分项功能需求,求和得出总规模,为分功能预测法。分功能预测法计算公式见式(2-1)。

$$S_{d总} = \sum_{i=1}^{n} S_{di} \tag{2-1}$$

式中,$S_{d总}$ 为第 $d$ 阶段地下空间开发需求总量;$S_{di}$ 为第 $d$ 阶段第 $i$ 项地下空间功能的需求量;$n$ 为总的地下空间功能类别项数。

虽然该方法考虑的地下空间影响因素较为充分,但对于地下空间的需求总量只是进行简单的求和,未考虑因素与因素之间的相互关系,而这种关系是非线性的,不能用简单的数学公式来表达;同时该方法可操作性较差,难以真正结合城市发展的真实需要。

(2) 分系统单项指标标定法

分系统单项指标标定法的思路是基于单系统划分,对各系统分别进行需求预测,再对各系统需求求和,即可得到城市地下空间的总体需求。对单系统的需求预测,使用数学模型最为直接有效,此时可采用单项指标标定法,针对各系统的需求机理,选用合适的需求强度指标作为预测模型的参数。基于这一思路,提出分系统的城市地下空间需求预测框架体系。

在指标与预测模型设计方面,指标直接作为单系统预测模型参数。该方法中各单系统指标如下:居住区地下空间可采用人均地下空间需求作为指标;公共设施、广场和绿地、工业仓储区均可采用地下空间开发强度(地下空间开发面积与用地面积的比值)作为指标;轨道交通、地下公共停车系统、地下道路及综合隧道系统、防空防灾系统、地下战略储库均以相关规划作为指导,必须根据相关规划指标估算。

(3)生态指标预测法

城市地下空间开发最终是为了使城市的各项功能稳定、集约、高效运转,自然环境质量高,人造环境与自然环境关系和谐,构建良好的城市生态系统,使得城市居民生活舒适。因此,我们可以认为城市地下空间开发的最高层次是形成全面且完善的生态系统,即建立生态城市。生态指标预测法是从生态角度预测城市地下空间需求。

①总空间需求。

按照生态城市的指标体系,各种城市用地都对应着相应的标准值,即用地面积与城市某个指标的比值或人均占有面积为一确定的数值。因此,结合调查所得到的数据,我们能够计算出该城市在生态城市标准下总的空间需求。

②地面空间需求。

对城市地面空间需求的计算与总体需求的计算类似。包括原则上必须在地面上实现的城市功能,和某些可以放在地上和放入地下的功能,这种情况下应该根据总体规划综合多方面的因素如经济、技术特别是生态环境等,做出合适的划分。

③地下空间需求。

总空间需求与地面空间需求的差值即为地下空间需求。生态城市作为城市发展的最高层次,在对地下空间的开发和利用上必然已经达到了相当高的水平,在其基础上对城市地下空间需求的预测是从较高的高度进行的分析和推导。目前,我国大多数城市的发展和规划进程与生态城市的目标存在着一定的距离,按照城市地下空间分区、分层、分期的开发设计原则,在对地下空间需求的预测过程中,可以将某项指标的标准值乘系数(大于且0小于1)。不同的城市有着不同的发展目标和规划,结合城市的具体特征可以定出最合适的系数,针对城市的某些特殊情况和发展要求,还应对生态指标体系做出适当的修改,进而推导出相应的地下空间需求。本方法模型可适用于不同类型的城市。

## 2.3 城市地下空间布局

城市地下空间布局是指对具有不同功能的地下建筑进行合理的组织与安排。即参照城市发展情况和相关研究成果,对城市可开发空间进行组织,将各空间组成一个能够各司其职的联合体,从而最大限度地发挥各区域的不同功能。

### 2.3.1 城市地下空间布局理论

(1)索里亚·伊·马塔的"带形城市"设想

1882年,索里亚·伊·马塔(西班牙工程师)提出"带形城市"(Linear City)设想,其被公认为是首次提出城市地下空间开发与利用的设想。他的思想核心在于：应当将城市交通干线作为城市建设的基础和骨架，从地面、地下、空中三条路径建立运输系统。"带形城市"理论是从宏观角度对城市地下空间布局进行研究的理论，主要研究了城市地下空间开发与利用如何与城市总体发展相协调的问题。

(2) 欧仁·艾纳尔理论

1906 年，法国人欧仁·艾纳尔在对法国首都巴黎的交通枢纽建设工作进行规划时，提出了两个关于怎样提高空间利用率的著名设想。首先是"环岛式交叉口系统"的设想，该设想主张将车辆交通系统引入地下空间，是借助地下空间实现人车立体化分流思想的雏形。1910年，他进一步提出"多层交通干道系统"（Multi Level Street，即交通地下化），正式明确了要将交通系统的基础设施建设在地下空间，以节省宝贵的城市地上土地资源，在缓解交通压力的同时通过绿化来改善城市环境，从而实现地上地下立体交叉和人车分流。其理论核心是"全部车辆转入地下行驶，为城市绿化建设花园提供大量空间"。艾纳尔的理论对城市地下空间规划设计理论的发展产生了深远影响。

(3) 勒·柯布西耶的设想

法国著名学者勒·柯布西耶在他的著作《明日之城市》及《阳光城》中对城市空间开发的实质做出了极具远见的叙述。1922—1925 年，柯布西耶主导巴黎的城市规划时，将交通运输能力作为非常重要的考量因素，并在此基础上提出了建立多层次交通体系的设想。他的设想可以概括为：地下空间供重型车辆通行，地面交通设施仅用于市内交通，建立以高架为核心的市内快速交通体系，市中心和郊区之间通过地铁和郊区铁路相连，从而增大城市中心区的人口密度。

柯布西耶的思想核心可以归纳为两点：其一，传统的城市规划无法适应现代城市的复杂功能，导致城市功能无法有效发挥，为了解决这个问题，应当使城市平面密度处于合理范围；其二，建设多层次交通系统，能为城市节省出很多地面空间，从而提高城市建设水平。柯布西耶对自己思想的可行性进行了全面论述。后来，其思想在法国巴黎拉德芳斯新区以及瑞典斯德哥尔摩分中心区的规划建设中得到应用，取得了良好的效果。

(4) 汉斯·阿斯普伦德的设想

1983 年，瑞典建筑师汉斯·阿斯普伦德在其著作《双层城市》中提出了著名的"双层城市"（Two-Level Town）设想，为城市立体化发展搭建了较为完备的理论框架。不同于原有的单基面发展理论，双层城市理论倡导在纵向上将机动车与非机动车交通分层，实现人、建筑、交通空间的竖向分离。阿斯普伦德的理论在瑞典林登堡南部新区的建设中得到实践。

(5) 国际建筑师协会第 19 次大会议题

1996 年，国际建筑师协会第 19 次大会在巴塞罗那举行，其议题"今天与明天城市中的建筑"指出："随着城市人口的稠密，我们不仅要努力经营社会公共空间，还要努力争取生态空间，并且不仅争取地上空间，还要争取地下空间、水上空间。"

(6) 格兰尼与尾岛俊雄的"三位一体"理念

1996 年，美国学者吉迪恩·S.格兰尼与日本学者尾岛俊雄合著的《城市地下空间设计》，论述了地下空间利用的可行方法，认为城市设计需要整体考虑城市空间形态，把城市地下空间作为地上空间的补充，提出了三位一体整体设计的理念，即城市设计和建设倡导地下空间、紧凑城市和坡地选址整合为一体,这个概念的提出为城市空间资源的立体化、集约化利用途径指明了一个方向。

(7)荷兰 MVRDV 公司的"密度城市"理论

2000 年至今,荷兰 MVRDV 公司基于建筑与城市空间的立体化,积极开展拓展性研究,探索未来的"密度城市"。在对建筑与城市密度研究的基础上,研究建筑与城市的"垂直"维度的逻辑与推理,其 $km^3$——立方千米理念,就是引导城市在资源短缺情形下以立体方式扩展空间,而不是平面铺开,通过创意设计来叠加空间,将密度要求转变为非常规设计的自然条件。

城市地下空间理论发展梳理如表 2-1 所示。可见,从索里亚·伊·马塔提出"带形城市"的概念,到欧仁·艾纳尔提出立体化城市交通系统的设想,勒·柯布西耶阐明空间开发实质,再到"双层城市""密度城市"理论的提出与部分实践,人类对地下空间开发的认知逐渐深化。

城市地下空间理论    表 2-1

| 研究者 | 研究时间 | 核心思想 | 核心观点 |
| --- | --- | --- | --- |
| 索里亚·伊·马塔 | 1882 年 | 将交通干线作为城市主要骨架 | 带形城市 |
| 欧仁·艾纳尔 | 1906 年 | 环岛式交叉口系统、多层交通干道系统 | 人车分离 |
| 勒·柯布西耶 | 1922 年 | 城市高架和地下多层立体交通体系 | 地下交通 |
| 汉斯·阿斯普伦德 | 1983 年 | 双层城市,两个竖向平面交通分离 | 双层城市 |
| 国际建筑师协会第 19 次大会 | 1996 年 | 城市应争取地上空间、地下空间、水上空间 | 城市空间 |
| 吉迪恩·S.格兰尼、尾岛俊雄 | 1996 年 | 地下空间利用、三位一体 | 地下空间 |
| 荷兰 MVRDV 公司 | 2000 年 | 密度城市、城市无零水平面、城市网络与城市基面的上下发展 | 密度城市 |

### 2.3.2 城市地下空间布局的基本原则

城市地下空间的功能涵盖多方面,在进行地下空间布局时,不能简单地将其视作城市总体规划的一部分,而应当结合社会、经济、环境等方面因素综合考量。同时,由于地下空间具有相对独立性和开放性,在进行布局时也应当将地上地下空间协调、地下各部分设施协调、技术水平和经济效益以及居民生理和心理等方面的问题全部纳入考量。在进行城市地下空间施工前,需对城市地下空间规划布局的质量进行评估,以确保地下工程规划布局的施工质量。在进行城市地下空间布局时,除了要与城市总体布局相结合以外,还应遵循以下基本原则。

(1)可持续发展原则

以改善城市生态环境为目标,注重地上、地下协调发展,地下空间在功能上应混合开发、复合利用,以提高空间效率。

(2)系统综合原则

规划时和现有地下空间进行系统整合,合理分类,重点将地下公共空间、交通集散空间和地铁车站相互连通,提高使用效率,方便统一管理。

(3) 集聚原则

城市土体开发应在保证土地空间容量协调的同时,通过提升土地价值来吸引投资,从而实现土地价值的螺旋上升。城市中心区的地下空间开发应当更加重视集聚原则,地下建筑的功能要与地面建筑相对应(或适当互补),从而创造出更多的经济价值。

(4) 等高线原则

参照城市土地价值的空间分布绘制城市土地价值等高线,并以此来指导城市地下空间开发与利用,找到地下空间开发起始点并明确后续开发方向。土地价值等高线的指导意义在于:既可以避免地下空间开发过于集中或孤立,又可以充分发挥区域间的滚动效应,推动经济增长。

(5) 以公共交通为骨架原则

以地铁线为开发与利用发展轴,以地铁站为开发与利用发展源,形成依托地铁线网、以城市公共中心为重点建立的地下空间体系。

(6) 近远期统筹考虑原则

城市地下空间的开发与建设在很大程度上具有不可逆性,从前期决策以及具体规划设计到项目实施都要做出详细论证,减少建设的盲目性。

(7) 竖向分层规划原则

竖向分层开发和分步实施是将地下空间开发与利用的功能置于不同的竖向开发层,充分利用地层深度。

### 2.3.3 城市地下空间基本形态

城市地下空间的形态由其功能决定,建设初期的城市地下空间往往是独立存在的非连续人工结构,只有通过系统性规划并经历长期的建设,彼此之间才能连通起来,这是地下空间相比地面空间在形态上的显著差别。城市地下空间形态包括平面形态和竖向形态。平面形态是指空间内各个要素的分布及位置,竖向形态则是指平面形态在竖直方向上的延伸。

(1) 平面形态

城市地下空间的平面形态可以按照其发展特点分为三类基本形态(点、线、面)和三类衍生形态。衍生形态是指原本独立存在的城市地下空间各点、线、面状空间相互连通后组成的辐射状、脊状、网格状或网络状的组合体,其最大的意义是将分离的空间连接起来,使其能发挥单个形态无法实现的功能。

①点状。点状地下空间是指平面占用范围较小的地下空间,是城市地下空间形态最基本、功能最灵活的组成部分。点状地下空间在城市内的分布十分广泛,主要聚集在市中心区、机场和车站等站前广场、集会活动举办地、大型公共建筑等空间有限、城市问题突出的地点。点状地下空间能帮助实现人车分流、缓解交通拥堵等城市问题,对于现代城市建设极为重要。点状地下空间的规模可大可小,大型点状地下空间一般是集多种功能于一身的综合体,例如以地铁站为中心,利用其带来的充沛人流量对周边区域进行开发,从而形成的商业、文娱、人流集散、停车等多功能结合体。小型点状地下空间则一般是商场、地下车库、人行道或市政设施的站点,如地下变电站、地下垃圾收集站等。

②线状。线状地下空间由点状地下空间在水平方向延伸或多个点状地下空间水平连接而

成。线状地下空间是构成城市地下空间基本形态的关键要素,其主要包括地铁、地下道路、市政管线、排水设施、地下综合管廊、地下停车库以及地下商业街等,一般是依托既有地下建筑朝其他方向拓展建成,或是由距离较近的点状地下空间连接形成的。线状地下空间在城市里扮演着相当重要的角色,其将分散的点状地下空间连为一体,提高了地下空间的利用效率,承担着城市地下空间骨架的职责。我国大部分城市对线状地下空间的重要性认识不足,目前的城市地下空间开发并未充分突出线状地下空间的作用,导致已有的地下空间多数相互独立而未能连成整体。

③面状。面状地下空间是指多个较大规模的地下空间相互连通,形成面域。它是城市地下空间形态发展成熟的标志,只有城市地下空间开发与利用达到一定程度,面状地下空间才会形成。面状地下空间一般只有在市中心等繁华地段才会出现,主要由大型建筑地下室、地铁(换乘)站、地下商业街以及其他地下公共空间等组成的地下综合体构成。面状地下空间的形成非常依赖前期规划,若规划时未能充分考虑各地下空间之间的连通,则几乎不可能形成。因此,建设新城中心区往往比旧城改造更容易形成面状地下空间。

④辐射状。以某个大型地下城市空间为中心,将其与周边的其他地下空间相连,可形成辐射状地下空间形态,如图 2-2 所示。辐射状地下空间一般出现在城市大规模地下空间开发与利用前期,该时期往往采用大型地下空间综合体带动周边小规模点状地下空间发展的思路,使某一地区的地下空间组成体系,常通过地铁(换乘)站、中心广场等形式实现。

⑤脊状。脊状布局则需要借助线状地下空间作为基础,以此为轴线与两侧的地下空间连通,如图 2-3 所示。脊状布局往往出现在两个地铁车站之间的区域和以解决静态交通为前提的地下停车系统中,其中起着基础作用的线状地下空间包括地下商业街或地下停车系统中的地下车道,其与两侧建筑的地下室或两侧停车库相连通,构成脊状地下空间的主体。

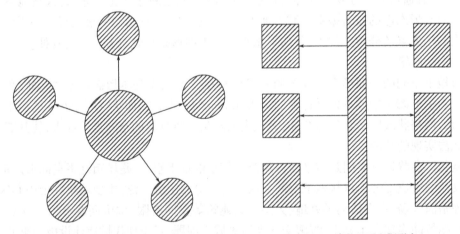

图 2-2　辐射状地下空间形态　　　　图 2-3　脊状地下空间形态

⑥网格状。多个开发规模较大的地下空间彼此互相连通,便可形成网格状布局形态,如图 2-4 所示。网格状地下空间形态主要出现在发展水平较高的城市中心地区,其组成部分包括大型建筑地下室、地铁(换乘)站、地下商业街以及其他地下公共空间。网格状地下空间非常依赖地下空间的整体规划,且对施工建设水平有很高的要求,往往在经济水平较高,城市地

下空间开发利用较发达的地区才会出现。网格状地下空间是城市地下空间系统形成的基础，大大提高了城市地下空间的利用率。

⑦网络状。网络状是地下空间开发达到高水平的标志，各种功能的地下空间以地下交通设施为骨架，形成相互连接的网络，最终将整个城市的地下空间连成一体，如图2-5所示。网络状地下空间应当作为城市地下空间开发与利用的总体蓝图，以地铁线路为骨架，站点为节点，实现地下空间功能、区域、建设时序的有机结合。

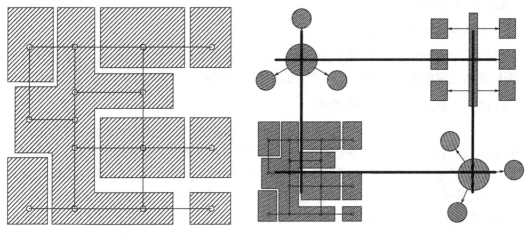

图2-4 网格状地下空间形态　　　　图2-5 网络状地下空间形态

(2) 竖向形态

在竖向上，地下空间应当与地上建筑作为一个整体，考虑土地利用率和经济性，实行最大深度的立体开发，以充分发挥地下空间的各种功能。一般来说，竖向的区位构成从上至下可分为以下四个层次，见表2-2。

城市地下空间竖向分层　　　　表2-2

| 竖向分层 | 深度 | 主要开发功能 |
| --- | --- | --- |
| 浅层 | 0m 至地下15m | 一般市政管线、地下步行道、地下停车场和地下商业、地下公共服务设施等 |
| 次浅层 | 地下15m 至地下30m | 地下停车场、地铁隧道、地铁车站、地下娱乐文化设施等 |
| 次深层 | 地下30m 至地下50m | 地铁、地下调节池、地下能源设施、人防工程、地下变电站和地下道路等设施 |
| 深层 | 地下50m | 市政设施、深层仓储设施、地下研究设施、地下工业设施及远期地下空间开发与利用 |

## 2.3.4　城市地下空间布局方法

1) 以城市形态为发展方向

城市地下空间形态规划的最基础要求是与城市形态规划相协调，而城市的形态多种多样，包括单轴状、多轴环状、多轴放射状等。例如我国兰州、西宁的城市布局为带状，城市地下空间进行规划时就应当尽可能使其发展轴与城市发展轴保持一致，以便于组织调度和后期发展。然而当城市发展趋于饱和时，地下空间的形态反而可能成为城市整体发展的制约。现代城市基本都以市中心为中心向其他区域多轴向发展,整体发展态势呈以不同区域中心为圆心的同心圆状,最终导致城市地下空间整体形态呈现为多轴环状发展模式,大部分城市的地铁也因此呈环状布局。然而受到地理环境等因素的限制,城市轨道交通的形态不仅代表交通轴,还代表城市发展轴,因此不能将城市地下空间形态视作城市形态的附属。现代城市大多呈现多轴放射状发展,其原因在于该发展形态能为城市提供更大的发展空间,且能较好地维护城市地面生态环境。但是,该发展模式同样存在风险,同心圆或者多轴环必须在可控范围内合理发展,否则可能会导致城市发展失控。

2) 以城市地下空间功能为基础

城市地上空间功能与城市地下空间功能之间存在着紧密而复杂的联系,必须将其视为有机整体,两者之间的关系是城市空间演变发展规律的体现。

3) 以城市轨道交通网络为骨架

轨道交通是城市的骨架,其不仅深刻影响地下空间的规划,还会左右城市地下空间的形态设计,同时,轨道交通还在城市交通系统中具有举足轻重的地位。地铁是城市地下空间开发与利用的基石,若想充分利用地铁覆盖面积广和开发规模大的优点以提高土地利用率,就应该尽量使地铁连接居住区、城市中心区和城市新区。地铁线路规划时,要结合城市实际发展状况,参照城市人流趋势仔细斟酌,从而形成完善的交通网络。由此可见,地铁网络能充分反映城市的结构特征和发展趋势,在此骨架上完成的地下空间规划才能充分适应城市各部分的功能。地铁车站同样是城市地下空间体系中的重要角色,借助其向四周辐射的特性,城市地下空间的影响范围将大大提升。因此,依托地铁进行地下空间开发时,还应当将车站的综合开发作为重要目标,地铁车站应该与周边其他空间结合互补,而不是单纯地充当交通枢纽。

城市地铁网络不是一朝一夕建设完成的,在其基础上建设的地下空间网络更需要数十年甚至上百年的发展和完善。因此,地下空间在规划时要求规划者必须具备长远眼光,能实现短期效益与长期效益的协调,经过漫长的建设和补充,城市地下空间最终才能在地铁基础上形成系统性的可流动地下空间,从而大大缓解城市用地压力,改善繁华地区的环境。

4) 以大型地下空间为节点

以大型地下空间为节点的面状地下空间形成后,标志着城市地下空间形态趋于成熟和完善,面状地下空间是城市发展水平增强、城市土地利用率提高的必然结果。市中心是面状地下空间最容易形成的区域,原因在于市中心发展水平较高,对高效交通和第三产业发展空间的需求远大于城市其他地区,这些需求能有效刺激城市地下空间的开发与利用。由于交通系统创造的直接收益较少,其经济效益主要通过其他形式的经济盈利体现,因此其创收能力常常被忽视。但是,交通所具有的社会性、分散性和潜在性特性其实更应该得到重视,地铁系统的发展趋势应该是在以交通功能为主的基础上发挥其商业作用。面状地下空间吸引人流能力较强,为避免拥堵,应当充分发挥点状地下设施的疏散功能,减缓地下和地面的人流压力。当公共建筑、商业建筑、写字楼等通过地下空间实现连通后,就能形成集商业、文化和娱乐功能于一体的大型地下综合体,城市地下空间的功能会更加完备,效果也会更加显著。

在进行城市地下空间规划时，常见的情况有两种：一种情况下该地区有地铁经过，此时需要充分发挥地铁站在整个城市地下空间体系中的节点作用，将地铁车站作为该区域局部形态设计的核心。如北京地铁1号线的东单站、2号线与5号线换乘的崇文门站。另一种情况下该地区没有地铁经过，此时充当节点的就应该换成附近的地下商业街和大型中心广场地下空间，通过地下商业街将周围连成一体，以便于形成脊状地下空间形态，或是通过大型中心广场向四周拓展，形成辐射状地下空间形态。

5) 地下空间的竖向布局

城市地下空间的竖向布局应当以符合地下建筑的性质和功能为第一要务，在城市总体规划阶段，城市地下空间竖向分层的一般原则是：该深则深，能浅则浅；人货分离，功能划分。城市浅层地下空间一般承担适合于人类短期活动或需要人力资源参与的功能，如出行、集散、购物、外事活动等；而诸如储存、物流、废弃物处理等对人力资源需求较低的功能，则应尽可能安排在较深的地下空间。市政基础设施管线网络系统是现代化城市的标配，其具有的功能包括物流传输和为沿线用户提供分配（接纳）服务。一般除专用的传输管线会埋置在较大的深度以外，承担分配（接纳）任务的管线大多数都会被布置在最上层的地下空间中，这么做的目的是方便沿线用户接线，这种减少埋深的设计能降低建设成本，方便运营维护。至于使用频率较高的商业、文娱、轨道交通站台、人行通道等设施，则不宜建设在较深的位置，这是出于防范事故、方便使用和灾后疏散的考虑。对于在地面建筑物（特别是高层建筑）下方进行地下空间开发与利用的工作，则应该将地下空间与上部建筑物统一规划建设，使其形成整体，提高空间利用率。

图2-6为城市地下空间竖向布局概念图。与城市地下空间竖向层次有关的因素除了地下空间的功能之外，还包括地下空间位置（是位于道路、广场、绿地下还是位于地面建筑物下）、地形和地质条件等，对待不同的情况要具体问题具体分析，合理规划，特别要注意地下空间的开发不可波及高层建筑的桩基。

图2-6 地下空间竖向布局概念图

以下是几个典型发达城市的地下空间竖向利用情况：

(1) 东京

东京的城市地下空间开发深度大，兼具功能多，其地下空间建筑包括管线、共同沟、地下停车场、地下街、地铁，乃至地下变电所等设施，种类丰富且功能完备，开发深度已经达到地下

50m 以下。

①0m 至地下 15m 的浅层空间。主要布置了市政管线、地下过街道、地下停车场以及地下街等设施,尤其是地下街的建设特别发达。

②地下 15m 至地下 30m 的次浅层空间。主要用于地铁的布置,也布置一些地下调节池和地下变电所等设施。

③地下 30m 至地下 50m 的次深层空间。这一层布置了地铁、深层管道、地下调节池、地下道路以及综合管廊等。

④地下 50m 以下的深层空间。除了铺设的一些高压线缆,主要为预留空间,用于深层地铁的建设及建设一些地下调节池等。将来有可能更多地用于发展地下道路。

(2)巴黎

仅就开发深度来说,巴黎相比东京较浅,在地下 30m 左右,其地下设施的种类和布置方式也与东京有所区别。主要有市政管线、综合管廊、地铁以及地下道路等。具体布置如下:

①0m 至地下 15m 的浅层布置市政管线设施、道路隧道和地铁等。

②地下 15m 至下 30m 的中层布置城域快速地铁线。

③地下 30m 以下则布置深层供水管、污水管等。

(3)纽约

纽约城市地下空间的发展也很有层次性,具体分布也有三层:

①第一层是一般市政管线,布置电缆、水、煤气管线。

②第二层是交通层,布置地下通道以及地铁等。

③第三层则是布置一些下水道及深层水管等。

各个城市的地下空间开发现状表明,越接近地表的地下空间开发程度越高,功能越开放,区位价值也越高。地下建筑空间和地面城市空间的层叠,加强了地下建筑与城市的整合,从而促进城市竖向空间形态的发展和完善。

## 2.4 城市地下空间规划编制

### 2.4.1 地下空间规划编制概述

(1)地下空间规划的推进方法

城市地下空间的规划编制,一般需要经历"资料调研、分析借鉴、论证预测、专家咨询、总结提炼"等多项基础环节准备工作,明确地下空间开发建设的基础条件与发展趋势,分析总结地下空间规划目标与发展战略,并在此指导下确定地下空间规划方案,保证规划编制的科学性与实用性。即总体分为"基础调研"和"规划编制"两大工作阶段进行推进。

①"调查→分析→规划"的技术路线。

现状调查是规划的第一步,需听取多方意见、研究相关规划、分析其他类似项目的经验和教训,对各项资料进行详细的分析和研究,为规划提供充分的依据。

②"需求→供给→开发"的研究思路。

地下空间开发与利用规划需要综合平衡需求与供给两个方面,实现两方面的平衡需要基于全面的调研,要进行地下空间资源的评估以及现状地下空间设施调查分析,研究地下空间资源的适度供给与技术经济社会环境效益,需求与供给的结合点是地下空间的开发需求与有效供给在空间形态和发展时序上科学布局与配置资源。规划需要寻求最佳的结合点,为规划方案的优化奠定科学基础。

③"比较→借鉴→应用"的案例研究。

积极借鉴国内外类似地区的地下空间开发,从使用功能、开发规模、交通组织等方面借鉴成功的经验,并应用到本项目中。

④"宏观→中观→微观"的规划顺序。

在宏观层次,在调研的基础上,研究预测规划研究范围地下空间开发规模,近中期地下空间开发利用的总体布局,重要片区选定;在中观层次,主要分析研究和编制地下交通、市政、防灾、公共服务等分项地下空间功能设施的规划,并进行整合;在微观层次,主要结合近期启动建设片区,结合重点项目进行地下空间控制性详细规划的编制,并开展地下空间规划实施与政府管理规章的相关内容研究。

(2)地下空间规划基础调研

地下空间规划的前期基础调研阶段,首先应梳理上位规划及已经审批通过的相关专项规划,分析以上规划对城市建设及地下空间开发与利用的发展要求,借鉴国内外类似城市地下空间开发建设经验,并对城市发展现状及地下空间利用现状进行深入调研,确定地下空间开发与利用的潜力、发展条件、限制条件及发展需求,确定地下空间的发展模式及发展重点,明确各类地下空间设施的规划布局及系统整合关系,为地下空间的编制提供基础依据。地下空间规划的基础调研工作如图2-7所示。

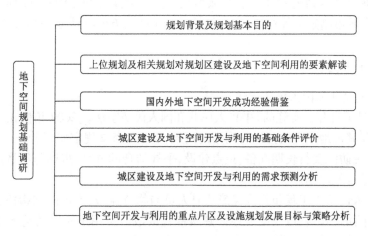

图2-7 地下空间规划基础调研

(3)地下空间规划编制的内容

根据基础性调研阶段形成的基本结论确定地下空间开发与利用的总体规划布局、竖向分层、地下空间分项系统布局,重点片区规划及近期建设规划,同时编制地下空间规划保障措施。具体开展如图2-8所示的相关内容的规划编制。

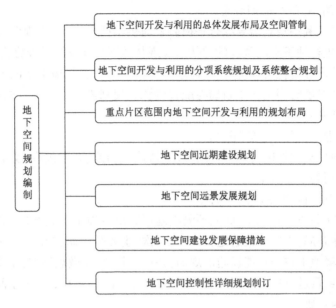

图 2-8 地下空间规划编制

### 2.4.2 地下空间规划编制相关法规

从 1997 年至今,建设部及各地相关部门相继推出了一些与地下空间开发与利用相关的法律、规范和政策,在城市地下空间开发与利用的规划管理、建设管理、使用管理、技术规范等方面均有所涉及。1997 年由建设部颁布的《城市地下空间开发与利用管理规定》(2001 年,2011 年修正)标志着我国城市地下空间利用开始步向有法可依的阶段。2001 年以后,山东、江苏、浙江、河北、广东 5 个省政府颁布了有关城市地下空间开发与利用的 6 项政府规章;上海、深圳、广州等 22 个城市制定了针对地下空间利用的 23 项地方专项法规,此外,还有诸多的地方配套法规。

1) 国家法规规章

(1)《中华人民共和国人民防空法》

1997 年 1 月 1 日开始实施的《中华人民共和国人民防空法》(2009 年修正)是第一部具有中国特色的涉及城市地下空间开发与利用的法规,其相关条文规定如下。

第二条:人民防空实行长期准备、重点建设、平战结合的方针,贯彻与经济建设协调发展、与城市建设相结合的原则。

第十八条:人民防空工程包括为保障战时人员与物资掩蔽、人民防空指挥、医疗救护等而单独修建的地下防护建筑,以及结合地面建筑修建的战时可用于防空的地下室(该条文指出人防工程包括单建和结建的类型)。

第十九条:国家对人民防空工程建设,按照不同的防护要求,实行分类指导。国家根据国防建设的需要,结合城市建设和经济发展水平,制定人民防空工程建设规划。

第二十条:建设人民防空工程,应当在保证战时使用效能的前提下,有利于平时的经济建设、群众的生产生活和工程的开发利用。

本部法律是我国长达40年的人防建设经验的结晶,标志着新时代我国人防建设工程开始转向民防,要求地下工程实现防空、防灾、城市经济环境建设等功能的有机结合,是我国地下空间开发与利用历史上的重大里程碑,为科学合理、经济高效地开发与利用地下空间资源提供了法律保障。

(2)《城市地下空间开发利用管理规定》

随着我国城市地铁建设如火如荼、人防转向民防的战略稳步推进,城市地下空间开发与利用进入新时代,建设部于1997年10月27日公布了《城市地下空间开发利用管理规定》(2001年、2011年修正),该法令是我国城市进入地下空间开发与利用新时代的总动员令。2011年修正后的《城市地下空间开发利用管理规定》相关条文规定如下。

第五条:城市地下空间规划是城市规划的重要组成部分。各级人民政府在组织编制城市总体规划时,应根据城市发展需要,编制城市地下空间开发利用规划。

第九条:城市地下空间规划作为城市规划的组成部分,依据《中华人民共和国城乡规划法》的规定进行审批和调整。

第六条 城市地下空间开发利用规划的主要内容包括:地下空间现状及发展预测,地下空间开发战略,开发层次、内容、期限,规模与布局,以及地下空间开发实施步骤等。

(3)《城市规划编制办法》

建设部于2005年10月28日颁布的《城市规划编制办法》,从法律层面要求将城市地下空间规划纳入城市总体规划体系。

(4)《中华人民共和国物权法》

2007年3月16日,《中华人民共和国物权法》(简称《物权法》,2021年1月1日起,《中华人民共和国民法典》施行,同时《物权法》废止)正式颁布,该部法律对城市地下空间开发与利用的权属问题做了详细规定。

第一百三十六条:建设用地使用权可以在土地的地表、地上或者地下分别设立。新设立的建设用地使用权,不得损害已设立的用益物权。

本条法令对城市空间资源的"分层和多重开发"意义重大,其为扩大土地资源的利用规模、实现土地资源的集约化发展提供了法律依据,还对吸引民间投资,科学合理地利用城市道路、广场、绿地、山地、水体等地的城市地下空间资源,加快推进城市交通、经济、社会、环境、防灾等方面的基础设施规划建设和管理运营起到了重大推动作用。

(5)《中华人民共和国城乡规划法》

《中华人民共和国城乡规划法》(简称《城乡规划法》)于2007年10月28日正式颁布施行(2015年修正),该法建立在《城市地下空间开发利用管理规定》和《城市规划编制办法》的基础上,其目的是使现有法律体系与我国城市地下空间开发与利用步入热潮的发展现状相适应,从国家层面给予城市地下空间开发更大的法律支持。本法对城市地下空间开发作出重要指示,阐述了开发应当遵循的基本原则,并指出地下空间开发与人防建设和城市规划工作之间应当相互协调。

第三十三条:城市地下空间的开发和利用,应当与经济和技术发展水平相适应,遵循统筹安排、综合开发、合理利用的原则,充分考虑防灾减灾、人民防空和通信等需要,并符合城市规划,履行规划审批手续。

### 2) 地方法规规章

近10年来,全国各大城市开始大规模地进行地铁规划建设,极大地带动了城市地下空间资源的开发与利用,许多大城市已呈现出大规模、超常规发展态势。伴随着城市地铁建设的快速发展及《物权法》《城乡规划法》的颁布实施,自2007年之后,全国各大城市都结合自身情况制定或正在制定各自的城市地下空间开发与利用管理规定(条例、办法、规划编制导则、通知),使得城市地下空间开发与利用得以规范。如《云南省城市地下空间开发利用管理办法》(2023年废止)《杭州市地下空间开发利用管理办法》和《太原市地下空间国有建设用地使用权管理暂行办法》等。

### 3) 城市地下空间规划相关文件

城市地下空间规划过程中,会形成一些主要规划文件和图纸。相关文件如下:

(1) 总则

总则主要指规划编制的依据、指导思想、原则、规划期限、规划范围、规模等,具体包括:

①地下空间总体布局。地下空间的分类、分级、设置标准、规模、布局、各类地下空间的联系与协调,地下空间利用与城市用地布局的关系。

②地下公共设施的布局。确定地下商业服务、文化娱乐、医疗卫生等设施的位置、规模及相互关系。

③地下工业仓储设施布局。确定因工艺、安全需要和其他要求设置的地下工业仓储设施。

④人民防空设施布局。根据城市防护类别确定人民防空设施标准、规模和布局,并提出平战结合方案。

⑤地下交通设施布局。确定地下道路、停车场等交通设施的类型、规模、分布以及与地上道路系统的关系。

⑥地下市政基础设施规划。确定地下工程管线综合管沟、变电站、蓄水池、供热站等市政基础设施的位置、规模和布局。

⑦近期建设规划。确定建设项目、规模,进行投资估算,安排建设时序。

⑧远景规划。确定城市远景地下空间开发与利用的目标和设施布局。

⑨实施规划的措施。

(2) 规划图纸(比例 1/5000~1/25000)

①地下空间现状图。标明城市现状建成区范围,城市主次干道,各类现状地下空间的性质、类别、位置、规模。

②地下工程建设条件评价图。标明城市地形地貌、工程地质、矿藏、文物分布、地下水位埋深线等。

③地下空间利用规划总图。标明规划建成区用地范围、用地布局、道路系统,标明地下交通设施、公共设施、人民防空设施、工业仓储、市政设施、文物古迹等的位置、规模及与地上设施的关系。

④市政公用设施规划图。标明工程管线综合沟的位置、走向、断面及形式等,标明地下变

电站、蓄水池、供热站等设施的位置。

⑤近期建设规划图。标明地下空间近期建设项目及其开发规模和时序。

⑥远景规划图。标明地下空间远景发展目标、方向和功能结构。

(3) 规划附件

①规划说明书。介绍规划背景,分析建设条件,说明依据、指导思想和原则,说明规划布局、规划指标、建设时序和实施措施。

②基础资料汇编。包括规划编制依据的原始材料、初步分析评价、其他资料和有关法规的名目等。

## 2.5 城市地下空间心理及生理学

### 2.5.1 城市地下空间对人的心理及生理的影响

城市地下空间一般较为封闭,能有效隔绝热量、声音等外部环境产生的影响,营造较为安静、恒温的空间,但其在隔绝外部环境不利影响的同时,也将诸如阳光、空气、绿地等有利条件阻拦在外。过于幽闭的环境可能会对人的生理和心理都产生不利影响。

由于建筑物完全处于地下,会产生较强的封闭感,导致人的感官产生阴森、封闭、压抑的印象,较为严重的情况下还会引起不安、反感、枯燥乏味、与世隔绝、不安全等不良心理反应。地下空间还会大大削弱人的方位感,人在室外往往能通过光照等自然条件判断方位,然而地下空间基本只能使用人工照明,导致光照条件与地表存在很大差异,容易扭曲人的感官,因此可能造成感知不适反应。此外,人体内的生物钟对昼夜变化会产生较明显的反应,对人的身体机能进行实时调整,然而,地下空间光照条件与地面的差异可能会导致人体生物钟产生错乱,引起人体机能自我调节紊乱,从而产生各种不良反应。

由于生理反应受心理变化的影响,又会反作用于心理情况,因此在生理方面,地下空间产生的影响较为复杂。总的来说,当人处于地表建筑物中时,许多生理不适现象不会经常出现,但当人处于地下空间时,其出现的概率大大增加。地下空间与地面空间的差别主要表现在阳光和空气两方面,自然光照对人的健康是极为重要的,若长时间处于缺乏自然光照的环境下,人体的很多生理机能会出现异常,而地下空间几乎完全依赖人工照明,在此工作时间过长会对人的健康产生较大负面影响。同时,地下空间的封闭性不利于空气流通,导致空气质量较差,长时间呼吸污浊空气可能导致头晕、烦闷、乏力以及记忆力下降等不适现象。

### 2.5.2 城市地下空间的设计原则及应注意的人的心理和生理问题

城市地下空间设计需要遵循的一个基本原则就是尽量使地下空间的环境接近地面空间,以避免其对人心理和生理产生的不利影响。按照这个设计思路,需要在空间出入口、内部空间层高、区域布置、色彩以及自然景观等方面做特殊处理,以营造与地面空间相似的效果。地下空间出入口设计需要满足以下三点要求:第一,出入口需要营造地面与地下空间之间的过渡感和场所感;第二,充分体现地下空间与地面环境之间的联系;第三,缓解地下空间幽闭性,消除人们的恐惧心理。地下空间出入口的设计是多种多样的,可以根据建筑物的位置、地形和功能等灵活选择。地下空间的设计应当注意导向性,以防人在其中产生迷失感,因此需要充分利用建筑语言来提供方向指引,利用好各种建筑设计手段是其中的关键。空间导向性设计思路有以下几种:

①明确空间结构,避免因其过于复杂而影响人的直觉判断。

②充分利用墙面质感、色彩、肌理、图案变化和墙体形态变化来改善视觉环境,以起到导向作用。

③发挥视觉要素的引导作用。复杂的结构更容易引起人的注意,可适当增强建筑形态的复杂程度来引导人流。

④重视听觉的导向作用。人的听觉系统可以通过声音的传递来辅助建立空间感和方向感,因此地下空间需要注意防噪声的设计,以提供正确的听觉反馈。

⑤利用嗅觉和触觉手段。嗅觉和触觉都是识别环境的常用手段,利用气味和墙、地面材料质感的变化来分别刺激嗅觉和触觉,也是地下空间设计时可采用的手段。

提升环境的易识别度是帮助人们确定方向和寻找路径的有效手段,地下空间设计应当注意提高环境易识别度,在这样的环境中,人的情绪容易保持平和稳定,从心理上增强对空间的掌控感。研究表明,人们对容易识别环境的满意度明显高于复杂难以识别的环境,这是因为简洁的结构便于形成清晰的人流路径,在人的感知中更容易形成整体意象。

由于地下空间缺乏自然光照,人工照明的效果无法完全达到自然光的和谐度,地下建筑内的工作人员可能面临各方面健康问题,因此地下空间的设计除了考虑视觉环境,还应该提高对人员健康的关注度。在进行照明设计时,应当采取更高的设计标准,重视人员的心理满意程度,选用的照明光源除了最基本的色温和显色性指数要达到标准外,还应当考虑健康要求。

色彩是另一个影响人情绪的因素,红、橙、黄等暖色系颜色能让人感觉温暖,而蓝、绿、青、紫等冷色系颜色则会让人感觉清冷,另外,蓝色和绿色能安抚人的心灵,使人保持平缓、安定的心情。地下空间墙壁的颜色不宜过于深暗,也不宜过分鲜明。

地下空间中的机械如风机、水泵等往往会产生较大噪声。由于地下空间具有封闭性,噪声很难快速消散,因此地下空间的设计需要考虑可能出现的噪声,并考虑如何传播噪声,以此对空间布局进行相应调整,使产生噪声的设备远离人员密集区域,或对其进行隔音处理。此外,地下空间可以适当播放背景音乐,既可以抵消噪声,还可以安抚人心,在选择背景音乐时需要注意场合、时间等因素。

节能和空气质量改良是地下空间环境工程中的两大主题,然而这两者之间并不是相辅相成的关系,地下空间的空气质量控制极度依赖机械设备。若采用大型换气设备,就会增大能源消耗,违背节能初衷;若降低换风标准,减少对换气机械的依赖,有害物质就会在空气中堆积,影响空气质量。因此,地下空间换气设计应当优先选择无污染风源,合理组织气流,正确布置系统,准确计算热湿负荷和阻力,建立科学管理系统,优化运行方式,以达到降低机械能耗、减少工程投资和运行维护费用的目的。

## 2.6 城市地下空间规划案例分析

### 2.6.1 加拿大蒙特利尔地下城

1) 发展历程

加拿大魁北克省的蒙特利尔市是城市地下空间开发的引领者,该市的地下交通系统是全球规模最大的地下交通系统之一,并通过交通网络将众多基础设施建筑、商业区相连接,形成了庞大的地下城。蒙特利尔地下城经历了诞生→萌芽→扩展→快速发展→巩固→再发展的过程,且该过程尚未走到终点。

1912—1918年,穿过蒙特利尔北部的加拿大国家铁路(CNR)建设完成,并成为当地交通枢纽,该铁路的终点坐落于北部山区某个山洞内部。1938年,为了适应不断增长的交通量,小车站的改造升级工作正式开始,改造后的中央车站于1943年投入使用。20世纪50年代,蒙特利尔市的商业繁荣发展,CNR也将中央车站设为了新的总部,从此,蒙特利尔地下城以中央车站为起源逐步发展。

1962年,维莱·玛丽广场(Place Ville Marie)正式开始招商引资,蒙特利尔地下城的建设从城市中心区正式开始。当时地下城的建设规模较小,总面积不超过0.03 $km^2$,地下商业区主要包括店铺和步行街。1966年,蒙特利尔市地铁系统建设开始,地下空间的建设大大加速。作为1967年世界博览会的承办地,蒙特利尔市获得了政府巨大的投资,从而带动了地产开发和地下设施建设的兴盛。20世纪70年代是蒙特利尔地下城建设的黄金期,在该时期网络状地下空间逐步形成,地下城的概念出现。在此期间,总计20个项目开工建设,其中有7个项目是以地铁为依托开展的。为了适应这种趋势,房地产开发商也更多地将新开发的地产与既有建筑或地铁联系起来。

20世纪80年代是地下城发展较为平静的时期,新的大型地下综合体出现较少,地下城不再如同上一个十年一样快速扩张。这一时期众多的地下商业街得以建立,其大多穿过St. Catherine大街及其两侧建筑,从而使McGill和Peel两大车站之间的联系更加紧密,形成了一个东西走向的地下走廊。在这一时期,地下城内的人行通道长度从1984年的12km增加到1989年的22km,地下城内部各空间的联系大大加强。

20世纪90年代,城市中心区的功能越来越复杂,现有的地下通道已经无法满足多功能中心区的需求。为了解决这个问题,2000年,更多的地下通道开始建设,且这一次的地下通道建设工程着重考虑了各通道之间的联系,使得整个步行通道形成了一个完整的系统,该系统兼具商业、贸易、娱乐及公共设施功能。该阶段地下城人行通道已经发展到30km了。

2) 发展分析

总结蒙特利尔地下城的发展历程可以看出以下特点。

蒙特利尔地下城的发展历程是大部分城市地下空间发展演化规律的浓缩,主要表现为:初期点状开发,后发展为多核式分散组团,后续在沿着轴线向外拓展的同时组团内部发展,最终组团之间相互连通形成系统。

(1) 混合功能区取代单一功能地下空间

20世纪60年代,维莱·玛丽广场的开发商建设了地下步行通道,使办公大楼和中心车站连成整体,在步行街的两侧先后开设了众多高档商铺,蒙特利尔地下城的雏形就依靠着车站和商业街建立了起来。蒙特利尔地下城的设计考虑了功能、人流路线、日常使用地面公共空间的成本效益比、大型社区现状等方面因素,且随着经济发展和生活水平提升,地下城的设计者、开发商以及蒙特利尔市政府都认识到了现代地下空间除了具备交通和商业功能,还应该具备提供休闲娱乐服务的能力。从此之后,地下城不再是单纯的交通通道或商业中心,而成为在休息时间也十分活跃的娱乐场所。

蒙特利尔地下城的建设为后续地下空间的开发提供了经验,其建筑形式主要包括通道、拱廊和下沉广场三种。通道是地下系统的骨架,地下空间的交通和商业两方面功能都是在此系统上建立的。拱廊则是改善地下空间内部环境的重要设施,这是因为其顶部的拱状采光窗可以让阳光进入,从而改善了地下空间的照明条件。下沉广场则是规模较大的建筑,兼具交通、商业、娱乐等各方面功能,使得地下空间成为大型居民活动场所。

(2) 与地铁车站整合发展

在蒙特利尔地下城的发展过程中,地铁系统扮演的角色非常重要。在20世纪60年代地下城发展起步时期,正是将地铁站与周围的商业办公区连通,才带来巨大的人流量,从而带动了地下通道内商铺的发展。在地下城的后续拓展中,也形成了周边建筑地下室的负一、二层用作与地铁车站相连的通道的开发模式,并取得了巨大的成功。其中一个极具代表性的例子是Complexe Desjardins大楼,该大楼集政府办公场所、旅馆、电影院、零售商店和大型公共室内中庭于一体,是地下城商业区重要的商业中心。

(3) 政策驱动力和商业理念

政府引导是地下空间开发的强力推动要素。加拿大国土面积广阔且实行土地私有制,政府直接控制的土地面积较小,绝大部分的土地属于私人土地。在这种情况下政府可以利用对私人土地的管理权来组织周边居民参与地下通道的维护和管理,以实现地下城各部分间紧密联系。从1992年开始,蒙特利尔市政府制定并发布了详细的地下通道安全操作细则,规定地铁周边的业主有义务保证其拥有的建筑有直通地铁的地下通道,相关的建设费用则由业主和政府共同承担。

蒙特利尔地下城的建设还引入了私营企业参与。地下城的开发需要相当高的投资,政府可以承担地铁系统的开发费用,但其周边的商业区很难单靠政府出资建设完成。在这一方面,民间资本作出了巨大贡献,正是他们的支持才让地下通道和附属建筑物的建设、维护和运营得以顺利进行,使地下城可以正常运转。

总结蒙特利尔地下城的发展,可以得出以下经验:充分利用地下城的潜在商业价值来吸引投资,为地下城的建设提供所需资金,可大大提高建设速度。积极发展地下城商业区,促进消费,可使土地价值升高,从而进一步吸引投资,最终实现地下空间价值的螺旋上涨。

### 2.6.2 中国香港城市地下空间

2017年初,香港土木工程拓展署正式完成《城市地下空间发展:策略性地区先导研究》报告,该报告对香港地下空间的未来发展具有重要的引领作用。

《城市地下空间发展:策略性地区先导研究》旨在进一步探索制定香港地下空间资源开发利用的中长期发展规划和有效的公共政策指引,研究重点包括评估在四个策略性地区(包括尖沙咀西、铜锣湾及跑马地,以及金钟/湾仔)发展地下空间的机遇和挑战,通过"以地区为本"的策略,探讨区内的发展机遇与挑战,并寻找合适的区域发展地下空间,以进行初步规划及技术评估,最后制定地下空间发展总纲。该项研究提出了香港新一轮地下空间开发的目标,即"创造连贯、互通、高质素和富有活力的地下空间网络",这意味着香港的地下空间开发进一步朝着网络化的方向发展,更加注重地下空间之间的连接性以及地下与地上空间的一体化。同时,报告也进一步明确了香港地下空间开发的主要目的以及根本要求,具体包括三个方面:

①改善生活环境。通过发展更多地下空间,重置目前地面上的设施体系,以腾出宝贵的地面空间用于其他更具效益的土地用途。

②优化人行连接通道。通过发展地下空间,加强建筑物和发展项目之间的连接性与通达性,以此增加和提供额外的人行通道,舒缓地面拥挤的人流和交通负荷,以及提供全天候和无障碍的人行连接通道。

③创建空间。通过发展地下空间,为香港民生发展提供空间载体,如商业、文娱康乐、艺术及社区设施等。

香港新一轮地下空间开发的主要问题有两点:

一是法律和行政管理问题。在香港要想灵活确定地下发展项目的位置和规划,还受到若干规划和法律方面的制约。首先,香港地面土地的所有权将延伸至地下。对目前许多香港的发展项目而言,主要为混合使用的发展项目,土地所有权较为分散。从行政管理的角度考虑,组织所有业主共同同意地下土地的开发难度较大。其次,根据香港目前的土地管理实践原则,只有在有公共需求时,才可以在无所有权土地下进行地下发展,例如发展港铁系统。因此,要进行地下空间发展,发展商必须拥有地面土地。最后,目前的法定规划表明地面的土地使用也包含了对地下土地使用权,有可能限制不同用途的发展。不过当前的法定规划管理具有一定灵活性,能适应地下空间发展的需求。为促进最理想的地下空间发展,有必要改进现有的规划管理框架。主要包括:

①创造地面和地下发展的共同所有权。该措施可能要求更详细的可行性研究,且仅适用于新处置的土地。

②共同所有权的确立需由立法修订。

③在法定和法律框架的修订方面,需要引入具有约束力的发展条例,如利用统一条例整合各个方面的持股者,确认各方在地下发展项目中的权利和义务等。

二是私营企业的参与问题。香港特区政府对商业的参与度较低。在这种放手式管理体制下,私营企业带动了香港多数的工商业活动。因此,私营企业的参与对地下空间的发展大有裨益。为提高私营企业对发展地下空间的兴趣和参与度,政府应提供激励计划,使发展项目更具吸引力。激励计划可包括优惠的土地溢价、增值的发展潜力或税务奖励措施。另一种鼓励私营企业参与的措施是公私合营制。大量本地和海外实践表明,公私合营制是成功的经营模式,能提供现代化及高效的服务,港铁和香港特区政府采用的铁路和物业发展模式就是一个例子。

例如,为鼓励迁移厌恶性或不相容的设施至地下,香港特区政府可向私人投资者赋予地面土地的物业发展权。

根据香港土木工程拓展署的最新研究报告,香港下一轮的地下空间发展将重点聚焦以下八个方面:

①土地、结构和基础设施的限制。在评估地下空间发展的可行性时,需要充分考虑当前的地面状况、建筑物地基、雨水和污水管道和箱形暗渠等设施。

②与现有地下设施(包括地库、港铁站及隧道等)的连接。将地下空间发展连接至港铁站及现有建筑物地库,但需要考虑相关港铁站的容量及因地下空间发展而带来的额外人流,以免港铁站不堪负荷。

③消防安全。消防安全极为重要,必须确保地下空间有足够的通风设备及走火通道,并符合技术及相关法定要求。然而,有关设施也可能占用地面空间,对现有地面设施有一定程度影响。

④财务可行性。财务可行性是一个重要的考虑因素。虽然地下空间发展可创造额外空间,但由于需要克服不少工程上的挑战,一般而言开发地下空间的成本较为昂贵。其中,建设成本、营运及维修费用以及地下空间发展所产生的直接或间接经济利益均是要重点考虑的因素。而巨额的前期投资及较长的回本期也是必须关注的要点。

⑤城市规划事宜及业权。要推行全面综合的地下网络涉及城市土地规划,以及公私合营项目中的业权问题。

⑥执行安排。在考虑地下空间的用途、财务可行性和土地业权的同时,必须谨慎决定执行安排(公营、私营或是公私合营)的有关事宜。在平衡公众利益的大前提下,需要引入强制性要求或提供诱因,鼓励私营机构参与地下空间发展。

⑦地下空间发展对地面设施与活动的影响。地下空间发展可能会影响地面的设施及活动,地下空间发展所带来的额外车辆流量亦可能加剧当地的道路负荷,这在具体开发建设过程中需要充分予以关注。

⑧在施工期间带来的交通及社会影响。通过分期实施地下工程及创新施工技术虽然可以在一定程度上降低工程对社区的影响,但施工期间仍无法避免在一定时间内对工程周边地面道路局部封路,从而带来一定的交通及社会影响。

由此,香港制定了新一轮地下空间开发的实施准则。

①所有特区政府土地开发项目的初期规划阶段应考虑地下岩洞方案。

②新批土地应明确是否有可能利用地下岩洞,确保在公共领域不会错失地下岩洞的发展机会。

③确定现有地段是否适合地下空间发展。

④部分特区政府设施目前位于高价值地段,对于有可能迁移至地下的此类设施,应列出清单,制订计划,将适合的政府设施迁移至地下。

⑤探讨地下空间利用的创新设计方案,例如在地下空间建设档案馆和数据中心等。

⑥在适当情况下,将地下空间发展的规划策略与相关的未来地区发展策略整合。

⑦根据研究确认的策略性岩洞区域和地点,建立地下土地储备。

⑧研究提高香港现有地下空间与地铁站和其他交通枢纽之间的衔接。

香港地下空间的发展对内地城市地下空间发展的启示有以下几点:

①将地下空间纳入城市空间规划体系。

面对城市土地资源日益趋紧的客观现实,我们应积极向地下要土地、要空间,不断拓展城市发展空间。但应当注意到,城市地下空间作为城市地面空间的重要补充,只有建立有机联系才能发挥其提高城市空间资源利用效率、实现综合效益的作用。因此,应把地下空间纳入城市空间规划体系,将地下空间的长远规划策略作为城市建设规划的重要组成部分,以实现城市建设的可持续发展。

②注重城市地下空间规划前期研究的精细化。

对城市地下空间的规划应具有超前性,对未来可能面临的问题和后果作全方位的考量,并提出相应的研究预案。

③对不同类型地下空间进行差异性规划引导。

政府需要制定适当的弹性制度来规范市场并引导经济建设。地下空间规划必须首先着重考虑公共基础设施的需求;对于地下商业区、综合体、停车场、仓库等设施的建设,则以引导为主;对于地铁、地下道路、综合管廊、地下物流等市政服务系统,则应当与相关管理部门进行分项规划。

### 2.6.3 山东青岛中德生态园商务居住区

1) 上位规划

2010年7月,中德两国签署了《关于共同支持建立中德生态园的谅解备忘录》,中德生态园由此开始建设,其地点位于原青岛经济技术开发区。该生态园区的建设是为了从高端产业、生态及可持续性城市规划等方面为中德两国提供合作平台。

中德生态园建立在依托团结路铺设的地铁和快速公交线路网上,以综合服务中心(D1组团)为核心,与西侧产业中心和东侧生活居住中心紧密连接,形成了贯通的"城市活力主轴",沿此轴状地下空间可进行更深入的城市空间拓展。

2) 开发功能预测

青岛中德生态园商务居住区是青岛中德生态园重点开发区域,占地面积约为2.88 $km^2$,地上总建筑面积为3.01 $km^2$,功能包括商务、行政、文化、娱乐、交通、购物和居住等方面,能容纳9万居民。按照《交通及基础设施可持续发展方案》的计划,将在青岛中德生态园商务居住区内修建一条沿团结路的地铁,计划共在商务居住区内设置德国中心站和中德生态园站两个地铁车站。从规划方案可以看出,青岛中德生态园商务居住区是在地铁系统的基础上拓展开发地下公共服务设施、地下动态交通设施、地下静态交通设施、地下市政设施、地下能源设施、地下防灾与防护设施(地下空间人防规划专项)等功能的地下综合体。

3) 开发规模预测

国内外部分城市重点地区地面建筑规模与地下空间规模的比值如表2-3所示,可以看出该值在1.13~2.85的范围内波动。若对表中的七个城市的上下部规模比计算平均值,得出的结果为1.97。该值可以作为青岛中德生态园商务居住区的上下部规模比参照系数,由此计算出地下空间规模需求为1.53 $km^2$。再结合其他预测方法或在类比结果的基础上对该预测结果进行校正,即可使预测结果满足开发区域的建设条件和空间发展需求。

国内外部分城市重点地区地下空间开发规模一览　　　　　　　表2-3

| 国内外部分城市重点地区 | 占地面积/km² | 地面建筑规模/km² | 地下空间规模/km² | 上下部规模比 | 开发强度/(0.01km²/km²) |
| --- | --- | --- | --- | --- | --- |
| 杭州钱江新城 | 4.02 | 4.60 | 2.58 | 1.78 | 64.2 |
| 北京中关村西区 | 0.50 | 1.00 | 0.50 | 2.00 | 100.0 |
| 北京王府井 | 1.65 | 2.60 | 1.10 | 2.36 | 66.7 |
| 郑州郑东新区核心区 | 1.32 | 3.00 | 1.05 | 2.86 | 79.5 |
| 上海虹桥商务核心区一期 | 1.36 | 1.70 | 1.50 | 1.13 | 110.3 |
| 北京CBD核心区 | 2.21 | 2.70 | 1.70 | 1.59 | 77.0 |
| 巴黎德方斯新区 | 2.50 | 4.00 | 1.90 | 2.10 | 76.0 |
| — | | | 平均值 | 1.97 | — |

结合分类综合计算法的预测,青岛中德生态园控制性详细规划的规划成果显示商务居住区地下轨道交通设施、能源设施与市政设施的需求面积为3.11万m²。忽略战争灾害的影响,即不考虑物资储备的需求,对商务居住区内的地下停车设施、地下公共设施及地下连接通道的开发需求分类预测如表2-4所示。

青岛中德生态园商务居住区地下空间开发需求分类预测　　　　　　　表2-4

| 类别 | 具体预测指标 | | | | | | |
| --- | --- | --- | --- | --- | --- | --- | --- |
| | 序号 | 建筑面积/m² | 住户数量/户 | 地上停车位数量 | 停车系数 | 地下停车位个数 | 地下停车面积/m² |
| 地下停车设施 | C1 | 714600 | 6310 | 7912 | 0.85 | 6725 | 235375 |
| | C2 | 592500 | 4907 | 7350 | 0.85 | 6250 | 218750 |
| | D1 | 989100 | 2103 | 14791 | 0.85 | 12570 | 439950 |
| | D2 | 710200 | 4448 | 7656 | 0.85 | 6500 | 227500 |
| 地下公共设施 | 城市公共设施人均规划用地:10.0~23.2m² | | 地上已规划公共设施建筑面积为1.24km² | | | 地下公共设施需求面积为0.248km² | |
| 地下连接通道 | 采用经验取值的方法,取地下公共设施需求面积的10% | | | | | 地下连接通道需求面积为0.0248km² | |

从表2-4可以看出,利用分类综合计算法得到的地下空间需求规模约为142.5万m²。同时还需要预留一定规模的地下空间作为未来开发的储备,最终的总开发需求与参照类比法所预测的结果基本一致。再将未来机动车数量的增长考虑在内,相应提高停车位的数量,最终把C1、C2两组团之间的空间以及D1组团与地铁站之间的公共绿地地下空间留作预备空间(开发规模为9.96万m²),最终确定商务居住区地下空间开发的需求总量为152.46万m²,基本上与参照类比法所预测的结果相同。

4)地下空间布局

(1)地下空间平面布局

青岛中德生态园商务居住区以团结路为发展主轴,形成"321"型的总体平面布局。三个一级节点分别为以地铁站为中心形成的地下空间节点和 D1 组团地下空间节点；两个二级节点为 C2 组团的地下空间节点和 C1 组团的商业中心节点。该布局通过加强各地下车库间的联系实现了区域连通的集约化建设。在开发实施时应当采用整体开发策略，避免各组团相互孤立，并注意减少对地面环境的干扰。

(2) 地下空间竖向布局

为解决各地块间垂直高度存在明显差异的问题，规划时可采取两种竖向布局方案：第一种方案是单独对小型地块进行开发，不使其与其他空间连通；第二种方案是将相邻小地块进行连通，结合各地块不同的竖向高程特点进行布局。例如，地块Ⅰ的地下一层可能与地块Ⅱ的地下二层连通，同时又可能与地块Ⅲ的地下三层连通。因此，竖向布局的规划工作不能以"地下×层"为控制指标，而应当通过各地块的具体高程进行控制，这样即便是当地地形起伏较大，也能实现地下空间精细直观的竖向布局。

以 D1 组团为例，中德生态园站作为一级空间节点，其向北连通 C1 组团 7 号地块，可将该地下连接通道作为主要轴线展开布局，通道两侧设置商铺，主要服务范围为零售和餐饮。园区共布置五处下沉广场，能同时起到消除高差、加强与地面空间联系、用作休闲空间的作用，同时根据"高程相近、功能相同"的原则将各空间进行连通。

5) 地下空间开发控制指标的确定

城市地下空间的开发与利用能加强地下空间各部分之间及地上与地下的联系，包括地下步行道系统与地下轨道系统和道路系统的融合、地下综合体与地下交通枢纽的融合、地上与地下空间功能的融合。通过青岛中德生态园商务居住区地下空间开发工程，丰富了该地区的各地块功能，使地块间的联系大大加强，并对地下交通设施和地下公共设施的建设指标作出了明确规定。其地下空间规划的主要控制要素及指标如表 2-5 所示。

青岛中德生态园商务居住区地下空间开发控制要素及指标　　　　表 2-5

| 各级控制要素 | | | 指标 | | |
|---|---|---|---|---|---|
| 一 | 二 | 三 | | | |
| 空间使用 | | 地块划分 | 共划分为 55 个地块 | | |
| | | 开发功能 | 地下铁路、地下道路、人行系统、基础设施、地下停车库、商业、休闲娱乐、能源中心及防灾 | | |
| 规模及容量 | 规模及容量测算 | 开发深度 | D1 组团 | D2 组团 | C2 组团 |
| | | | 地下 10m 至地下 20m（2~4 层） | 地下 10m 至地下 12m（1~2 层） | 地下 10m 至地下 12m（1~2 层） |
| | | 开发规模下限值 | 地下公共服务设施，24.75 万 m² | 地下停车设施，112.16 万 m² | 轨道交通设施，1.84 万 m² |
| | | | 地下通道，2.48 万 m² | 基础设施，1.27 万 m² | 预留地下空间，9.96 万 m² |
| | | | 合计 152.46 万 m² | | |
| | | 上下部规模比 | 1.97（300.74 万 m²/152.46 万 m²） | | |
| | | 开发强度 | 152.46 万 m²/2.8782km²（53.00 万 m²/km²），其中，C1 组团为 32.46 万 m²/km²；C2 组团为 55.31 万 m²/km²；D1 组团为 130.58 万 m²/km²；D2 组团为 42.69 万 m²/km² | | |

续上表

| 各级控制要素 | | | 指标 |
|---|---|---|---|
| 一 | 二 | 三 | |
| 行为活动 | 规模及容量测算 | — | 地下动态交通(轨道交通、地下步行、交通换乘、地下道路、附属设施等)及商业文化娱乐设施(商业街、文化娱乐设施、综合体、健身休闲设施、其他设施等)均由图集、图则标定 |
| 组合及建造 | 空间设计 | 竖向布局 | 地下商业、步行通道及广场 / 停车设施、建筑设备空间 / 地铁车站 |
| | | 层高(净高) | ≥4.0m / ≥3.5m / ≥5.5m |
| | | 地下一层相对高程 | 地下6.5m,且相互人行连通设施高差控制在2.0m以内,竖向优先采用自动扶梯、电梯连接 / 地下6m / 9.0m,与其相连接的地块高差可利用地下广场(下沉广场)过渡,面积大于或等于400m² |
| | | 空间退界 | 不应小于地下建筑物深度(自室外地坪至地下室一层底板的垂直距离)的70%,且大于或等于3m |
| | | 覆土厚度 | 负一层顶板上表面至地表覆土厚度大于或等于2.0m,且应满足地面景观树种种植需要 |
| | | 出入口 | 由图集、图则标定 |
| | | 通道参数 | 两侧无店铺,通道宽为6~8m;两侧有店铺,通道宽为8~12m;地下车库连接通道宽为8~10m(两侧有人行道) |
| | | 历史遗迹文物保护 | 本规划区内无 |
| | 设计引导 | 下沉广场 | 大型大于或等于4个,每个不小于400m²;小型大于或等于4个,每个大于或等于200m² |
| | | 地下广场 | 大型大于或等于1个,每个不小于300m²;小型大于或等于8个,每个大于或等于150m² |
| | | 天窗、天井 | 在后续的建筑设计中通过天窗、采光天井直接引入自然光,构成一种明亮、开放和舒适的地下空间环境 |
| | | 标识系统 | 明确、易辨,具有地方特色 |
| | | 灯光照明 | 地下空间人工照明普通作业必须有500lx,同时提倡地下空间采用太阳光导入系统 |
| | | 环境小品、装饰装修等 | 均应达到地面空间的环境质量,且在装饰装修设计中应考虑采用简洁、明快、柔和的色彩以及难燃材料 |
| 配套设施 | 静态交通 | 停车库 | 停车位总数大于或等于32045个,C1、C2两组团之间预留9.94万m²,停车位2840个 |
| | | 其他 | 由图集、图则标定 |
| | 市政设施 | — | 由《中德生态园管线综合规划》《中德生态园防洪排涝规划》《中德生态园通信专项规划》《中德生态园智能电网规划》《中德生态园交通及基础设施可持续发展方案》等确定 |
| | 人防设施 | 建设选址、建设面积、使用性质、平战结合、人防转换 | 由《地下人防工程规划》确定 |

### 2.6.4 河北雄安新区雄安商务服务中心广场

1)项目概况

本项目位于雄安新区起步区第三组团,是依据南北轴城市设计,雄安商务服务中心广场位于南北轴与东西轴交会处,东西长约450m,南北宽约135m,地下一层高约10m,地下二层高约6m。地面设景观水轴、绿地、广场以及10m深度的下沉广场及下沉庭院空间。地下一层中央设地下大厅,覆盖穹顶,直径80～85m,总高约10m,具体规模以最终方案为准,穹顶上覆水池、栈道、外挂水幕等附属设施。地下大厅中央设6m深度的下沉空间,东西长约43m,南北宽约41m,连通轨道交通设施。项目研究范围用地面积18.6万 $m^2$,概念设计范围用地面积5.6万 $m^2$,建筑面积2.71万 $m^2$,规划结构图见图2-9。

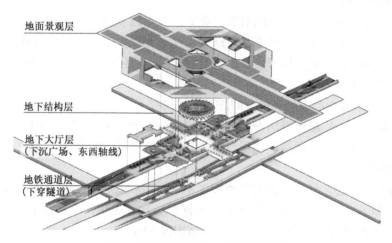

图2-9 雄安商务服务中心广场空间结构图

2)上位规划

(1)上位用地功能规划

雄安商务服务中心广场功能用地为轴线空间,是南北中轴线地面空间序列系统的重要组成部分。广场东西两侧与东西轴绿地相连,形成两轴交会的重要城市空间节点。

(2)上位交通规划

交通规划中南北向复兴大道与东西向雄安大街均为城市主干道,在雄安商务服务中心广场交会,形成立体交通系统。

(3)上位市政设施规划

市政设施规划中规定雄安商务服务中心广场预留轨道换乘站点,可成为包含车行、人行、公交、轨道交通等在内的综合交通枢纽。

3)设计方案

(1)空间结构分析

中心广场承担多种重要的城市公共功能,设计充分关注这一复杂节点的系统组织与高效运作,合理统筹地面景观、下沉广场、地下大厅、东西轴线、下穿道路及地铁通道等空间结构要求,将空间形态、景观、流线整合在一个系统平台中。

(2)步行流线分析

广场沿南北向设置地面主要步行空间,延续南北中轴线空间游览序列。东西轴主要步行流线由地下一层下沉区域进入中心广场,通过地下中央大厅相贯通。两轴步行流线通过下沉区域的景观道路系统实现无缝衔接。

(3)空间流线分析

设计时基于系统性考虑组织空间及景观,整体流线清晰高效。地面层人流通过东西轴公园及四季庭院的竖向交通组织可到达B1层中心大厅。B1层中心大厅可通向南北轴地下空间,同时也可经由东西轴下沉广场及步行通廊到达东西轴下沉绿谷。B1层中心大厅通过竖直交通可达B2层中心大厅,自B2层中心大厅向西穿过地下空间可至轨道交通站点。

(4)剖面透视分析

中心广场承载了复杂的交通空间组织。最下方为东西贯通的城际地下铁路,其上部为最低高程−16.234m的雄安大街下穿道路。复兴大道下方设置了南北向的管廊、地下通道及地铁。下穿坡道上部结合下沉广场形成台地式景观空间,道路平段上方为中心大厅,可通过下沉广场与四季庭院到达地面层。

(5)雄安商务服务中心广场竖向空间方案比选研究

雄安商务服务中心广场范围内有地铁远景线、管廊、专用通道和东西向地下路穿越,根据穿越关系和埋置深度研究了预留次浅层空间方案和预留深层空间方案。

①预留次浅层空间方案。

雄安商务服务中心广场铁路控制轨面埋深41m(规划地面至轨面):中心广场地下一层高10m、中心广场地下二层高8.5m(东西向地下路同层)、次浅层预留空间高11m、盖板厚1m、与国铁隧道结构顶净距0.5m、铁路轨面距离隧道结构顶10m。

轨道交通车站共地下四层,轨道交通车站地下一层为站厅层,地下二层为远景线站台层,地下三层为设备层(对应预留空间层),地下四层为M1线站台层,M1线车站轨面埋深38m(规划地面至轨面),M1线站台层与国铁隧道同层。

②预留深层空间方案。

本方案地铁远景线(专用通道、管廊)位于铁路上方,铁路下方预留盖板结构。自上而下依次布置中心广场地下一层、中心广场地下二层、铁路、预留下盖板结构。雄安中心广场铁路控制轨面埋深29m(规划地面至轨面):中心广场地下一层高9m、框架结构高9.5m、与国铁隧道结构顶净距0.5m、铁路轨面距离隧道结构顶10m。

轨道交通车站共地下三层,轨道交通车站地下一层为站厅层,地下二层为远景线站台层及M1线设备层,地下三层为M1线站台层,M1线车站轨道埋深26.5m(规划地面至轨面),M1线站台层与国铁隧道同层。本方案预留的盖板结构位于铁路下方,在新区规划条件中,预留盖板结构下的穿越设施为远景预留,具体设施类型尚无法明确。本方案可满足控规中的所有预留要求。M1线车站埋深较小,竖向提升高度较小,便于旅客换乘,运营成本较低,车站功能较好。相比预留次浅层空间方案,本方案铁路基坑深度约32m,隧道覆土最厚处约14m,M1线车站基坑深度约28.50m。铁路与地铁施工风险减小,工程投资少,其中铁路投资减少约2.25亿元,M1线车站投资减少约0.51亿元。方案对比见表2-6。

**雄安商务服务中心广场竖向空间方案对比研究** 表 2-6

| 项目 | 预留次浅层空间方案 I | 预留深层空间方案 II |
|---|---|---|
| 预留空间尺度 | 预留高度 11m（地下 18.5m 至地下 29.5m） | 预留地下 29m 以下全部空间 |
| 与新区规划的适应性 | 满足新区规划要求以及中心广场建筑规划要求 | 满足新区规划要求以及中心广场建筑规划要求 |
| 未来穿越铁路的适应性 | 通过预留上盖板通道完成穿越铁路工程，可满足铁路运营安全要求 | 通过预留下盖板通道完成穿越铁路工程，可满足铁路运营安全要求 |
| 实施难度及施工风险 | 铁路基坑深度最大达 43m，隧道覆土最厚处达到 25m，为铁路最深明挖基坑，地铁车站基坑深度达 40m，施工风险大，工程投资多 | 铁路基坑深度约 32m，隧道覆土最厚处约 14m，地铁车站基坑深度约 28.50m。铁路与地铁施工风险小，工程投资少 |
| 轨道 M1 线影响 | 与铁路平层，位于地下 4 层，车站埋深大，进出站及换乘不便，运营成本较高，车站整体功能差 | 与铁路平层，位于地下 3 层，车站埋深较小，进出站及换乘较便利，运营成本较低，车站功能较好 |
| 投资核减 | 无 | 与方案 I 对比铁路投资减少约 2.25 亿元，M1 线车站投资减少约 0.51 亿元，共核减 2.76 亿元 |

方案 II 比方案 I 铁路投资减少约 2.25 亿元，M1 车站投资减少约 0.51 亿元（投资按相邻三站两区间考虑），经济性好，且车站埋深较小，进出站及换乘较便利，运营成本较低，车站功能好。方案 II 通过铁路下部预留盖板形成若干未来穿越的通道，完全可满足控规中对于中心广场处深层战略预留空间的要求，因此结合工程可行性研究审查专家意见，推荐采用方案 II 预留深层空间方案。

## 本章思考题

1. 简述城市地下空间规划的基本原则。
2. 分析各种地下空间布局方法的利弊。

# 第3章
# 城市地下工程勘察

工程勘察是工程建设的一项基础性工作,勘察结果的准确性对工程建设的质量、安全、工期和成本都起着重要作用。工程勘察成果可为工程设计、施工提供所需的地质勘察资料,对可能存在的工程问题进行分析、评价,并提出合理的设计方案和施工措施,从而使建筑工程安全可靠和经济合理。本章主要介绍城市地下工程勘察的要求、流程、方法和重点等内容。

## 3.1 城市地下工程地质调查

工程地质调查是为了查明影响工程建筑物的地质因素而进行的地质调查研究工作,主要包括收集和分析已有资料、工程地质调查与测绘、工程地质勘探、岩土测试和观测、资料整理和编写工程地质勘察报告等内容。根据现行相关技术规范,主要进行现状调查。

### 3.1.1 现状调查

(1) 一般规定

城市地下工程的大型化及深层化决定了其需要高精度的地质调查技术。地质情况是决定工程难易程度的重要因素,复杂的地质条件会使工程难度大大增加,因此不可因工程规模小就忽视地质调查的重要性。因此,在城市地下工程建设过程中,为追求其安全性、经济性以及环境保护,必须发展和完善与地质状态相适应的调查技术系统。其中包括在修建地下结构物时为预测地下结构物的崩塌、地下空间的涌水等进行的试验和调查,如土压和结构变形的动态量测,孔隙水压及透水系数测定等。

地下工程现状调查可分为综合普查和专项调查。综合普查时应对各种地下工程状况进行系统全面的调查,专项调查时应根据需要对某类地下工程状况进行调查。调查内容应包括地下工程的位置信息和属性信息。

现状调查旨在获取项目技术设计所需的地下工程信息,并符合地下工程数据库及信息管理系统建设的相关规定。其所包含的工作有:资料收集、工作底图编绘、属性信息调查表准备、调查成果整理。在现场调查中,如果发现隐蔽地下空间,应先收集已有资料,然后采用实地调查和地球物理探查相结合的方式进行探查,以确定隐蔽地下工程的位置、形态、性质和用途等信息。

(2)资料收集

现状调查前应对地下工程已有的各种资料进行收集和分类整理,为制作调查工作底图和属性信息调查表做准备。通常需要收集调查区域内的下列资料:

①已有的控制成果资料和地形图资料。

②地下工程开发、利用和管理的各种规划成果。

③地下工程档案资料,包括设计图(含总平面图及平面图)、断面图、施工图等以及相应的技术说明资料。

④地下工程的竣工图、竣工测量成果资料及技术说明。

⑤地下管线库、城管部件库、人防信息库等已建成数据库中涉及地下空间的数据资料。其中,地下管线资料收集,应依据地下管线测量相关标准执行。

⑥已有各种物探方法试验资料、探测误差统计与开挖验证资料等。

(3)工作底图编绘及属性信息调查表准备

在对收集的资料进行分类整理的基础上,应根据技术设计编绘地下工程现状调查工作底图,并制作相应的属性信息调查表。编绘工作底图时宜采用比例尺为 1:500 ~ 1:2000 的地形图进行绘制,并且应当将地下工程及其相关设施的空间位置、附属物等标绘到地形图上。地下工程部分需要使用颜色标注进行强调,从而实现空间信息的集成。属性信息调查表中的属性项主要包括设施识别码、分类代码、建设单位、权属单位、建成时间、主要用途、建筑结构、建筑形式备注等。地下工程的基本属性项参见表 3-1 ~ 表 3-4。

**地下建筑物的基本属性项**　　　　　　　　　　　　　　　　表 3-1

| 属性项名称 | 定义与值域范围 | 约束条件 |
| --- | --- | --- |
| 设施识别码 | 唯一标识地下建筑物的字符序号,可由地下建筑物分类代码与地下建筑物序号组合而成 | M |
| 分类代码 | 地下建筑物的分类代码 | M |
| 设施名称 | 地下建筑物的标准名称 | M |

续上表

| 属性项名称 | 定义与值域范围 | 约束条件 |
| --- | --- | --- |
| 位置描述 | 地下建筑物所在的位置 | M |
| 建设单位 | 地下建筑物的建设单位 | O |
| 权属单位 | 地下建筑物的权属单位 | O |
| 管理单位 | 地下建筑物的管理单位 | O |
| 使用单位 | 地下建筑物的使用单位 | O |
| 建成时间 | 地下建筑物的建成时间 | M |
| 所在层数 | 地下建筑物所在地下的层数,如地下一层(U1)、地下二层(U2)、地下一层夹层(U1夹)等 | M |
| 主要用途 | 地下建筑物的主要用途 | O |
| 建筑面积 | 地下建筑物的建筑面积 | O |
| 出入口数量 | 地下建筑物的出口及入口数目 | O |
| 建筑结构 | 地下建筑物结构,分为砌体结构、钢结构、组合结构等 | O |
| 建筑形式 | 地下建筑物的建筑形式 | O |
| 抗震等级 | 地下建筑物的抗震等级 | O |
| 容纳人数 | 地下建筑物的容纳人数 | O |
| 附件资料 | 以附件压缩包的形式存储各种图件资料,包括规划成果、设计成果、施工图、剖面图、断面图、照片资料等 | O |
| 备注 | 需要特别说明的内容 | O |

注:M为必选,O为可选。

**地下交通设施的基本属性项**　　　　　　　　　　　　　　　表3-2

| 属性项名称 | 定义与值域范围 | 约束条件 |
| --- | --- | --- |
| 设施识别码 | 唯一标识地下交通设施的字符序号,可由设施分类代码与设施序号组合而成 | M |
| 分类代码 | 地下交通设施的分类代码 | M |
| 设施名称 | 地下交通设施的标准名称 | M |
| 位置描述 | 地下交通设施所在的位置 | M |
| 权属单位 | 地下交通设施的权属单位 | O |
| 管理单位 | 地下交通设施的管理单位 | O |
| 使用单位 | 地下交通设施的使用单位 | O |
| 建成时间 | 地下交通设施的建成时间 | M |
| 所在层数 | 地下交通设施所在地下的层数,如地下一层(U1)、地下二层(U2)、地下一层夹层(U1夹)等 | M |
| 停车类型 | 停车设施可停靠的车辆类型,如自行车、摩托车、助动车、汽车等 | C(停车设施) |
| 车位数 | 停车设施所能容纳的车位数量 | C(停车设施) |
| 道路类型 | 轨道或道路的类型,如轨道、机动车道、非机动车道、人行道等 | C(轨道交通或道路设施) |

续上表

| 属性项名称 | 定义与值域范围 | 约束条件 |
|---|---|---|
| 道路单双向类型 | 轨道或道路的单双向类型 | C(轨道交通或道路设施) |
| 道路断面形式 | 依据行车道的布置形式,道路断面包括单幅路、双幅路、三幅路、四幅路等 | C(道路设施) |
| 设计通行能力 | 设计的道路最大通行能力 | C(道路设施) |
| 附件资料 | 以附件压缩包的形式存储各种图件资料,包括规划成果、设计成果、施工图、剖面图、断面图、照片资料等 | O |
| 备注 | 需要特别说明的内容 | O |

注:M 为必选,C 为条件必选,O 为可选。

**综合管廊的基本属性项**　　　　　　　　　　　　　　表 3-3

| 属性项名称 | 定义与值域范围 | 约束条件 |
|---|---|---|
| 设施识别码 | 唯一标识综合管廊设施的字符序号,可由设施分类代码与设施序号组合而成 | M |
| 分类代码 | 管廊设施的分类代码 | M |
| 设施名称 | 管廊设施的标准名称 | O |
| 位置描述 | 管廊设施所在的位置 | M |
| 权属单位 | 管廊设施的权属单位 | O |
| 管理单位 | 管廊设施的管理单位 | O |
| 使用单位 | 管廊设施的使用单位 | O |
| 建成年份 | 管廊设施的建成年份 | M |
| 使用状态 | 管廊设施的使用状态,如在用、预埋、废弃等 | M |
| 类型 | 管廊设施类型,分为干线管廊、支线管廊、缆线管廊等 | M |
| 规格 | 管廊设施断面的直径或宽×高 | M |
| 材质 | 管廊设施的材质 | M |
| 廊顶高程 | 管廊设施顶部的高程 | M |
| 仓室配置 | 管廊设施的仓室配置情况,分为单仓式、多仓式等 | C(支线管廊) |
| 容量 | 管廊设施能容纳管线的数量 | O |
| 已占容量 | 管廊设施已敷设管线占空间容量的比例 | O |
| 收容管线类型 | 管廊设施已收容管线的类型 | M |
| 附件资料 | 以附件压缩包的形式存储各种图件资料,包括规划成果、设计成果、施工图、剖面图、断面图、照片资料等 | O |
| 备注 | 需要特别说明的内容 | O |

注:M 为必选,C 为条件必选,O 为可选。

地下管线的基本属性项  表3-4

| 属性项名称 | 定义与值域范围 | 约束条件 |
|---|---|---|
| 设施识别码 | 唯一标识地下管线设施的字符序号,可由设施分类代码与设施序号组合而成 | M |
| 分类代码 | 管线设施的分类代码 | M |
| 管线设施类型 | 管线设施的专业类型 | M |
| 权属单位 | 管线设施的权属单位 | M |
| 管理单位 | 管线设施的管理单位 | O |
| 使用单位 | 管线设施的使用单位 | O |
| 建成年份 | 管线设施的建成年份 | M |
| 使用状态 | 管线设施的使用状态,如在用、预埋、废弃等 | M |
| 埋设方式 | 管线设施的埋设方式 | M |
| 埋深 | 管线设施顶部(排水设施为管或沟底部)到地面投影垂直距离 | M |
| 管线点偏心距 | 窨井中心偏离管线中心线的水平距离 | C(管线构筑物中心点偏离管线中心线大于20cm) |
| 材质 | 管线设施的材质 | M |
| 规格 | 管线设施的规格 | M |
| 附件资料 | 以附件压缩包的形式存储各种图件资料,包括规划成果、设计成果、施工图、照片资料等 | O |
| 备注 | 需要特别说明的内容 | O |

注:M为必选,C为条件必选,O为可选。

### 3.1.2 现场调查

(1)一般要求

地下工程位置信息调绘的目的是确定地下工程的空间分布和形态特征。位置信息调绘的主要内容有核查已有资料、确定地下工程的出入口和通道、采集地下工程的实景影像、核查测量控制点和了解周边环境等。位置信息调绘的成果是地下工程现状调绘图,它是地下工程属性信息调查和现状测绘的基础。

地下工程属性信息调查的目的是获取地下工程的性质和利用信息。属性信息调查前,应根据已有资料,确定需要补充的属性项内容,制订实施计划。属性信息调查时,应通过多渠道收集地下工程的类型、分布、权属、利用及状态等信息,并在现场填写属性信息调查表。属性信息调查的成果是地下工程属性信息数据库,它是地下工程规划和管理的重要依据。

(2)调查内容

现场调查的主要内容包括隧道及地下工程调查、地下埋设物调查和环境保护调查。

其中,隧道及地下工程调查是为了对施工场地的基本自然环境、地质条件概况、特殊地质灾害等信息进行收集,同时查明现场的气象、有害气体及不良地质等分布情况,从而对施工条件做出合理判断,指导地下工程的设计、建设和运营。调查具体内容包括:

①自然概况：了解场地地形、地貌特征，评价其对地下工程的影响。

②地质条件：分析场地的工程地质特征和水文地质特征，重点查明影响地下工程稳定性和安全性的因素，如地层、岩性、构造、断层、节理、软弱结构面、围岩物理力学性质、地下水类型、含水层分布、水位变化、水质等。

③不良地质和特殊地质现象：对施工场地及其周边环境进行详细分辨，排查崩坍、错落、滑坡、岩溶、泥石流、流沙等地质灾害的隐患，同时对盐渍土、盐岩、多年冻土等不良地质情况进行调查分析，确定其成因、类型、规模和发展趋势，从而对其危害程度做出可靠评估，指导防治工作。

④有害气体和矿体：调查施工场地内的有害气体和矿体分布情况、有害气体及矿体的成分和含量，从而判断其是否会对工程安全产生不良影响，并做好防护应对预案。

⑤地震：确定场地所在区域的地震烈度等级，评价其对地下工程的影响，提出抗震措施。

⑥气象资料：收集场地所在区域的气温、气压、风向、风速、雨量、雪量等数据，分析其对地下工程的影响，提出应对措施。

⑦施工条件：了解场地所在区域的建筑材料、水电等资源的供应情况，交通运输现状，施工场地及弃渣条件等，评价其对地下工程施工的影响，提出改善措施。

当施工场地条件较为复杂且施工区域面积较大时，应当加大现场调查工作的力度，尤其是加强地质勘查、测绘和试验工作，确保施工区域的地质、水文条件满足施工条件；对于地下裂缝发育较大的隧道，还应加强对地下水的勘探工作，确保地下水不会在施工和运营期对隧道安全产生严重影响。

地下埋设物调查是为了确定场地内外的各种地上结构物、供给设施和通信电缆、井（含古井）、文物和古迹、临时工程遗迹等，尽可能规避施工中可能出现的障碍和危险，为保护周边环境和文化遗产提供参考。调查内容包括：

①地上结构物：了解结构物的材料、修建年代、使用性质、结构尺寸和位置、基础埋深和形式等，评价其对地下工程的影响，提出保护措施。

②供给设施和通信电缆：确定场地内外的煤气管、上下水道、电力通信电缆等的位置、相关尺寸和重要程度，评价其对地下工程的影响，提出保护措施。

③井（含古井）：了解场地内外的井（含古井）的位置、深度、使用情况、是否喷发、是否有缺氧空气喷出等危险，评价其对地下工程的影响，提出保护措施。特别是采用压气盾构时，应扩大调查范围，并测试水位及水质变化情况。

④文物和古迹：了解场地内外有无需要保护的文物和古迹，确认其年代、重要程度和价值等，评价其对地下工程的影响，提出保护措施。

⑤临时工程遗迹：了解场地内外有无工程残存物，了解工程回填情况、土壤和地下水的污染情况等，评价其对地下工程的影响，提出处理措施。

调查时，不仅要收集已有资料，同时也要结合试验坑探和地中探查等方法，实地确认地下埋设物规模、深度和老化程度等。另外，应对计划修建的结构物与既有结构物进行同样的调查，尽可能减少相互间的干扰。

环境保护调查是为了评价地下工程施工对所在地区的自然、生活和社会环境的影响，为设计、施工与环境相协调提供依据。调查内容包括噪声、振动、地层变形、地下水、枯水、缺氧空气和有害气体、化学注浆、施工废弃物以及交通等。在规划阶段,应以较大范围为对象进行环境调查。在设计和施工阶段,应以地下工程、施工用设备和运输道路等为中心,以可能产生的影响和预计范围为对象,掌握施工前的状况,预测施工产生的影响,并加以评价。对于施工后可能发生枯水、振动和下沉等情况的地区,应在施工前及早进行环境调查,并与施工后的状况进行对比。

### 3.1.3 调查成果整理

现场调查工作结束后,应该整理和统计汇总收集的资料,按照地下工程所在区域、用途、建筑形式等属性项进行分类,对现状调查成果进行对比分析,确定需要进行外业现状测绘的地下工程数量及面积等。

根据资料整理和统计汇总的结果编制地下工程分布图,显示地下工程和出入口位置以及与周边建筑的相对关系,注记地下工程的层数、层高等信息,标注地下工程分类编码。在编制地下工程分布图时应尽可能满足如下要求:采用现势性强的地形图或影像图作为背景,并调整背景图颜色,保证地下工程图层以颜色来突出显示;根据有关资料转绘或展绘地下工程分布图。并转换数据格式和坐标,采用常用的计算机辅助设计(CAD)或地理信息系统(GIS)数据格式存储地下工程分布图。提交的地下工程调查成果主要包括各类调查资料、统计汇总表、地下工程分布图以及技术总结等。

## 3.2 城市地下工程地质勘察

### 3.2.1 勘察简述

城市地下工程地质勘察旨在查明建筑场地并评价其地质条件,为后期的设计、施工提供科学、有效的依据。在勘察阶段,需要查明建筑场区的地形、地貌特征,研究工程拟建设地区内的崩塌、滑坡、岸边冲刷、泥石流、古河道、墓穴及地震等不良地质现象,判断其对建筑场地稳定性的危害程度,从而评价场地的稳定性,对建筑场地的适宜性进行技术论证;查明地基土层的地质构造、形成年代、成因、土质类型、厚度及埋藏与分布情况,通过现场或室内测试确定地层物理力学指标,将地层特性参数及地下水分布参数提供给施工设计单位;对场地地基做出岩土工程评价,通过各种方法和技术手段确定地基(天然地基或桩基)的承载力,并且对建(构)筑物的沉降与整体倾斜进行必要的分析预测。对基础方案、地下工程施工进行论证,提出科学可行的预期建议;对施工过程中可能出现的各种岩土工程问题(如基坑支护、土方与挖土、降水、沉桩等)及施工可能造成的环境改变做出预测,评估其对工程安全的影响,并提出相应的防治措施和合理的施工方法。此外,工程地质勘察形成的勘察报告等资料还能够指导地下工程在运营期间的长期观测,例如地下结构物沉降、变形观测等工作。

### 3.2.2 勘察等级的确定

勘察方案设计主要依据工程场地的岩土工程勘察等级(以下简称"场地勘察等级")并结

合场地自身情况综合确定。场地勘察等级的确定是一项复杂的工作,需要结合岩土工程重要性等级、场地复杂程度和地基复杂程度等条件综合考虑。

(1) 按工程重要性分级

工程重要性等级需要结合工程规模、工程特征、岩土工程问题所产生破坏的严重程度等进行划分。《岩土工程勘察规范(2009 年版)》(GB 50021—2001)中将工程重要性分为三级,如表 3-5 所示。

工程重要性等级    表 3-5

| 工程重要性等级 | 破坏后果 | 工程类型 |
| --- | --- | --- |
| 一级 | 很严重 | 重要工程 |
| 二级 | 严重 | 一般工程 |
| 三级 | 不严重 | 次要工程 |

一级工程是指具有重要性、复杂性或特殊性的工程,如属于重要的工业与民用建筑物;20 层以上的高层建筑;体型复杂的 14 层以上高层建筑;对地基变形有特殊要求的建筑物;单桩承受的荷载在 4000 kN 以上的建筑物等以及有特殊要求或条件的深基坑开挖工程、地下工程、桥梁工程等,如地下水活跃且会产生重大不良影响的大型深基开挖工程;施工精度要求高,需要使用超精密设备和超高压机器的基础工程;大型竖井、巷道、平硐、隧道、地下铁道、地下硐室、地下储库工程等地下工程;深埋管线、涵洞、核废料深埋工程;深沉井、沉箱;大型桥梁、架空索道、高填路堤、高坝等。二级工程是指具有一般性或普通性的工程,如一般的工业与民用建筑物、公共建筑物(大型剧场、体育场、医院、学校、大型饭店等)、设有特殊要求的工业厂房、纪念性或艺术性建筑物等。三级工程是指具有次要性或辅助性的工程,如次要的建筑物及其他工程。

(2) 按场地复杂程度分级

场地等级是根据场地的复杂程度和地质环境对工程的影响来划分的。一般分为三级,分别是一级场地、二级场地和三级场地。一级场地是指复杂程度最高、地质环境最不利的场地。这类场地通常具有以下特征之一:位于对建筑抗震危险的地段,如断层带、软土区等;存在强烈发育的不良地质作用,如泥石流、雪崩、岩溶、滑坡等,可能造成工程破坏或灾害;地质环境受到过量开采或其他人为因素导致的强烈破坏,出现地面沉降、塌陷等,影响工程安全或稳定;地形地貌复杂多变,如位于山区、丘陵、河谷等地带,增加工程难度或成本;水文地质条件复杂,如存在多层地下水、岩溶裂隙水等,需要专门研究或处理。二级场地是指复杂程度中等、地质环境一般的场地。这类场地通常具有以下特征之一:位于对建筑抗震不利的地段,如近海区、盆地边缘等;存在一般发育的不良地质作用,如冲刷、融冻等,可能影响工程质量或效果;地质环境受到一般程度的破坏,如遭受填方、挖掘等,需要修复或加固;地形地貌较复杂,如位于平原、台地、丘陵等地带,需要考虑工程适应性或美观性;基础位于地下水以下的场地,需要进行防水或排水。三级场地是指复杂程度最低、地质环境最有利的场地。这类场地通常具有以下特征之一:位于抗震波防烈度小于或等于 6 度,或对建筑抗震有利的地段,如岩石区、硬土区等;不存在不良地质作用,或者不良地质作用不发育,不影响工程进行或使用;地质环境基本未受破坏,或者破坏程度很小,不需要特殊处理;地形地貌简单平坦,如位于平原、盆地等地带,便于工程设计或施工;地下水对工程无影响,或者影响很小,不需要专门的处治措施。

(3) 按地基复杂程度分级

地基等级是根据地基的岩土类型、性质和特殊性来划分的。一般分为三级,分别是一级地基、二级地基和三级地基。一级地基是指复杂程度最高、岩土性质最不利的地基。这类地基通常具有以下特征之一:岩土类型多种多样,分布不均匀,性质变化大,如软硬不同、含水率不同等,需要进行特殊处理,如加固、改良等;存在严重湿陷、膨胀、盐渍、污染等的特殊性岩土,如泥炭土、膨胀土、盐渍土、污染土等,影响工程安全或稳定,需要进行专门处理,如隔离、替换等。二级地基是指复杂程度中等、岩土工程性质一般的地基。这类地基通常具有以下特征之一:岩土类型较多,分布不均匀,性质变化较大,如含水率不同、密度不同等;存在不满足一级地基条件的特殊性岩土,如湿陷性土、膨胀土、盐渍土等,需要进行一般处理,如排水、压实等。三级地基是指复杂程度最低、岩土性质最有利的地基。这类地基通常具有以下特征:岩土类型单一,分布均匀,性质变化不大,如砂性土、黏土等;不存在特殊性岩土,或者特殊性岩土对工程无影响或影响很小,不需要进行特殊处理。

依据工程重要性等级、场地复杂程度等级和地基复杂程度等级三大指标,场地勘察等级总共分为三个等级。甲级:三大指标中至少有一项评定为一级时,场地勘察等级为甲级。乙级:三大指标的评级均未达到一级,但也均高于三级时,场地勘察等级为乙级。丙级:三大指标的等级均被评定为三级时,场地勘察等级为丙级。注意:建筑在岩质地基上的一级工程,当场地复杂程度等级和地基复杂程度等级均为三级时,岩土工程勘察等级可定为乙级。

### 3.2.3 勘察技术要求

地下工程的勘察工作应当与设计工作相辅相成,根据设计工作的阶段划分,勘察工作也可划分为可行性研究勘察(简称选址勘察)、初步勘察(简称初勘)、详细勘察(简称详勘)等。若工程规模较小且施工较为简单,则可结合实际情况将部分勘察阶段合并。若建筑物的平面布局已知且施工场地周边有其他岩土工程的资料参考,勘察工作可以省略部分前置步骤直接开始详细勘察。

1) 可行性研究勘察

选址勘察的目的是取得若干个可选场址方案,其主要任务是对拟选场址的场地稳定性和建筑适宜性做出评价,以选出最佳的场址。

选址勘察需收集施工场地的区域地质、构造、地层、地形地貌、地震、附近岩土工程资料及当地建筑经验,通过对现有相关资料的分析研究,结合踏勘工作,查明施工区的地层、岩性、地质构造、地下水及不良地质现象等工程地质条件。若当前场地适合作为施工场地,但现有地质资料无法提供足够的依据,则可以结合实际情况补充进行必要的测绘勘察工作;若适合的施工场地候选数目等于或多于两个,则需要进行对比,选取更优场地。

2) 初步勘察

初勘是在选址勘察的基础上,在初步选定的场地上进行的勘察。其任务是对场地内建筑地段的稳定性做出岩土工程评价,并进行下列主要工作,使初步勘察的成果满足初步设计的要求。

①调查并收集与拟建项目相关的工程地质条件、其他岩土工程资料、施工场地及周边地形图等文件。

②查明施工场地的地质构造、地层结构、相关岩土工程特征、地下水分布等信息。

③查明施工场地周边的不良地质分布、规模及其成因和发展趋势,结合已有资料评价施工场地的稳定性。

④若拟建工程要求施工场地的抗震设防烈度不低于6度,则需要评估施工场地的抗震能力。

⑤若拟建工程位于季节性冻土地区,则需查明季节性冻土的标准冻结深度。

⑥分析判断场地内水土条件对建筑材料的腐蚀性。

⑦若拟建建筑为高层建筑,则应该在初步勘察时对施工可能采用的基础类型、基坑开挖及支护方式、基坑降水方法等施工方案进行初步评价。

初步勘察的目的是了解场地的地形地貌、地质构造、地层特征和岩土性质等基本情况,为工程设计提供必要的资料。为此,初步勘察的勘探线和勘探点应按照以下原则布置。

①勘探线应垂直于地貌单元、地质构造和地层界限,以反映场地纵向变化。

②勘探点应均匀分布在各个地貌单元,以反映场地的横向变化。在地貌单元交接处和地层变化较大的区域,应加密勘探点,以捕捉场地的异常情况。

③在地形平坦的区域,可以采用网格状的勘探点布置方式,以简化勘察工作。

④在岩质地基布设勘探线和勘探点时,需要将岩体特性、构造、风化程度等信息与当地地方标准和施工经验相结合,对勘探线和勘探点的布局和深度做出合理调整。初勘阶段的勘探线和勘探点的间距可以根据地基复杂程度按照表3-6给出的建议值确定,但在局部异常地段仍需适当加密。

勘探线、勘探点间距    表3-6

| 地基复杂程度等级 | 勘探线间距/m | 勘探点间距/m |
| --- | --- | --- |
| 一级(复杂) | 50~100 | 30~50 |
| 二级(中等复杂) | 75~150 | 40~100 |
| 三级(简单) | 150~500 | 75~200 |

注:1. 表中间距不适用于地球物理勘探;
2. 控制性勘探点宜占勘探点总数的1/5~1/3,且每个地貌单元均应有控制性勘探点。

初步勘察勘探孔深度可按表3-7确定。

勘探孔深度    表3-7

| 工程重要性等级 | 勘探孔类别 | |
| --- | --- | --- |
| | 一般性勘探孔深度/m | 控制性勘探孔深度/m |
| 一级(重要工程) | ≥15 | ≥30 |
| 二级(一般工程) | 10~15 | 15~30 |
| 三级(次要工程) | 6~10 | 10~20 |

注:1. 勘探孔包括钻孔、探井和原位测试孔等;
2. 特殊用途钻孔除外。

当遇到下列情况之一时,应适当调整勘探孔深度:

①勘探孔设计高程与预计的整平后地面高程差距较大,则需参照插值对勘探孔深度进行

修正。

②若勘探孔钻入过程中遇到坚硬基岩,则可以终止一般性勘探孔的钻进,仅将控制性勘探孔钻入基岩。

③若在勘探孔的设计深度以上存在较厚的均匀坚硬土层(如碎石土、密实砂、老沉积土等),则可缩减一般性勘探孔的深度,控制性勘探孔的深度应当维持不变。

④若勘探孔的设计深度内存在软弱土层,则应该增加勘探孔的深度,同时保证控制性勘探孔能穿透软弱土层。

⑤若拟建工程属于重型工业建筑,则应该根据建筑的结构和荷载对勘探孔深度进行适当调整。

初步勘察采取土试样和进行原位测试应符合下列要求:

①土试样的采取点和开展原位测试的勘探点应该结合地貌、地层结构和土的工程性质进行布置,其数量应该占所有勘探点总数的 1/4~1/2。

②采取土试样的数量和孔内原位测试各测点的竖向间距应该参照地层特点和土层均匀性确定;每层土都应该进行土试样的采取和开展原位测试,数量最少 6 个。

初步勘察应进行下列水文地质工作:

①调查地下水及含水地层的埋深、地下水类型和补排条件、各层地下水位的变化幅度等,当水位控制要求较严格时,应当设置长期观测孔来监测地下水位变化。

②若工程要求绘制地下水的等水位线图,则应该结合地下水的埋藏条件和地层的位置特性,对地下水位分布进行统一量测。

③若地下水可能渗透至基础结构,需要对其腐蚀性进行测试,确保基础结构安全。

3)详细勘察

详细勘察的任务是针对建筑物所在场地的地质和地基问题,为施工图设计、施工方法选择及不良地质现象的整治提供依据。

(1)详细勘察的主要工作

详细勘察的目的是为工程设计提供可靠的岩土工程参数和建议。详细勘察的主要工作包括以下几个方面:

①获取建筑物的平面布置图、地坪高程、性质、规模、结构特点等信息,了解可能采取的基础形式、可能承受的荷载及其他特殊要求。

②调查建筑物场地内及其附近有无不良地质现象,如泥石流、滑坡、岩溶、地裂缝等,分析其成因、类型、分布范围、发展趋势及危害程度,并提出评价与整治所需的岩土技术参数和整治方案建议。

③确定建筑物范围内地层结构,测定各层岩土的类别、成分、厚度、坡度等特征,得到施工场地岩土体的物理力学参数,分析场地工程特性,对地基的稳定性和承载能力进行评价。

④对于重要程度较高的一级建筑物和部分二级建筑物,通过调查确定地基变形的相关计算参数,从而对建筑物的整体沉降、差异沉降和倾斜进行预测,并给出沉降控制的具体措施。

⑤探明埋藏在场地内的河道、沟浜、墓穴、防空洞、孤石等对工程不利的埋藏物,并提出处理方法。

⑥对抗震设防烈度大于或等于 6 度的场地,划分场地土类型(根据土层剪切波速等按表 3-8 划分)和场地类别。

⑦查明地下水(潜水与承压水)的埋藏条件,测定水位变化幅度与规律,测定地层的渗透系数等参数,对施工和运营维护期间的水位变化进行预测,判断地下水对工程及周边环境的影响。

⑧为修建于季节性冻土地区的工程提供施工场地的标准冻结深度,分析评价冻胀融沉对工程安全的影响。

⑨测定水土条件对建筑材料的腐蚀性,并提出防腐措施。

⑩论证地下水在施工期间对工程和环境的影响。对情况复杂的重要工程,需论证使用期间水位变化和需设定抗浮设防水位时,应进行专门研究。

**场地土类型划分**　　　　　　　　　　　表 3-8

| 类型 | 岩土名称和形状 | 土层剪切波速/(m/s) |
| --- | --- | --- |
| 岩石 | 坚硬、较硬且完整的岩土 | $v_s > 800$ |
| 坚硬土或软质岩石 | 破碎和较破碎的岩石或软和较软的岩石,密实的碎石土 | $500 < v_s \leq 800$ |
| 中硬土 | 中密、稍密的碎石土,密实、中密的砾、粗、中砂,$f_{ak} > 150 \text{kPa}$ 的黏性土和粉土,坚硬黄土 | $250 < v_s \leq 500$ |
| 中软土 | 稍密的砾、粗、中砂,除松散外的细、粉砂,$f_{ak} \leq 150 \text{kPa}$ 的黏性土和粉土,$f_{ak} > 130 \text{kPa}$ 的填土,可塑新黄土 | $150 \leq v_s \leq 250$ |
| 软弱土 | 淤泥和淤泥质土,松散的砂,新近沉积的黏性土和粉土,$f_{ak} \leq 130 \text{kPa}$ 的填土,流塑黄土 | $v_s < 150$ |

注:$f_{ak}$ 为由载荷试验等方法得到的地基承载力特征值(kPa),$v_s$ 为岩土剪切波速(m/s)。

(2)勘探点布置要求

勘探点的深度及布置方案应当参照拟建建筑物的结构特点以及施工场地的条件确定,且应符合下列规定:

①勘探点应参照拟建建筑物的边缘线布置在各角点位置,若建筑物设计时未作特殊要求,则可按照设计范围布置勘探点。

②若拟建建筑物地基的持力层或对地基强度有影响的软弱下卧层起伏较大,则需要增大勘探点密度以明确地质条件变化情况。

③当拟建建筑物涉及重大设备时,勘探点应当单独布设;当施工需要动用大型动力机器或拟建建筑物高度较大时,勘探点的数量至少应为 3 个。

④应当注意勘探时采用的勘探手段,钻探和触探应当结合使用,若施工场地的地质条件较为复杂,存在湿陷性土、膨胀岩土、风化岩和残积土等不良地质,则应当布置探井。

详细勘察的勘探点间距可按表 3-9 选用。

**勘探点间距**　　　　　　　　　　　表 3-9

| 地基复杂程度等级 | 间距/m | 地基复杂程度等级 | 间距/m |
| --- | --- | --- | --- |
| 一级 | 10~15 | 三级 | 30~50 |
| 二级 | 15~30 | | |

(3)勘探孔深度确定

详细勘察阶段的勘探孔深度是根据建筑物的荷载、结构特点、岩土层的岩土技术性质、拟采取的基础设计等因素确定的。为此,详细勘察阶段的勘探孔深度应遵循以下原则:

①为保证建筑地基的承载力满足设计要求,勘探孔的深度需要探明地基主要持力层的工程特性。具体情况为:当基础地面宽度 $b \leqslant 5m$ 时,对条形基础,勘探孔深度(从基础地面算起)应当大于或等于 $3.0b$;对单独柱基础,勘探孔深度可为 $1.5b$,但不应小于 $5m$。

②若拟建工程为高层建筑或对变形要求较高的其他建筑,在进行地基勘探时应该使控制性勘探孔的深度大于地基变形计算深度;对于一般性勘探孔,则应当使其基底下方深度不小于 $50\%$ 的基础宽度,同时保证勘探孔深入稳定地层。

③当拟建工程为地下室或高层建筑的裙房,因常规设计无法达到抗浮设计要求而需要布设抗浮桩或锚杆时,应当保证勘探孔深度满足抗拔承载力评价的要求。

④若拟建工程施工场地存在大面积地面堆载或地基下方有软弱下卧层,应当加大勘探孔深度。

此外,详细勘察的勘探孔深度还应符合以下规定:

①地基变形计算深度的取值应当遵循以下准则:若土层土质为中、低压缩性土,则可以将附加压力等于上覆土层有效自重压力值的 $20\%$ 处的深度作为地基变形计算深度;若土层土质为高压缩性土,则可以将附加压力等于上覆土层有效自重压力值的 $10\%$ 处的深度作为地基变形计算深度。

②若拟建工程为高层建筑的裙房或地下室,或建筑物的基底附加压力小于或等于0,则可对控制性勘探孔的深度作适当调整,但需要注意控制性勘探孔必须深入稳定地层,且应当超过基底下 $50\%$ 的基础宽度。

③若拟建工程要求对地基整体稳定性进行验算,则需要使控制性勘探孔的深度达到验算所需深度。若工程要求对场地的抗震级别进行测试,又无法获取可靠的各覆盖地层厚度资料,则需要布设波速测试孔,测试孔的深度需要大于已知覆盖层的厚度。安装大型设备的基础工程所设的勘探孔深度应当大于基础底面宽度的2倍。若拟建工程需要对地基进行处理,应当保证勘探孔的深度达到地基处理方案所要求的数值;若拟建工程采用桩基础,则勘探孔的深度需要满足桩基施工的要求。

(4)详细勘察取样和测试的要求

①取土试样和进行原位测试的孔(井)数量应按地基土的均匀程度、建筑物的特点和设计的专门要求等因素确定,一般宜为勘探孔总数的 $1/2 \sim 2/3$。对工程重要性等级为一级的建筑物,每幢勘探孔不得少于3个。在某些情况下,对由独立墩台支承的线状构筑物、独立的高耸构筑物或勘探孔总数不多的单幢重要建筑物,勘探孔可全部为取土试样和进行原位测试的孔。

②取土试样和进行原位测试的孔,在地基主要受力层内竖向间距宜为 $1 \sim 2m$,但对每一主要工程地质单元层(岩土技术层)或每幢独立的重要建筑物下的每一主要土层,土试样数不应少于6件,同一土层的孔内原位测试数据不应少于6个(组),当采用连续记录的静力触探或动力触探为主要勘察手段时,每个场地不应少于3个孔。

③若地基主要持力层内存在厚度大于 $50cm$ 的夹层或透镜体,应在该地层进行孔内原位测试,取得其岩土工程特征数据,以对地层的稳定性进行评估。

④因土质不均或结构松散等而难以取得质量等级符合要求的试样时,应增加取土试样或原位测试的孔数量。可选用最适宜的原位测试方法或采用多种原位测试方法确定其岩土技术性质,以获得所需的岩土技术参数。为了确定这类土的承载力和变形计算参数,必要时应进行载荷试验。

### 3.2.4 勘察流程

1)隧道工程与地下轨道交通工程勘察

隧道工程与地下轨道交通工程勘察内容在不同阶段应符合各阶段的规定,具体如下:

(1)可行性研究勘察阶段

可行性研究勘察的目的是为工程设计提供初步的地质资料,为此,应充分收集并利用工程沿线已有的勘察资料,并按照以下原则布置勘探孔:每个勘探孔与拟建线路的轴线距离不超过50m,每隔400~500m布置一个勘探孔,沿线每一地貌单元或工程地质单元至少有一个勘探孔,每个勘探孔的深度不低于50m,并且要穿越软土层深入低压缩土层。

(2)初步勘察阶段

盾构法隧道的勘探孔宜在隧道边线外侧小于或等于10m的范围内交叉布置,孔位应尽量避开结构线可能调整的范围。勘探孔间距宜为100~200m,当地基土分布复杂或设计有特殊要求时,勘探孔可适当加密。勘探孔深度不宜小于隧道底以下2.5倍隧道直径。地下车站勘探孔间距宜为100m,且每个车站不宜少于3个勘探孔;工作井及单独布置的风井不宜少于1个勘探孔;车站与工作井勘探孔深度不宜小于2.5倍开挖深度,且应满足基础设计要求。沉管法隧道勘探孔可沿隧道轴线或边线布设,间距宜为100~200m,且每个拟建工点均应有勘探点;勘探孔深度不宜小于隧道底板以下1.0倍底板宽度且不宜小于河床下40m。

(3)盾构法详细勘察阶段

盾构法详细勘察的目的是为盾构隧道设计和施工提供可靠的岩土工程参数和建议,为此,应按照以下原则布置勘探孔:每个勘探孔应在隧道边线外侧3~5m(水域6~10m)范围内交叉布置,每隔50m(水域段40m)布置一个勘探孔,当地层变化较大且影响设计和施工时,应加密勘探孔;当上行、下行隧道内净距离大于或等于15m或外边线总宽度大于或等于40m时,应按单线分别布置勘探孔;连接通道位置应单独布置横剖面,并至少有2个勘探孔;一般性勘探孔的深度应不小于隧道底以下1.5倍隧道直径,控制性勘探孔的深度应不小于隧道底以下2.5倍隧道直径。

(4)沉管法详细勘察阶段

勘探孔可沿隧道轴线和边线布设,当沉管隧道宽度小于或等于30m,宜沿隧道边线布置;当宽度大于30m时,宜沿隧道边线及轴线布置,孔距宜为35~50m。采用桩基础时,孔距宜小于或等于35m。工程需要时,可根据设计要求在成槽浚挖范围内适当布孔。一般性勘探孔深度不宜小于隧道底以下60%底板宽度且不小于河床下30m,控制性勘探孔深度不宜小于隧道底板下1.0倍底板宽度且不小于河床下40m。采用桩基础时,孔深按桩基勘察要求确定。对明开挖的区间隧道、地铁出入口通道,当地基土分布较稳定且隧道总宽度小于或等于20m时,可按轴线投影布置,孔距(投影距)宜为20~35m。隧道总宽度大于20m时,宜沿其两侧边线分别布置勘探孔,孔距宜小于或等于35m。穿越河床的隧道应进行专项的水文分析及河势调查,对沉管法隧道尚应进行专项的河床冲淤速率调查。

(5) 地下车站和工作井的勘察

地下车站和工作井的勘察工作要注意以下几点:首先,勘探孔的布置要合理,地下车站、工作井之间的孔距应在20~35m之间,车站端头和工作井至少要有2个孔,车站端头还要设置横剖面。其次,勘探孔的深度要足够,一般不低于开挖深度的2.5倍,并要考虑基础类型和施工方法的影响。特别是控制性勘探孔,要满足变形验算的需要。最后,勘探方法要综合勘探目的、要求及岩土体特点等因素确定。此外,地下车站、工作井附近的暗浜(塘)要探明,明浜(塘)要量测河床和淤泥情况。简而言之,地下车站和工作井的勘察要做到布孔合理、孔深充分、方法综合。

(6) 工程需要时应进行的室内特殊试验和原位测试项目

①进行室内渗透试验及现场抽(注)水试验,得出土层的渗透系数。

②工程影响范围内有承压含水层分布时,应测定承压水头。

③进行无侧限抗压强度试验、三轴压缩试验、十字板剪切试验,得出软黏性土的不排水抗剪强度指标。

④进行颗粒分析试验,得出颗粒分析曲线、土的不均匀系数。

⑤地下车站应布置土层电阻率测试,测试深度宜至结构底板下5m,接地有特殊要求时可根据设计深度要求进行。

⑥布置旁压试验、扁铲侧胀试验等,得出土的静止侧压力系数、基床系数;必要时宜进行波速测试、室内土的动力试验,以得出地基土的动力参数。

⑦采用冻结法施工时应测定相关土层的热物理指标。必要时宜进行专项勘察,得出各种工况下相关土层的强度参数。

2) 地下硐室勘察

(1) 可行性研究勘察

在可行性研究勘察阶段,地下硐室勘察可以采用的方法包括收集区域地质资料,现场踏勘和调查,以此获得各拟选方案的施工场地的地形地貌、地层岩性、地质构造、工程及水文地质和环境条件等信息,评价各工程方案的可行性,最终确定合适的硐址和硐口位置。

(2) 初步勘察

在初步勘察阶段,地下硐室勘察可采用的方法包括工程地质测绘、勘探和测试等,对已选定方案的地质环境条件等信息进行勘察,初步确定岩体质量等级(围岩类别),以帮助评定拟建硐址、硐口的稳定性,从而为初步设计提供建议。

初步勘察时,工程地质测绘和调查应初步查明地表和地下的地质情况。地质情况具体包括地貌的形态和成因,地层的岩性、产状、厚度和风化程度,断裂和裂隙的特征和分布,不良地质作用的类型和规模,地震地质背景,以及地应力的方向。此外,还应查明地下水和地表水的水文地质条件。详细的信息应当包括地下水类型、埋藏条件、补给排泄等动态变化、地表水分布状况、地表水与地下水联系、淤积物特性等方面。若拟建硐室穿越既有建筑,还需考虑穿越带来的影响,包括对地面建筑物、地下构筑物、管道等设施的影响。

在初步勘察中,勘探与测试应符合下述要求:

①通过诸如浅层地震剖面法等方法测定隐藏的断层破碎带和构造破碎带,确定基岩的埋置深度和风化范围。

②在布设勘探点时,其间距建议在100~200m之间,布置方式应当采用沿洞室外侧交叉布置,进行原位测试和试样采取的勘探孔数量应当超过勘探孔总数的2/3。其中,控制性勘探孔的深度应当满足以下要求:当岩体等级为Ⅰ级和Ⅱ级时,控制性勘探孔应当比设计孔底高程深1~3m;当岩体等级为Ⅳ级和Ⅴ级时,控制性勘探孔深度应根据实际情况加深。

③所有厚度达到一定值的主要岩层和土层都需要取样测试,若该地层受地下水影响,还需对水进行取样;若硐室区域内出现有害气体或地温异常现象,需要对有害气体成分、含量和地层温度进行测定;若硐室区域为高地应力区域,则还需对地应力进行测量。

④如果工程需要,还应进行钻孔弹性波、声波、孔间地震CT(计算机断层扫描)、孔间电磁波CT等测试。

(3)详细勘察

地下硐室详细勘察的工作内容主要包括以下几个方面:

①对施工场地的地层岩性和岩组进行划分。确定地层岩性及分布情况,完成岩组划分工作,探明岩体风化程度,通过对岩石试样进行试验确定其物理力学性质,为后续的工程设计提供依据。

②查明断裂构造和断层破碎带的特性。通过勘察明确断裂构造和断层破碎带的位置、规模、产状和力学性质,划分岩体结构类型并评价其完整性和稳定性。

③调查不良地质的相关信息。通过勘察确定不良地质的类型、性质及分布情况,结合其他信息给出防治措施,避免在施工中对工程安全产生威胁。

④查明地下水和地表水的相关信息。通过勘察确定施工场地主要含水地层的分布、厚度、埋深、地下水类型、水位、补给排泄条件以及水的腐蚀性等信息,并对施工期间的出水状态和出水量做出预测。若硐室工程建设期间需要降水,则应该对降水方案进行分段设计。

⑤查明施工对既有建筑的影响。对拟建工程周边区域的地面建筑及地下管线等构造物的分布情况进行调查,并对施工可能造成的影响进行预测,提出相应的安全预案和防护措施。

⑥确定勘探方法和布孔原则。详细勘察可采用的测试方案包括浅层地震勘探、孔间地震CT、孔间电磁波CT等,主要调查基岩埋深、风化程度和隐伏体(如溶洞、破碎带等)位置的详细信息,同时在部分钻孔中开展弹性波波速测试,并以调查结果为依据确定岩体质量、划分围岩等级、评价岩体完整性、计算动力参数等。勘探点的布设位置应当选在硐室中线外侧6~8m范围,采用交叉布设方式,若硐室建于山区,则应当根据地质构造确定布置方式,布置间距不应大于50m;若硐室建于城市地下空间,其勘探点间距可依据岩土条件变化情况确定,复杂的场地应小于25m,中等复杂的场地在25~40m之间,简单的场地则取40~80m。同时需保证进行原位测试和岩土试样采集工作的勘探孔数量不少于总数的1/2。

⑦确定勘探孔深度。控制性勘探孔的深度应当结合施工场地的工程和水文地质条件、洞室埋深、防护设计参数等信息确定;一般性勘探孔则可深入到基底设计高程下6~10m。

⑧进行详细勘察时,应当将钻探、钻孔物探和测试作为主要勘察方法,还可根据需求结合

施工导洞开展洞探测试,以获得与硐址、硐口、硐室穿越线路相关的详细工程水文地质条件,完成围岩类别的划分工作,对硐室稳定性做出可靠评价,并为后续的支护结构设计和施工方案确定工作提供信息。

若硐室建于城市地下空间,则详细勘察阶段开展的室内试验和原位测试除了要满足勘察的要求外,还应结合工程设计的要求进行以下补充:

①采用承压板边长为30 cm 的载荷试验测地基基床系数。

②采用热源法或热线比较法进行热物理指标试验,计算热物理参数(导温系数、导热系数和比热容)。

③需提供动力参数时,可采用压缩波速 $v_p$ 和剪切波速 $v_s$ 计算求得。必要时可采用室内动力性质试验求得动力参数。

④施工勘察应配合导硐或毛硐开挖进行,当发现与勘察资料有较大出入时,应提出修改设计和施工方案的建议。

⑤硐室若产生偏压、膨胀压力、岩爆和其他特殊情况,应进行专门研究。

详细勘察阶段地下硐室勘察报告的内容主要包括以下几个方面。

①围岩类别的划分。要根据岩体的物理力学性质、结构特征、水文地质条件等因素划分不同的围岩类别,为支护设计提供依据。

②硐室位置和支护方案的建议。要根据地质条件、工程目的、施工方法等因素提出硐址、硐口、硐轴线位置的建议,对硐口、硐体的稳定性进行评价并提出支护方案和施工方法的建议。

③地面变形和既有建筑的影响评价。要根据硐室开挖对地面和既有建筑可能产生的影响进行合理的预测和评价,并提出相应的防护措施。

## 3.3 城市地下工程地质评价与测绘

### 3.3.1 工程地质评价

1) 基本规定

根据调查结果,应对围岩的自稳性、涌水情况、膨胀压力、滑坡偏压、土压特性、高地应力区应力场以及瓦斯、岩溶和人为坑洞等工程地质问题做出工程评价。

2) 围岩稳定性分级

地下工程赋存地质环境存在很大差异,人们对每一种特定的情况没有现成的经验和行之有效的处理办法。因此,有必要根据一个或几个主要指标将无限的岩体序列分为具有不同稳定程度的有限个级(类)别,即对地下工程围岩稳定性进行分级(类),并依照每一级(类)围岩稳定程度给出最佳施工方法和支护结构设计。针对不同的工程目的(爆破开挖、掘进机掘进、支护等),可以对与之相应的地质条件进行一定的概括、归纳和分级,为地下工程设计和施工提供一定的基础。合理、准确地完成围岩等级划分,对选择施工方法、管理施工、评价工程经济效益、确定结构荷载、设计支护结构、制定劳动定额和材料消耗标准等工作起着重要的正向作用。

(1) 影响围岩稳定性的因素及其与围岩分级间的关系

影响围岩稳定性的因素很多,基本上可以归纳为两类:第一类属于地质因素,即地质环境方面的自然因素,如岩体结构类型、结构面性质和结构面的空间组合、围岩力学性质、围岩的初始应力场、地下水状况等,其决定了地下工程围岩的质量;第二类属于工程活动中的人为因素,如地下工程的开挖形状、跨度、施工方法等,这些因素虽然不能确定围岩质量,但却能影响围岩质量和稳定性。

(2) 围岩分级的指标及选择

明确影响围岩稳定性的因素后就可以分析分级指标的选择、确定方法及其与地下工程间的关系等。地下工程中主要的围岩分级指标如下所示:

① 单一的岩性指标。单一的岩性指标包括岩石的抗压和抗拉强度、岩石坚固性系数及弹性模量等物理力学参数和抗钻性、抗爆性等工程指标。在单一岩性指标中多采用岩石的单轴饱和极限抗压强度作为基本的分级指标,其不仅具有试验方法便捷的优点,而且能够定量描述岩石的力学特性。然而单一的岩性指标只能反映岩体某一方面的特征,因此以单一的岩性指标作为分级(类)的唯一指标是不合适的。例如,我国西部老黄土在无水条件下强度较低但稳定性很好,一些黄土硐室可维持几十年而不破坏。

② 单一的综合岩性指标。岩石质量指标(Rock Quality Designation,RQD)是反映岩体破碎程度和岩石强度的单一综合指标,尽管该指标是单一的,但反映的因素却是综合的。岩石质量指标是指钻探时岩芯复原率,也称为岩芯采取率。迪尔(D. U. Deere)指出钻探时岩芯采取率、平均长度和最大长度是由岩体的硬度、均质性及裂缝分布决定的,这些参数能准确地反映岩体的特征。迪尔还指出岩体的质量可以通过长度小于 10 cm 的岩块所占整个岩芯的比例来判断。岩芯复原率是指单位长度钻孔中 10 cm 以上的岩芯所占的比例,其表示为:

$$\text{RQD} = \frac{10\text{cm 以上岩芯累计长度}}{\text{钻孔长度}} \times 100\% \tag{3-1}$$

③ 复合指标。复合指标是用两种或两种以上的岩性指标或综合性指标所表示的复合性指标。巴顿(N. Barton)等人提出的岩体质量指标($Q$)分类法,$Q$ 与 6 个表明岩体质量的地质参数有关,其可表示为:

$$Q = \frac{\text{RQD}}{J_n} \cdot \frac{J_r}{J_a} \cdot \frac{J_w}{\text{SRF}} \tag{3-2}$$

式中,$J_n$、$J_r$、$J_a$ 和 $J_w$ 依次为节理组数目、粗糙度、蚀变值和含水折减系数;SRF 为初始应力折减系数。

(3) 围岩基本分级

围岩基本分级的主要依据是岩石坚硬程度和岩体完整程度。对岩石坚硬程度和岩体完整程度,主要通过定性和定量两种方法来综合划分。岩石坚硬程度可根据定量指标岩石单轴饱和抗压强度 $R_b$ 按表 3-10 进行划分。

**岩石坚硬程度的划分**　　　　　　　　　　　　　　　　表 3-10

| 岩石类别 | | 单轴饱和抗压强度 $R_b$/MPa | 代表性岩石 |
|---|---|---|---|
| 硬质岩 | 极硬岩 | $R_b > 60$ | 未风化或微风化的花岗岩、片麻岩、闪长岩、石英岩、硅质灰岩、钙质胶结的砂岩或砾岩等 |
| | 硬岩 | $30 < R_b \leq 60$ | 弱风化的极硬岩,未风化或微风化的熔结凝灰岩、大理岩、板岩、白云岩、灰岩、钙质胶结的砂岩、结晶颗粒较粗的岩浆岩等 |
| 软质岩 | 较软岩 | $15 < R_b \leq 30$ | 强风化的极硬岩,弱风化的硬岩,未风化和微风化的云母片岩、千枚岩、砂质泥岩、钙泥质胶结的粉砂岩和砾岩、泥灰岩、泥岩、凝灰岩等 |
| | 软岩 | $5 < R_b \leq 15$ | 强风化的极硬岩,弱风化至强风化的硬岩,弱风化的较软岩和未风化或微风化的泥质岩类,煤、泥质胶结的砂岩和砾岩等 |
| | 极软岩 | $R_b \leq 5$ | 全风化的各类岩石和成岩作用差的岩石 |

岩体完整程度根据结构面特征、岩体结构类型等定性特征及定量指标岩体完整性指数 $K_v$ 划分,具体的划分标准如表 3-11 所示。

**岩体完整程度的划分**　　　　　　　　　　　　　　　表 3-11

| 完整程度 | 结构面特征 | 结构类型 | 岩体完整性指数 $K_v$ |
|---|---|---|---|
| 完整 | 结构面为 1~2 组,以构造节理、层面为主,裂隙多呈密闭型,部分为微张型,少有充填物 | 巨块状整体结构 | $K_v > 0.75$ |
| 较完整 | 结构面为 2~3 组,以构造型节理、层面为主,裂隙多呈密闭型,部分为微张型,少有充填物 | 块状结构 | $0.55 < K_v \leq 0.75$ |
| 较破碎 | 结构面一般为 3 组,以节理及风化裂隙为主,在断层附近受构造影响较大,裂隙以微张型和张开型为主,多有充填物 | 层状结构、块石、碎石状结构 | $0.35 < K_v \leq 0.55$ |
| 破碎 | 结构面多于 3 组,多以风化型裂隙为主,在断层附近受构造作用影响大,裂隙以张开型为主,多有充填物 | 碎石角砾状结构 | $0.15 < K_v \leq 0.35$ |
| 极破碎 | 结构面杂乱无序,在断层附近受断层作用影响大,宽张裂隙全为泥质或泥夹岩屑充填,充填物厚度大 | 散体状结构 | $K_v \leq 0.15$ |

以岩石坚硬程度和岩体完整程度的分级为基础,结合定量指标围岩弹性纵波波速/(km/s),按表 3-12 确定围岩基本分级。

**围岩基本分级**　　　　　　　　　　　　　　　　　表 3-12

| 级别 | 岩体特征 | 土体特征 | 围岩弹性纵波波速/(km/s) |
|---|---|---|---|
| Ⅰ | 极硬岩,岩体完整 | — | $>4.5$ |
| Ⅱ | 极硬岩,岩体较完整;硬岩,岩体完整 | — | $3.5 \sim 4.5$ |
| Ⅲ | 极硬岩,岩体较破碎;硬岩或软硬岩互层,岩体较完整;较软岩,岩体完整 | — | $2.5 \sim 4.0$ |
| Ⅳ | 极硬岩,岩体破碎;硬岩,岩体较破碎或破碎;较软岩或较硬岩互层,且以软岩为主,岩体较完整及较破碎;软岩,岩体完整或较完整 | 具有压密和成岩作用的黏性土、粉土及砂类土,一般钙质、铁质胶结的粗角砾土、粗圆砾土、碎石土、卵石土、大块石土、黄土($Q_1,Q_2$) | $1.5 \sim 3.0$ |

续上表

| 级别 | 岩体特征 | 土体特征 | 围岩弹性纵波波速/(km/s) |
|---|---|---|---|
| V | 软岩,岩体破碎至极破碎;全部极软岩及全部极破碎岩(包括受构造影响严重的破碎带) | 一般第四系坚硬、硬塑黏性土,稍密及以上、稍湿、潮湿的碎(卵)石土、粗圆砾土、细圆砾土、粗角砾土、细角砾土、粉土及黄土($Q_3$,$Q_4$) | 1.0~2.0 |
| VI | 受构造影响很严重的呈碎石、角砾及粉末、泥土状的断层带 | 软塑状黏性土、饱和的粉土、砂类土等 | <1.0（饱和土<1.5） |

注:$Q_1$ 为早更新世黄土,$Q_2$ 为中更新世黄土,$Q_3$ 为晚更新世黄土,$Q_4$ 为全新世黄土。

### 3.3.2 工程地质测绘

城市地下工程测绘是服务于城市地下工程,保障地下工程建设及后期运维安全的测绘活动,主要的工作有控制测量、现状调查测绘、施工测量、变形监测、成果及数据管理等。以下是对地下工程的工程地质测绘的全方位简述。

(1) 对象及内容

测绘的对象包括目标位置的自然地理要素和地表人工设施的形状、大小、空间位置及属性等,测绘工作即是对其进行测定、采集、表述,获取相关数据并处理后得到信息成果的工作。在进行城市地下工程测绘中的控制测量工作时,需要对地面、地下及地面与地下间的联系通道进行测量,除此之外,为了完成地下工程不动产的登记工作,还需要进行权籍调查测绘等工作。

根据城市地下工程测绘的对象,可以将城市地下工程分为四大类,分别为地下交通设施、地下建筑物、综合管廊和地下管线。该分类方法将测绘行业的专业知识、相关设备的工作方式、测绘目标的位置信息与特性、测绘结果的表现方式等都作为参考因素,因此分类结果能较好地适用于地下工程的勘察测绘和信息处理。

(2) 基本特点

城市地下工程测绘工作的特点主要包括:

①测量方法的使用受到限制。由于地下工程具有封闭特征,测量方法的使用会受到限制,多数情况下在进行地下工程测绘时只能测试特征点的内角点,对于难以测试的特征点则需要采取相对测量的方法来推算坐标和高程。

②需要实现地面与地下空间平面坐标和高程基准的统一。地下工程的规划设计要与地面空间相互应,若要实现这个目标,就必须建立地面与地下空间的联系,而建立并维持地面与地下联系的首要前提即是通过测量实现地面与地下空间平面坐标和高程基准的统一。

③专题性与综合性相结合。地下工程各部分间的联系并不如地面空间紧密,但仍有部分地下综合体与周边存在密切联系,考虑到地下工程类型、功能上的多样性以及其空间上存在的分割性和权属问题,地下工程测绘工作既可能是综合性测绘也可能是专题性测绘,可能是针对完整空间的也可能是针对局部区域的。因此,测绘方案制订时应该按照测绘需求确定测绘内容及成果要求。

④具有三维表达需求。相比地面工程,地下工程及其设施的位置信息和连接关系的表达对三维表达方式的依赖度极高。因此,地下工程测绘工作应当以三维表达方式作为成果展现方式。

(3)一般规定

地下工程测绘的开展时间可以是地下工程竣工时、地下工程现状调查期或其他时间节点。竣工时的测绘除应获取成果外,还应检测其是否符合规划审批文件的规定。当竣工测绘已获取有关成果,现状调查或其他时点测绘时可基于这些成果进行核查、修测和补测,以获得现状数据。

现状测绘应测定各类地下工程的特征点、线的坐标和高程,并测绘平面图、综合图和断面图等。根据需要可建立地下空间三维模型。地下空间的图式表达应符合《国家基本比例尺地图图式 第1部分:1:500 1:1000 1:2000 地形图图式》(GB/T 20257.1—2017)的规定,必要时可依据其确定的规则增加新的图式符号。

特征点的平面位置可采用全站仪极坐标法或交会法测定。当现场空间狭小或作业困难时,可使用专门测量工具或采用几何作图法进行测量。对已有资料中存在而实地无法施测的特征点,可利用资料进行补充并在成果中予以明确标注。特征点的高程可采用水准测量或全站仪三角高程测量方法测定。在外轮廓点无法测绘的情况下,外轮廓点坐标可根据实测内角点坐标采用外推法确定。外推时墙体厚度可采用实测数据或竣工图数据求得,在地下空间外墙厚度可视处如出入口、通风口处,应量测墙体厚度进行核实。

特征线以测定其起点、终点、拐点、折点、交叉点和其他特征点来描述。当线状目标发生转折或呈曲线状时应以能表示其真实形态为原则加密测定特征点。

平面图可根据特征点、特征线测量成果绘制,或利用收集的符合要求的资料编绘。对多层地下空间,应测绘分层平面图。综合图可利用地下空间平面图与地面地形图进行叠加生成。平面图和综合图的比例尺一般为1:500~1:2000,对局部复杂的连廊、设备室等可采用1:200或更大的比例尺。纵横断面图可采用全站仪、断面仪或三维激光扫描仪等测绘。纵断面图在水平和垂直方向的比例尺一般分别为1:500~1:2000 和1:50~1:200;横断面图在水平方向和垂直方向的比例尺一般为1:50~1:200。

(4)地下交通设施测绘

地下交通设施测绘的平面图应包含下列内容:

①道路位置信息,包括行车道、辅路、隔离带、人行道、附属交通标志、地下管线检修井、隧道及附属设施、涵洞及附属设施等。

②特征线信息,包括道路、隧道等交通设施中线等。

③注记信息,包括道路名称,道路起点、终点、转折点,曲线要素点、交叉点等重要特征点设计坐标及实测坐标,纵断面对应点的高程,竣工道路路面材料,隧道名称,隧道(涵洞)的底面高程、净空高度或矢径高度、长度、底面宽度、进出口的坐标值等。

道路纵断面图应测绘并表达实测路面中心线的高程及有关的注记信息,道路横断面图应测绘并表示下列内容:

①位置信息,包括行车道、隔离带、人行道及附属的隧道、涵洞等。

②注记信息,包括行车道、隔离带、人行道的宽度,各特征点高程以及路基边坡坡度,隧道(涵洞)的底面高程和净空高度,断面位置等。

(5)地下建筑物测绘

地下建筑物测绘成果主要包括特征点成果表、平面图(含分层平面图)、综合图等。地下

建筑物测绘时需实测地下建筑物底板高程、层高、净空高、细部点三维坐标等,并应符合下列规定:

①通风口、入口、出口和通道等主要设施应测注几何断面各特征点坐标和顶、底板高程,通道转弯或变化处应加测特征点的坐标和高程。

②地下建筑物的附属设施应测注几何断面各特征点坐标和高程。

③地下墙体、挡墙、桩基础、筏形基础、条形基础、箱形基础和柱下扩展基础等隐蔽性工程几何尺寸可通过收集设计和施工等相关资料获得。

④墙体厚度可依据建(构)筑物内墙与外墙的特征点坐标差确定,并和施工图墙体厚度对比验证。无法确定时可按照施工图设计值处理,并在成果中说明。

地下建筑物测绘的平面图宜表示下列内容:

①建筑物平面布局,包括建筑物主体轮廓线、建筑物地下室轮廓线和内部分界线、建筑物的附属设施和建筑物的配套设施等。

②建设场地及周边位置信息,包括行车道入口位置、各种管线进出口位置、道路起终点、交叉点和转折点位置以及周边相关建筑物位置等。

③高程信息,包括室内地坪、室外地坪和地下室出入口高程、行车道出入口高程、配套管线进出口高程和道路起终点、交叉点及转折点高程等。

④注记信息,包括建筑物名称及功能、建筑物特征点坐标、结构层数、主体高度、建筑物与周边建筑物的关系尺寸和道路名称等。

⑤竣工时需要进行建筑面积测量,应符合《房产测量规范 第1单元:房产测量规定》(GB/T 17986.1—2000)、《房产测量规范 第2单元:房产图图式》(GB/T 17986.2—2000)的规定。

(6)综合管廊测绘

综合管廊测绘成果主要包括特征点成果表、平面图、横断面图等,其主要内容是综合管廊本体和入廊管线的空间特征。综合管廊控制测量要求地面控制点通过支导线方式传递到综合管廊内,并在综合管廊内布设无定向导线,进行左、右角和边长的往返观测。综合管廊本体测绘要求测定干线综合管廊、支线综合管廊或缆线管廊及其附属设施的内壁角点、横断面形状与尺寸、底部中线位置及高程等。当具备测绘条件时还要测定外壁角点的坐标、高程等。综合管廊本体的测绘作业可采用全站仪、水准仪、激光扫描仪或钢尺等工具。底部中线点的测绘间隔宜为50m左右,内外相对位置关系可用于检查测定的准确性,结构主体测绘宜在建造阶段进行,现状测绘时可做必要的核查或补测。入廊管线的测绘作业应符合下列规定:

①入廊管线测绘可根据量测管线与综合管廊内壁的相对位置关系来进行,量测时可使用钢尺、投点尺等工具。

②对电力和通信等安放在综合管廊两侧墙壁上并利用托架固定的管线,应量测其相对于综合管廊内底的高度,并调查电缆尺寸、电缆条数及走向等。

③对给水、热力等安放在固定墩上的管线,应量测其相对于综合管廊内底的高度及控制阀等管线设施的位置,并调查管线的管径、材质及走向等。

(7)地下管线测绘

地下管线测绘成果包括特征点坐标,地下管线平面图、综合图及纵横断面图等。地下管线测绘的内容、表达及技术要求应符合相关标准的规定。地下管线测绘时,应测定各种管线的起讫点、分支点、交叉点、转折点、变材点、变坡点、变径点、上杆、下杆、管线上的附属设施中心点以及各种窨井中心的坐标、高程、管径、管偏、管顶或管底高程及管线材质等。

## 3.4 城市地下工程地质勘探与试验

### 3.4.1 勘探方法

工程地质勘探的主要目的是通过采取岩土体试样查明岩土工程场地内地层结构,特别是特殊岩土的分布范围,并通过试验手段确定场地内岩土体物理力学指标;通过地下水位量测、采取水样进行水质分析和水文地质试验等获取场地内地下水的相关信息;通过开展物探测井、孔内原位测试获取岩土有关地质参数。其主要的勘探方法有井探、槽探、钻探、触探等,以下分别对主要的勘探方法进行介绍。

①井探。通过开挖探井的手段,由人工直接观察地层情况并进行岩土体物理特性与分层信息的描述,并开挖取出原状岩土体试样进行试验测试。

②槽探。采用人力或机械手段开挖探槽,适用于覆盖层厚度小于3m的情况,常用于了解地质构造线、断裂破碎带的宽度、地层、岩性分界线及其延伸方向等工程地质信息。

③钻探。从钻孔中取出岩土体试样,用于测试岩土体物理力学性质及描述土层信息。测试效果比较理想,常用于标准贯入试验和波速测试。

④触探。常用的触探方法有动力触探和静力触探两类,试验时直接将探杆压入土中,通过测量压入阻力判别土体性质。动力触探方法是利用一定质量的穿心锤以规定的落距打击连接触探器的探杆,测得贯入土中一定深度所需的锤击数从而判定土的性质,适用于砂土、黏性土、人工填土和松散的碎石土等。静力触探方法是利用压力装置将探头压入土层,用电阻应变仪或电位差计测出对探头的贯入阻力(包括探头的锥尖阻力和侧壁摩阻力),从而根据贯入阻力随深度的变化曲线确定土类和土层变化。

### 3.4.2 原位测试

原位测试是岩土工程中了解岩土体性质的重要手段之一。测试在岩土体原来所处的天然位置实施,即基本保持岩土体原有的天然结构、天然含水率及天然应力状态,依据测试结果描述的岩土体工程性能是最为接近实际情况的。且原位测试有简单快捷、耗时较短、测试连续不间断等诸多优点,在实际岩土工程中的应用相较于室内试验更为广泛。常用的原位测试方法有:载荷试验[平板载荷试验(PLT)和螺旋板载荷试验(SPLT)]、静力触探试验[圆锥静力触探(CPT)和孔压静力触探(CPTU)]、[圆锥动力触探(DPT)、标准贯入试验(SPT)]、旁压试验[预钻旁压试验(PBPMT)和自钻旁压试验(SBPT)]、扁铲侧胀试验(DMT)、十字板剪切试验(VST)和波速测试(WVT)等。随着原位测试应用越来越多,其测试成果的应用经验也在不断积累和完善。表3-13是国外一般界定原位测试方法所能获得的土体参数列表。表3-14是原位测试技术在国内的一般应用情况。

**国外原位测试获得的土体参数**　　表 3-13

| 试验名称 | $K_0$ | $\varphi'$ | $c_u$ | $\sigma_c$ | $E'/G$(变形模量) | $E_u$(回弹模量) |
|---|---|---|---|---|---|---|
| 标准贯入试验 | — | G | C | R | G | C |
| 静力触探试验 | — | G | C | — | G | — |
| 扁铲侧胀试验 | G,C | — | — | — | G | — |
| 预钻旁压试验 | — | G | C | — | G,R | C |
| 载荷试验 | — | — | C | — | G,R | C |
| 十字板剪切试验 | — | — | C | — | — | — |
| 自钻旁压试验 | G,C | G | C | — | G,C | — |

注：G 为砂土、粗粒土，C 为黏性土，R 为岩石；$K_0$ 为静止侧压力系数；$\varphi'$ 和 $c_u$ 分别为无黏性土和黏性土的内摩擦角和黏聚力；$\sigma_c$ 为前期固结压力。

**国内原位测试一般应用情况**　　表 3-14

| 试验名称 | 测试参数 | 主要试验目的 |
|---|---|---|
| 载荷试验(平板、螺旋板) | 比例极限压力 $p_0$、极限压力 $p_u$ 和压力与变形关系 | (1) 评定岩土承载力；<br>(2) 估算土的变形模量；<br>(3) 确定地基承载力 |
| 标准贯入试验 | 标准贯入击数 $N$ | (1) 判别土层均匀性、软硬程度；<br>(2) 估算砂土密度、承载力及压缩模量；<br>(3) 估算单桩承载力 |
| 动力触探试验 | 动力触探击数 $N_{10}$、$N_{63.5}$、$N_{120}$ | (1) 判别土层均匀性和划分土层；<br>(2) 估算地基承载力和压缩模量；<br>(3) 确定单桩承载力 |
| 静力触探试验 | 单桥 $p_s$，双桥 $q_c$、$f_s$、$R_f$，孔压 $u$ | (1) 判别土层均匀性、软硬程度；<br>(2) 估算地基土承载力和压缩模量；<br>(3) 估算单桩承载力 |
| 十字板剪切试验 | 不排水抗剪强度峰值 $c_u$ 和残余值 $c'_u$ | (1) 测求饱和黏性土的不排水抗剪强度和灵敏度；<br>(2) 计算边坡稳定性；<br>(3) 判断黏土的应力发展情况；<br>(4) 估算桩端极限承载力和桩侧极限摩擦阻力 |
| 旁压试验 | 初始压力 $p_0$、临塑压力 $p_f$、极限压力 $p_L$ 和旁压模量 $E_m$ | (1) 测求地基土的承载力；<br>(2) 测求地基土的变形模量；<br>(3) 计算土的侧向基床系数；<br>(4) 自钻式可确定土的原位水平压力和静止侧压力系数 |
| 扁铲侧胀试验 | 侧胀模量 $E_D$、侧胀土性指数 $I_D$、侧胀水平压力指数 $K_D$ 和侧胀孔压指数 $U_D$ | (1) 划分土层和区分土类；<br>(2) 计算土的侧向基床系数；<br>(3) 估算地基土承载力和压缩模量；<br>(4) 判别砂土液化 |

注：$p_s$ 为单桥探头的比贯入阻力(kPa)，$q_c$ 为双桥探头的推尖阻力(kPa)，$f_s$ 为双桥探头的侧壁摩阻力(kPa)，$R_f$ 为摩阻比(%)。

### 3.4.3 室内试验

对于岩土工程来说，室内外试验为设计、分析计算提供了基本参数。与原位测试相比，室内试验的优势在于试验条件比较容易控制、边界条件明确、应力应变条件可以控制和可以大量取样等。但其主要缺点也十分明显,即:试样尺寸小,不能反映宏观结构和非均质性对岩土性质的影响;试样不可能真正保持原状;有些岩土也难以取样。基于以上原因,虽然多样化的岩土工程原位测试对工程应用来说更具有现实意义,但目前大多数岩土材料的物理力学指标仍需要通过室内试验取得,二者相辅相成、互相补充。

土的室内试验可分为基本物理性质试验(测量的物理量包括含水率、土粒比重、质量密度等)、特性试验(包括颗粒分析试验,测量液限、塑限、缩限、有机质含量等)以及工程性质试验(包括渗透性试验、固结试验、强度试验等)。其中,土的特性指标试验相对较为简单,在相关规范要求中叙述较为清楚,本节主要讨论基本物理性质试验和工程性质试验,并简要介绍与地下空间开发相关的细粒土(黏性土、粉土)强度试验等成果在使用中应注意的问题。具体的岩土指标试验方法可参阅有关标准和文献。现对岩土主要试验指标及其试验方法做以下简述:

(1)基本物理性质指标及其试验方法

在土的基本物理性质指标中,通过室内试验实测得到的是土的含水率、土粒比重和质量密度,具体的试验方法和要求见表3-15。

**基本物理性质指标及其试验方法** 表3-15

| 指标 | 符号 | 单位 | 物理意义 | 试验方法 | 取土要求 |
|---|---|---|---|---|---|
| 含水率 | $w$ | — | 土中水质量与土粒质量之比 | 含水率试验:酒精燃烧法、比重瓶法 | 保持天然湿度 |
| 土粒比重 | $d_s$ | — | 土粒质量与同体积的4℃时水的质量之比 | 比重试验:比重瓶法、浮称法、虹吸筒法 | 扰动土 |
| 质量密度 | $\rho$ | g/cm³ | 土的总质量与其体积之比,即单位体积的质量 | 密度试验:环刀法、蜡封法、注砂法 | Ⅰ～Ⅱ级土试样 |

通过上述3个试验指标,可以换算其他9个物理性质指标(一般称为"换算指标"),包括孔隙比$e$、孔隙率$n$、饱和度$S_r$、干密度$\rho_d$和干重度$\gamma_d$、饱和密度$\rho_{sat}$和饱和重度$\gamma_{sat}$、浮重度$\gamma'$和浮密度$\rho'$。众多教材和手册中均给出了不同指标之间的换算方法。上述9个物理性质指标并不是孤立存在的,有些指标之间相互影响、相互制约。为了满足设计和数值分析等工作的要求,在工程勘察报告中通常给出的物理性质指标包括质量密度、含水率两个试验指标和饱和度、孔隙比两个换算指标。

(2)抗剪强度及其试验方法

抗剪强度是土的基本力学性能指标,抗剪强度指标(摩擦角、黏聚力)广泛应用于对地基承载力、挡土墙土压力的计算和对地基稳定性的评价。因此,正确测定土体的抗剪强度指标在工程中具有重要的现实意义。抗剪强度的测试方法有多种,可根据剪切类型(固结不排水剪、固结排水剪和不固结不排水剪)、试验方式(直剪、单剪、三轴)、控制形式(应力控制、应变控制)等进行分类。不同试验得出的参数有很大的差别,在工程应用中应特别注意其适用性。工程中多采用静三轴(TST)试验和直剪(DS)试验测定土体的抗剪强度。

①通过静三轴试验获取土的一组抗剪强度指标时,需要采用3个及以上、同一位置上的土样制备的试样。常用的静三轴试验主要包括以下3种,试验装置见图3-1。3种静三轴试验因采取的试验方法不同,取得的抗剪强度指标也不同。

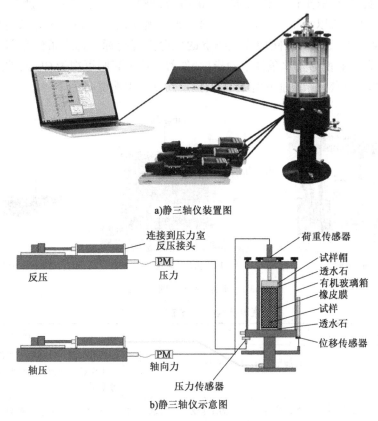

图 3-1 静三轴试验装置图及示意图

a. 固结不排水剪（CU）：试样饱和后，先在排水条件下施加围压进行固结，固结完成后关闭阀门，切断排水通道并开始增大轴线压力，使试样在不排水条件下发生剪切破坏，剪切过程中量测孔隙水压力 $u_a$。通过 CU 试验可获得总抗剪强度指标（$\varphi$ 和 $c$）和有效抗剪强度指标（$\varphi'$ 和 $c'$）。

b. 固结排水剪（CD）：试样饱和后，先在排水条件下施加围压进行固结，其后继续在排水条件下增加轴向压力至试样发生剪切破坏。通过 CD 试验可获得有效抗剪强度指标（$\varphi'$ 和 $c'$）。

c. 不固结不排水剪（UU）：试样饱和后，在不排水条件下增加轴向压力，直至试样发生剪切破坏。通过 UU 试验可获得不排水抗剪强度 $c_u$。

表 3-16 给出了不同固结条件下 CU、CD 试验可获得的抗剪强度指标参数。

不同固结条件下的 CU、CD 试验　　　　表 3-16

| 方法类别 | 代号 | 说明 |
|---|---|---|
| CU | CIU | 等向固结不排水剪：固结阶段围压相等 |
| | CKU | 不等向固结不排水剪：固结阶段 $\sigma_1/\sigma_3 = K$ |
| | CK$_0$U | 不等向固结不排水剪：固结阶段 $\sigma_1/\sigma_3 = K_0$ |
| CD | CIU | 等向固结排水剪：固结阶段围压相等 |
| | CKU | 不等向固结排水剪：固结阶段 $\sigma_1/\sigma_3 = K$ |
| | CK$_0$U | 不等向固结排水剪：固结阶段 $\sigma_1/\sigma_3 = K_0$ |

②直剪试验也是获取土体抗剪强度指标的有效试验手段。在直剪试验中,将取自同一位置的土样制备成3个或以上试样进行剪切试验,通过施加正应力和剪应力来迫使试样产生水平破坏面(图3-2),从而取得不同加荷速率下的抗剪强度指标。排水条件在剪切过程中不受控制,故试验结果一般视为排水条件下的指标,如剪切速率高则可视为CU条件。表3-17给出了不同剪切速率下所获取抗剪强度指标的试验条件及适用性说明。

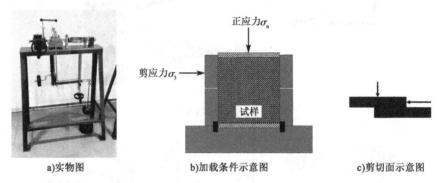

a)实物图　　　　　b)加载条件示意图　　　　c)剪切面示意图

图3-2 直剪试验装置图及示意图

**直剪试验不同方法的适用性**　　　表3-17

| 方法 | 测定参数 | 试验条件 | 说明 |
| --- | --- | --- | --- |
| 快剪 |  | 在施加竖向压力后,立即快速施加水平剪应力 | 具有强制的破坏边界条件,排水不可控;土层破裂面方位与试验破裂面相同时可参考使用 |
| 固结快剪 | $\varphi', c', \varphi'_r$(残余抗剪强度参数) | 允许试样在竖向压力下排水固结,然后快速施加水平剪应力 | 可用于砂土及渗透系数$k > 10^{-6}$cm/s的黏土,对软黏土不适用 |
| 慢剪 |  | 允许试样在竖向压力下排水固结,然后缓慢地施加水平剪应力 | 对于同一种土,其值低于静三轴压缩试验、高于静三轴拉伸试验。适于测定不扰动土样的残余强度($\varphi'_r$) |

(3)其他指标及其试验方法

①无侧限单轴抗压强度及其试验方法。地基土的强度和基坑稳定性主要取决于土的不排水强度$c_u$,而$c_u$主要通过原位测试的相关关系确定。当采用室内试验评价时,可采用无侧限单轴抗压强度$q_u$试验结果。该试验实际上是三轴压缩试验的一个特例,使试样在无侧向变形限制的条件下进行单轴压缩,所加荷载的极限值即为无侧限抗压强度。无侧限单轴抗压强度$q_u$可采用三轴UU试验来确定。对于较硬的黏性土,试样破坏时会出现明显的破裂面,因此也会出现峰值应力,此时取峰值应力作为无侧限抗压强度$q_u$;而对于饱和软黏土,一般不会出现明显的破裂面,曲线上也无明显的峰值,此时则取与轴向应变20%(有时采用15%)相应的应力作为无侧限抗压强度$q_u$。在不排水条件下,总应力的改变量只引起超孔隙水压力的变化,对有效应力不产生影响,有效应力不发生变化,此时$\varphi \approx 0$,无侧限抗压强度$q_u$与土的不排水强度$c_u$之间存在着$q_u = 2c_u$的关系。

原状黏性土的无侧限抗压强度$q_u$与其试样重塑后强度$q_0$之比定义为灵敏度($S_t = q_u/q_0$)。结构性越强的土其灵敏度越大,故具有高灵敏度的土质边坡在快速施加剪应力时易发生破坏。国内外对土的灵敏度分级对照可参见表3-18。

土的灵敏度分级对照表　　　　　　　　　　　　　　表 3-18

| $S_t$ | Skempton(1953)和 Bjerrum(1954)分级 | 《软土地区岩土工程勘察规程》(JGJ 83—2011)分级 |
|---|---|---|
| <2 | 不灵敏 | — |
| 2~4 | 较不灵敏 | 中灵敏性 |
| 4~8 | 灵敏 | 高灵敏性 |
| 8~16 | 很灵敏 | 极灵敏性 |
| 16~32 | 轻微流性 | 流性 |
| 32~64 | 中等流性 | 流性 |
| >64 | 流性 | |

注：判定软土的结构性应采用现场十字板剪切试验,也可采用无侧限抗压强度试验,无侧限抗压强度试验土样应用薄壁取土器取样。

②击实试验及其方法。在基底和边坡土层压实设计与施工质量控制中,需要根据土的最大干密度 $\rho_d$ 和最优含水率 $w_{op}$,做出正确的方案设计和施工质量控制。通过标准击实法可测得土的干密度与含水率的关系(图3-3),从而可获得最大干密度 $\rho_{dmax}$ 和控制含水率。相关试验标准可参见《土工试验方法标准》(GB/T 50123—2019)。

③土的流变试验及其方法。土的流变是指土体产生的蠕变、应力松弛以及强度随时间发生变化等特殊现象,包括蠕变、松弛、流动及长期强度

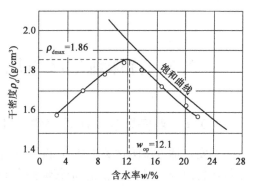

图 3-3　干密度和含水率的关系曲线

四个方面。通过研究上述土的流变特性和规律可评价地基土、土坡、路堤以及土工构筑物的长期稳定和变形。土的蠕变特性是指在荷载作用下土体应变 $\varepsilon$ 随时间 $t$ 逐渐增加的现象。用蠕变试验可以测定土的蠕变、流动和长期强度特性。蠕变试验主要包括两方面试验,分别是剪切蠕变试验和压缩蠕变试验。剪切蠕变试验的试验方法主要是直剪或单剪试验;压缩蠕变试验则常以单轴或三轴压缩试验作为试验方法。松弛试验通过对土的试样施加一定方向的外力 $p$,使其产生应变 $\varepsilon_0$,然后保持其应变 $\varepsilon_0$ 恒定不变,测定其初始应力 $\sigma_0$ 随时间 $t$ 的变化。

④静止侧压力系数 $K_0$ 及其试验方法。静止侧压力系数 $K_0$ 可通过静止侧压力系数测定仪(固结仪,图3-4)或三轴仪进行试验测定。用三轴仪测定 $K_0$ 值时,通过侧向变形指示器等装置控制试样的直径,在 $K_0$ 值试验过程中,始终保持试样直径 $D_0$ 不变。对于天然土或击实非饱和土,采用 UU 试验方法测定孔隙压力。对于饱和土和非饱和土,也可采用 CD 试验方法测定排水条件下土体的 $K_0$。

正常固结沉积黏土的 $K_0$ 一般介于 0.4~0.7 之间;砂土约为 0.4;自然沉积的超固结土的水平应力可以大于竖向应力,故 $K_0$ 常大于 1.0,可以达到 3。Brooker 与 Ireland 给出了 $K_0$ 与应力历史(超固结比)的统计研究结果,如图3-5所示,其可表示为:

$$K_0 = (1 - \sin\varphi') \times \text{OCR}^{\sin\varphi'} \tag{3-3}$$

式中,$\varphi'$ 为土体的有效内摩擦角(°)。

图 3-4　固结仪

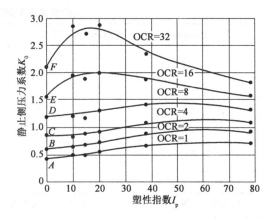

图 3-5　不同土类静止侧压力系数 $K_0$ 与 OCR 的关系图
（图中黑点代表试验数据）

## 3.5　特殊地层城市地下工程勘察与评价案例分析

### 3.5.1　西安地铁穿越湿陷性黄土地层专项勘察

西安市地处湿陷性黄土地区，湿陷性黄土具有大孔隙、结构松散、垂直节理发育、天然含水率低等特点，浸水后发生湿陷是其最突出的工程特性，也是黄土地区城市地下轨道交通工程中最为突出的岩土工程问题。西安市规划的地铁线路通过区段中，主要涉及湿陷性黄土工程问题的地貌单元为黄土梁洼和黄土台塬。西安市规划城区范围 $490km^2$，约 60% 面积为自重Ⅱ～Ⅲ级湿陷性黄土场地，约 10% 面积为自重Ⅳ级湿陷性黄土场地，其城市地铁建设中将不可避免地遭遇黄土湿陷问题。

西安市城区范围内湿陷性黄土分布特征如下：

①黄土梁洼（Ⅰ）：分布于西安市城区中东部及南郊，由 NE 40°～50°方向的梁、洼组成的波状地形。黄土梁南陡北缓，洼地北深南浅。梁与洼地势均是东部高、西部低，向西倾斜，海拔高度在 406.0～452.0m 之间。黄土梁洼因受地质构造活动的控制，其地层结构比较复杂。黄土在该区北部厚 35.0～40.0m，由晚更新世和中更新世晚期黄土组成；东南部黄土厚 40.0～100.0m，由晚更新世到早更新世晚期黄土组成。

②黄土台塬（Ⅱ）：黄土台塬的主要分布区域位于西安市东部和南部的临潼区和长安区，面积 $645km^2$，占全市总面积的 6.46%。黄土台塬下部的组成物质多为新近纪末第四纪初的洪积、冲积、湖积砂砾石，上部为第四纪风积黄土，其间夹有约 20 层古土壤，总厚度达 100.0～150.0m。台塬地形的海拔高度基本在 450.0～750.0m 之间，与梁洼相比，台塬具有表面平坦、坡度较小、土质疏松的特点，因此适合进行耕作。在台塬的边缘处，一般是陡峭的悬崖，下方则是河谷河水冲击形成的平原，平原与台塬的高差一般为 50.0～300.0m，从而产生了独特的台状地貌，因此被称为台塬。因受秦岭、骊山隆升的牵带，黄土台塬多由东南向西北倾斜，较大的台塬往往呈明显阶梯状倾斜。

1) 工程概况

西安地铁 4 号线北起未央区西安北站,途经新城区、碑林区、雁塔区,终点止于长安区航天新城站,是西安市轨道交通中的一条骨干线路。西安地铁 4 号线全长 35.2km,全部为地下线,共设 29 座车站,全部为地下车站。4 号线经过的南部区域存在自重湿陷性黄土,且厚度较大,最大土层厚度已经达到 25m,通过计算得出,其最大会产生约 1000mm 的湿陷量,据测算有大约 6km 长的线路会受到影响。因此,对该线路湿陷性黄土地层进行专项勘察是非常迫切且必要的。

2) 室内试验

为了研究试验场地湿陷性黄土在物理力学性质方面是否具有代表性,在两站一区间分别选取初勘中具有代表性的探井土样进行试验,绘制含水率 $w$、饱和度 $S_r$、密度 $\rho$、干密度 $\rho_d$、孔隙比 $e$、压缩系数 $a_{1-2}$、塑性指数 $I_P$、湿陷系数 $\delta_s$、自重湿陷系数 $\delta_{zs}$ 随深度的变化曲线。根据试验场地探井土室内试验结果计算得出自重湿陷量计算值和湿陷量计算值,并进行判定,确定试验场地的湿陷类型和等级。

3) 现场浸水试验

在西安地铁 4 号线线路区段选择 2 个具有代表性的场地进行现场试坑浸水试验,试坑浸水过程按照《湿陷性黄土地区建筑标准》(GB 50025—2018)规定的浸水试验方法进行,根据现场浸水试验判定场地湿陷类型,监测地基土水分的时空变化规律,现场浸水试验见图 3-6。

通过浸水试验,绘制各标点沉降变形曲线、水分计监测曲线、孔隙水压力计监测曲线、浸润范围曲线、饱和区范围曲线和自由水位观测结果曲线

图 3-6 现场浸水试验

等,从而判定地铁线路代表区段黄土湿陷类型,为地铁工程地基处理提供设计依据。

4) 初步勘察阶段地基处理方法建议

西安地铁 4 号线穿越湿陷性黄土地层专项勘察结果显示,该地层具有较高的变形性和渗透性,对地铁工程基底受力特征、地层条件以及浸水条件提出了较高的要求。为了保证地铁工程的安全和稳定,提出以下地基处理建议方案:

(1) 地铁车站

若地铁车站下部地基的湿陷性黄土厚度在 2.0m 以内,则可以通过换填法对地基进行处理,建议换填土层为灰土垫层;若地铁车站下部地基的湿陷性黄土厚度超过 2.0m,则应该通过桩基础法或孔内强夯法对地基进行处理。

(2) 暗挖隧道

根据地表实施条件的不同,可采用以下三种方法进行地表加固处理:①在地面采用水泥土挤密桩处理;②在洞内采用水泥土挤密桩或洞内微型桩处理;③在洞内采用单液硅化注浆法进行处理。

(3)盾构隧道

对于盾构区间隧道,在远离城区的地段建议采用地表三轴搅拌桩或地表注浆进行处理。该处理方式主要是通过向地层注入水泥浆体,最终可以达到使湿陷性黄土的强度和变形模量均提升20%~30%的效果。加固处理范围大体为隧道正上方2.0m,左右侧也应大于开挖轮廓2.0m,隧道正下方三轴搅拌桩范围应深入非湿陷性土层约1.0m。

(4)地铁车站附属结构

车站附属结构湿陷性黄土处理原则上按丙类建筑处理,特殊情况可根据周边环境按乙类建筑处理。明挖附属结构湿陷性黄土处理原则如下:湿陷性土层处理厚度小于或等于2m时采用换填或结合结构形式局部增加结构埋深的方法,厚度大于2m时采用水泥土挤密桩处理。暗挖附属结构湿陷性黄土处理原则如下:湿陷性土层处理厚度小于或等于2m时采用断面扩挖处理,厚度大于2m时采用洞内水泥土挤密桩处理。

### 3.5.2 武汉轨道交通岩溶地层专项勘察

武汉城市圈覆盖和裸露型岩溶分布面积为5300km$^2$,主要分布于武汉城市圈中部和南部地区。武汉市岩溶地段所处的地貌单元不同,主要有以下三种情况:

①长江Ⅰ级阶地。长江Ⅰ级阶地的第四系覆盖层主要由两种土层组成,分别是上部的可塑性及软塑性黏土和下部的稍密实及密实砂土。该阶地内的岩溶地区大多与下部的砂土层存在直接联系,这是因为砂土层是承压水的含水层,而承压水又和长江水系存在联系。由于砂土本身不具有黏聚力,因此受到水流的作用后很容易发生坍塌,严重时可能会造成地面塌陷。武汉市已经发生的地面塌陷灾害基本都位于岩溶现象存在的地区。

②长江Ⅰ级阶地后缘与长江Ⅱ级阶地。该阶地的覆盖层主要包括三种土层,分别是上部的可塑性及软塑性黏土,中部的稍密实及密实砂土,下部的可塑性及硬塑性黏土,这导致该阶地内的岩溶现象并未发生在砂土地层中。由于岩溶发生的地层是黏土地层,而黏土本身具有较强的黏聚力,且还会产生跨盖作用,因此黏土层会将砂土层中的承压水与产生岩溶的水分隔开来,切断岩溶水与承压水的联系,故不容易造成地面塌陷。

③长江Ⅲ级阶地(垄岗地段)。该阶地的覆盖层主要为黏性土层,岩溶发生的位置上部存在一定厚度的可塑性黏土层,岩溶下部则是年代较远的硬塑性及坚硬状态黏土层,在石灰岩层的上部也分布有一定厚度的可塑性及硬塑性红黏土,这导致该阶地的岩溶区域同样容易导致地面塌陷。

1)工程概况

武汉市轨道交通7号线一期工程线路经过的地区地质情况较差,地层以三叠、二叠系及石炭系的可溶性灰岩为主,因此地层溶蚀现象广泛存在,局部地区存在严重的溶洞、溶槽发育现象,已经对地铁的施工建设和运营维护安全构成了重大威胁。因此,有必要对该线路进行岩溶及岩溶地下水的专项勘察。

2)勘察过程

根据场地水文地质条件和主要地质问题,勘察按如下步骤进行:

（1）资料搜集

勘察正式开始前应该搜集勘察区域的地质、水文信息以及现有勘察结果等资料，作为勘察设计、线路规划以及场地评估的参考。

（2）地质测绘

根据前期勘察资料及搜集的区域工程地质、水文地质资料，按照1∶2000的比例对拟建线路穿过的区域开展地质测绘工作，主要目的是调查隧洞穿越地层和拟建车站地层的岩溶发育及水文地质条件。

（3）工程钻探

工程勘察主要通过钻探和物探实施。钻探可以探明施工场地的地质结构、溶洞发育情况及其填充物的成分，物探主要包括孔间高能电磁波CT扫描、钻孔彩色电视录像等，将钻探与物探结果进行综合分析，可预测岩溶异常区域，同时对地下水变化进行实时监控。

①钻孔间电磁波CT。施工场地的主要地层是灰岩，完整的灰岩强度较高，基本不吸收电磁波。若地层内存在裂隙、断层、破碎带、软弱夹层及岩溶洞室等缺陷区域，地层对电磁波的吸收率会显著提高。根据武汉地铁2号线和4号线的勘察经验，电磁波CT是探测岩溶、破碎带等不良地质的有效手段，该方法对不良地质的分辨清晰、定位准确、精度高。因此，本工程也使用钻孔间电磁波CT作为测试岩溶地区分布和规模的方法。

②水文地质试验。查明施工场地各地层的渗透特性和地下水分布情况。

水文地质调查工作的作用是揭示区域水文地质规律，排查与地下水有关的环境地质问题，提高水文地质调查研究水平，提升水文地质工作服务民生、服务发展、服务生态文明建设的能力。

水文地质调查工作的基本任务包括：调查地下水的水量、水质、水位和水流状况及其变化规律，分析控制水量、水质、水位和水流的因素；调查含水层的三维空间结构，研究含水层的分布特征；调查人类活动与气候变化对地下水系统及地下水环境的影响；构建区域水文地质概念模型与地下水评价模型，评价地下水变化对生态环境的影响，提出地下水合理开发、利用与保护的意见和建议；建立水文地质调查数据库与信息系统，提供社会公益性服务。

水文地质调查工作的基本项目包括：包气带结构、含水层与含水岩组空间结构、含水层与含水岩组参数、地下水系统边界、地下水补给径流排泄条件、地下水动态特征、地下水化学特征、地下水开发利用、与地下水有关的环境地质问题以及特殊类型地下水。对于平原区、内陆盆地地区、山地丘陵区、岩溶区和冻土区，除执行以上规定的内容外，还应根据调查区的类型和水文地质条件的复杂程度开展专门性的调查工作。

水文地质调查工作部署应按地下水系统或地表水流域、重点地区、重大问题三个层次展开，地下水系统或地表水流域的水文地质调查以资料收集、遥感解译及区域控制性的调查监测为主，针对重大环境地质问题按实际需求部署专项调查工作。坚持资源、环境、生态并重，优先在国家重大需求地区、地下水重点开发地区、地下水开发利用前景区和地下水环境地质问题突出地区，部署开展水文地质调查工作。重视已有资料的收集整理和二次开发，注重调查与编图、监测、研究相结合。已实施过水文地质调查或更高精度水文地质勘查工作的地区，应以编图研究为主，适当部署补充性调查工作。

水文地质调查工作有以下要求：

a. 以地球系统科学理论为指导，加强研究式填图工作，加强综合研究工作，加强新技术新方法的研发与应用。

b. 一个标准图幅的工作周期以 2 年为宜,一个多幅联测的工作周期不超过 3 年。

c. 调查控制深度应结合当地开发利用现状,达到主要含水层组的底板。

d. 水文地质填图单位应以含水岩组为基础,综合考虑岩性、地层年代和水文地质特征,宜划分到组或段,侵入岩宜按岩性结合构造期次进行划分。

e. 水文地质填图单位命名、代号应以相关地质资料为依据,统一到最新标准。

f. 野外调查应采用 1:50000 或更大比例尺地形图为工作底图,宜采用分辨率优于 5m 的正射遥感影像提供辅助信息。

g. 水文地质调查工作底图及成果图件应采用 2000 国家大地坐标系,1985 国家高程基准。

h. 工作程序宜遵照资料收集与预研究、野外踏勘、预编图、设计编制与审批、野外工作、野外验收、综合研究、图件编制、报告编制与验收、资料归档的步骤执行。

i. 调查工作应注重区域控制,突出重点:
(a)加强水文地质点、环境地质点、地质地貌点的定位与调查描述;
(b)加强深部含水层组的调查;
(c)加强对地下水水位、水量、水质、水温的动态监测;
(d)加强地表水和地下水的相互作用研究;
(e)加强实测剖面、勘探剖面和野外调查路线的统筹部署;
(f)突出水文地质钻孔在地层划分、含水层划定、水文地质参数获取等方面的重要作用;
(g)加强遥感解译、野外调查数据采集系统等新技术新方法的应用。

j. 应按照标准图幅提交水文地质图、说明书和数据库。

k. 应按照地下水系统或地表水流域提交综合研究成果报告及相应附图和数据库。根据实际需要,可按照行政区划或重点区段编制应用服务性成果。

③地下水位观测。对施工场地的地下水位进行长期监测,探明其变化规律和各地层之间的水力联系。

④室内试验。对溶洞充填物进行物理力学性质试验,当灰岩上覆有砂性土时,对砂性土进行水上和水下坡角试验,分析岩溶塌陷的可能性。将现场采取的灰岩送至试验室开展成分分析和矿物鉴定试验,查明施工场地岩体的矿物成分和溶解特性。

3)工程地质评价和处理措施

由岩溶引发的主要工程地质问题有:岩溶地基塌陷、拱顶和侧壁坍塌及地铁施工时的突水、涌泥、突涌等,其会对地铁施工与后期运行的安全造成潜在的危害。岩溶塌陷作为一种突发性自然灾害,应采取"预防为主,治理为辅"的措施,避免岩溶塌陷给地铁工程带来不利影响。

①地表水防水措施。由于地表水垂直渗入地下时,水力梯度大,对覆盖层及岩溶会构成很强的侵蚀作用,因此对工程区及附近的地质钻孔应及时封填,桩基施工时应采取合理的护壁措施及施工工艺,避免地表水下渗对岩溶造成不利影响。

②地下水控水措施。针对本区水文地质条件,工程区及附近禁止开采岩溶地下水,施工时应尽量避免大量抽排地下水。若地下水位发生较大变化,则可能给施工场地周边环境带来难以预知的不良影响,同时还可能威胁整个工程施工及运营期的安全,因此应当在岩溶地区周边

设置地下水监测点,对水位进行长期监控。

③清除换填、堵塞。对车站底板处的软土和较浅的溶洞进行清除换填处理,对浅部无充填或半充填的溶洞进行堵塞。

④绕避、跨越。对大型的溶洞和连续密集的溶洞,应采取绕避或跨越通过。

⑤灌注填充。对车站和隧道底板下有影响的大型溶洞进行灌注填充,并进行加固处理,防止溶洞诱发岩溶塌陷。

⑥桩基或桩基托换。对于隧道和车站底板下深度较大且难以处理的溶洞,可采用桩基或桩基托换进行处理。

⑦注浆加固。在靠近底部基岩处产生的溶蚀面、溶沟、溶槽,溶洞中的流塑性黏土等会对地层的稳定性产生较大不良影响,因此应对这些薄弱处注浆加固;若地铁隧道通过区间及地铁车站底板下存在发育较明显的溶洞,则也应当进行注浆加固。

当隧道区间和车站影响范围内有溶洞分布时,应对影响到隧道和车站建设及运行安全的溶洞采取一定的处理措施,处理范围及深度详见各区段工程地质评价。具体的溶洞处理措施建议如下:

①将隧道及车站结构轮廓线下方至少6m、两侧至少3m(50%隧道洞径)范围内的基岩设置为围岩高风险区,该区域内的所有溶洞都必须经过处理,将其填充密实,消除其不良工程影响。

②所有经过物探预测的位于高风险区内的岩溶地段都需要钻孔进行验证。若溶洞的存在得到证实,则对其进行处理;若并未发现溶洞的存在,则对钻孔进行注浆。

③在隧道二衬和车站底板施作前,应该使用地质雷达扫描隧道和车站周边地层,若扫描到围岩高风险区内存在异常,需要立即钻孔检查并注浆加固。

④若勘察到隧道和车站基础下的基岩邻近地层存在软土,导致地基存在安全隐患,可使用换填法或注浆法加固。

⑤若隧道和车站的施工场地存在有安全隐患的溶洞,则应当立即采用注浆等方式将其填充;若施工场地周围存在可能对施工产生影响的发育型岩溶区,则应当先向内注浆堵塞渗流通道后再继续施工;大型溶洞往往会对工程安全产生较大影响,应当对其进行灌注填充处理;若施工时遭遇洞径6m以上且埋深很大的特大型溶洞,应暂停施工,对处理方案进行研究。

⑥若车站采用桩基础,则桩基和地下连续墙施工开始前应该预先布设超前探孔对施工场地工程地质进行勘察,确定岩溶区的发育情况后对危险区进行注浆填充,并对桩基和墙底的高程设计进行调整;若车站边墙附近存在溶洞,则应及时处理,可采用的处理方式包括注浆填充和封边。

⑦对车站基坑开挖方案和桩基础类型进行论证,合理地选择支护方案,避免岩溶、地下水对基坑的不利影响。

⑧施工期需要加大对岩溶地质的监测和超前预报力度。由于地下水对地铁的安全影响较大,因此在其施工和运营期均需要对其进行监测。

## 本章思考题

1. 简述城市地下空间调查的目标、内容及意义。
2. 简述详细勘察中勘探点的布置原则以及探孔深度的确定方法。

# 第 4 章
# 城市地下结构设计与计算

地下结构不同于地面结构,由于其在赋存环境、力学作用机理等方面与地面结构存在很大差异,因而不能将用于地面结构的设计理论和方法直接用于地下结构。本章从介绍地下结构的概念出发,深入论述地下结构中围岩与支护结构的相互作用体系,详细介绍地下结构设计与计算的原理和方法,并对城市地下工程中常见的盾构隧道衬砌结构和明挖基坑支护桩设计进行深入分析。

## 4.1 地 下 结 构

### 4.1.1 地下结构概述

保留上部地层的前提下,在开挖出能提供某种用途的地下空间内修筑的建筑结构物统称为地下空间结构,简称地下结构。地下结构有一个显著特点,即地下结构不仅是荷载的主要产生者,而且是重要的承载结构。若地下结构修建在稳定性较好的地层中,则地下结构将只受到很小的荷载或几乎不承受荷载;若建在稳定性较差的地层中,则地下结构受到的荷载就会大大增加,甚至可能由支护结构独自承担全部荷载。由此可见,若想保证地下结构的安全,首要任务是保持地层的稳定,从而使地层的承载能力得到充分发挥。

地层的稳定性与诸多因素有关,其中的主要因素是岩土体的强度。洞室开挖会破坏地层的完整性,从而导致围岩应力重新分布,应力重分布后的地层本身具有一定的稳定性。对于修筑在较好的围岩中的地下结构,围岩可与地下结构一起承受荷载作用,共同组成地下结构体系,因此在进行地下结构设计和施工的过程中,应该充分利用和发挥围岩的承载能力。

在地下空间内部,按照设计要求建设有梁、板、柱等结构用以划分空间。由此可见,地下结构由两部分组成:①内部结构,用于区分不同空间;②外部结构,用于抵御围岩压力,包裹在地下空间的最外圈,设计计算要按照地下空间特有的设计理念进行。

### 4.1.2 地下结构的分类

(1)按结构形状划分

地下结构可以按结构形状分为矩形框架结构、圆形结构、拱与直墙拱结构、薄壳结构和敞开式结构等。

(2)按受力形式划分

地下结构的设计需要考虑的主要因素是施工场地的围岩条件,这是因为不同围岩性质产生的荷载分布形式存在很大差别,不同围岩条件下支护结构的受力状况也会发生改变,因此需要根据支护结构的受力情况选择合理的地下结构的形式。通常地下空间可以按受力形式分为如下几种类型:

①防护型支护。

防护型支护结构是开挖支护中最为普遍的支护形式,例如地下洞室开挖过程中的掌子面防护或者地下空间的顶部防护。该类支护无法约束围岩的变形,也很难承担较大的荷载,一般的作用是封闭岩层表面、阻断渗水通道、防止裂隙进一步发育等。该类支护的典型代表是喷射混凝土、注浆以及局部锚杆。

②构造型支护。

若洞室位于稳定性较好的岩层(块状岩体)中,则开挖完成后并不会立刻发生大规模坍塌,此时围岩处于基本稳定状态,局部裂隙发育的区域可能会出现掉块和小规模崩塌。为阻止围岩崩塌的继续发展和保证施工过程的安全,往往需要设置保护性支护,该类支护也被称为构造型支护,具体形式包括喷射混凝土、设置锚杆和金属网、模筑混凝土和设置临时性钢支撑等,构造型支护的施工要严格按照设计要求进行。

③承载型支护。

大部分地下支护结构都属于承载型支护,该类支护可按照所承担的围岩压力大小分为轻型、中型及重型三类,设计时应当根据功能、场地地质条件及施工方法等因素选择支护断面形式。

(3)按施工方法划分

施工阶段是地下结构灾害的频发阶段,选用合理的施工方法是避免工程事故的重要手段,因此地下结构形式的选择必须充分考虑施工方法的影响,可按施工方法划分不同的地下结构形式。地下结构的施工方法可划分为明挖式、连续墙式、暗挖式、掘进机式、盾构式、沉井式、沉管(箱)式、顶管(箱)等。

(4)按围岩状况划分

地下结构按围岩状况可分为土层地下结构与岩层地下结构。土层地下结构是指在土壤内挖掘的结构,岩层地下结构是指在岩石中挖掘的结构。需要注意的是,水中结构(江河湖海内的水下结构和水底岩土层中的结构等)与岩土层中结构有较大差异,上述结构划分不包含水中结构。

### 4.1.3 地下结构的工程特点和设计特点

地下结构所处的环境和受力条件与地面工程有很大不同。地下结构的工程特点和设计特点见表4-1。

地下结构的工程特点和设计特点　　　　表4-1

| | | |
|---|---|---|
| 工程特点 | 地质条件差、结构埋深小 | 目前我国城市地下结构埋深多在20m以内,而在此深度范围内大多为第四纪冲积层或沉积层,或为全风化、强风化岩层,地层多松散无胶结,存在上层滞水或潜水 |
| | 地下环境复杂 | 城市地下结构的修建由于各种原因滞后于城市建设,城市地铁工程多建在建筑物已高度集中的地区,需要从城市道路下方及各种管线附近通过,施工往往引起邻近地层变形和地表沉降 |
| | 地面环境复杂 | 城市商业街、学校、古建筑等相互影响、相互制约,给工程建设带来众多设计与施工技术方面的特殊难题 |
| | 围岩稳定性难以判断 | 如何准确判断围岩稳定性是困扰地下结构设计与施工的难点。对于城市地下结构而言,其地质、环境及结构方面的特殊性给地下结构的围岩稳定性带来了极大的挑战 |
| 设计特点 | | 地下结构是在承载状态下完成构筑的,主要承受地层垂直压力和侧向压力 |
| | | 地下结构设计应充分考虑如何利用和改善地层的自稳范围与自稳时间。当地层种类和构造不同,自稳范围和自稳时间会在一个较大范围内变化 |
| | | 地下结构设计应将地层变形控制在允许范围内 |
| | | 地下结构设计需要充分考虑地下水位变化带来的地层参数的变化,以及静水压力和动水压力的变化 |
| | | 地下结构设计的过程是动态过程。工程设计和施工都有自己的模式,并且随施工进度的推移可能存在多次变更设计的情况 |

### 4.1.4 地下结构体系组成及设计要点

(1)地下结构体系的组成

地下结构体系包括地下结构主体和其周边地层。

(2)地下结构体系的设计要点

①必须充分认识地质环境对地下结构设计的影响。由于地层原始应力很难预先确定,围岩的工程性质复杂,以及地质物理力学参数的获得存在不确定性等,通常很难精确估计地质环

境对地下结构设计的影响。

②地下结构周围的地质体是工程材料和承载结构,同时又是产生荷载的来源,原岩应力由地质体和支护结构共同承载。支护结构上承受的荷载与原岩应力、地质体强度、结构形状、施工方法、施工流程(时间因素)和支护形式等因素均有很大的关系。

③地下结构施工因素和时间因素会极大地影响地下结构体系的安全性。

④为确保地下结构的安全性,必须保证支护结构能够承载且围岩不会失稳,否则可能导致支护结构的破坏。

## 4.2 围岩与地下结构的相互作用体系

### 4.2.1 围岩压力的定义和分类

围岩压力有时也称为地层压力,是地下结构所承受的主要荷载。围岩压力通常是指位于地下结构周围发生了变形及破坏的岩层作用在衬砌或支护结构上的压力。硐室开挖前地层中的岩体处于原始应力状态,硐室开挖之后围岩中原始应力的平衡状态遭到破坏,应力重新分布,从而使围岩产生变形。典型岩体全应力-应变曲线如图4-1所示。曲线主要分为四个阶段:①压密阶段($OA$段)。岩体的原有张开性结构面或微裂隙逐渐闭合,岩体被压密,形成早期的非线性变形,应力-应变曲线呈上凹性。②弹性阶段($AB$段)。该阶段的应力-应变曲线呈近似直线。③塑形阶段($BC$段)。$B$点是岩体从弹性变为塑性的转折点,称为屈服点。相应于该点的应力为屈服应力(屈服极限),其值约为峰值强度的三分之二。进入本阶段后,微破裂的发展出现了质的变化,破裂不断发展,直至岩体完全破坏。岩体由体积压缩转为扩容,轴向应变和体积应变速率迅速增大。④破裂和破坏阶段($CD$)。岩体承载力达到峰值强度后,其内部结构遭到破坏,但基本保持整体状。此后,岩体变形主要表现为沿宏观断裂面的块体滑移,岩体承载力随变形增大迅速下降,但并不降到零,说明破裂的岩体仍有一定的承载力。

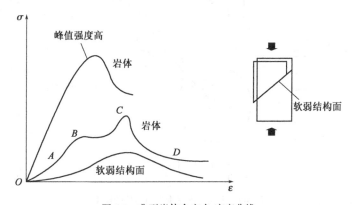

图 4-1  典型岩体全应力-应变曲线

围岩压力可分为围岩垂直压力、水平压力和底部压力。其中最主要的是垂直压力,水平压力主要表现在松软岩层中,部分硬度较高的岩体甚至不会产生水平压力。围岩底部压力是自下而上作用在衬砌结构底板上的压力,它主要是由某处地层遇水后膨胀而产生,如石膏、页岩等,或是由边墙底部压力下底部地层向硐室内凸起而产生。围岩压力受到地层结构、岩体强度、地下水作用、硐室结构设计、支护的类型和刚度、施工方法、硐室的埋置深度和支护时间等多方面因素影响。

### 4.2.2 围岩应力和位移的线弹性分析

1) 无支护硐室围岩的应力和位移

对于完整的均质硬岩,无论是分析围岩应力和位移还是评价围岩稳定性都可以采用弹性力学的方法;对于成层和节理发育的岩体,若层理或节理等间距不连续或研究问题的尺寸较小,除了弹性力学的方法外,还可以使用连续化假定方法。

(1) 无支护硐室围岩的应力

如图4-2所示,对于无支护硐室,将弹性力学中的基尔斯公式引入围岩应力计算,当开挖硐室的半径为$r_0$时,围岩内部任意一点的应力状态可表示为:

$$\sigma_r = \frac{\sigma_z}{2}[(1-\alpha^2)(1+\lambda)+(1-4\alpha^2+3\alpha^4)(1-\lambda)\cos2\varphi] \tag{4-1}$$

$$\sigma_t = \frac{\sigma_z}{2}[(1+\alpha^2)(1+\lambda)-(1+3\alpha^4)(1-\lambda)\cos2\varphi] \tag{4-2}$$

$$\tau_{rt} = -\frac{\sigma_z}{2}(1-\lambda)(1+2\alpha^2-3\alpha^4)\sin2\varphi \tag{4-3}$$

$$\alpha = \frac{r_0}{r} \tag{4-4}$$

式中,$\sigma_r$、$\sigma_t$ 和 $\tau_{rt}$ 分别为径向应力、切向应力和剪应力;$r$ 和 $\varphi$ 分别为围岩内任意一点的极坐标;$\sigma_z$ 为初始地应力;$\lambda$ 为围岩的侧压力系数。

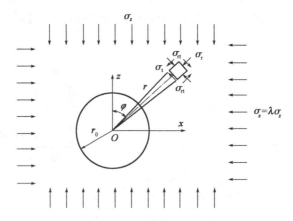

图4-2 无支护硐室围岩力学分析模型

上述公式中的应力分量由初始应力和硐周卸载两部分组成。以受压为正,正应力又称法向应力,剪应力作用面的外法线与坐标轴一致,剪应力方向以坐标轴指向的反方向为正。在各

向同性应力条件下($\lambda = 1$),硐室围岩中任意一点的应力状态可表示为:

$$\sigma_r = \sigma_z(1 - \alpha^2) \tag{4-5}$$

$$\sigma_t = \sigma_z(1 + \alpha^2) \tag{4-6}$$

$$\tau_{rt} = 0 \tag{4-7}$$

当围岩侧压力系数 $\lambda$ 不等于 1 时,依据式(4-1)~式(4-4)可得硐室壁周边($r = r_0$)任意一点的围岩应力可表示为:

$$\sigma_{r0} = 0 \tag{4-8}$$

$$\sigma_{t0} = \sigma_z[(1 + \lambda) - 2(1 - \lambda)\cos2\varphi] \tag{4-9}$$

$$\tau_{rt0} = 0 \tag{4-10}$$

上述公式说明了硐室壁周边只存在切向应力。由于硐室壁在水平直径处 $\varphi = 90°$,因此可得硐室壁水平直径处的切向力为:

$$\sigma_{t0} = \sigma_z(3 - \lambda) \tag{4-11}$$

由式(4-11)可知,硐室壁水平直径处发生应力集中,切向应力的数值相比初始值翻了 $(3 - \lambda)$ 倍。类似地,硐室壁在拱顶处和拱底处满足 $\varphi = 0°$ 和 $\varphi = 180°$,代入式(4-9)中可得硐室壁拱顶(底)区的切向力为:

$$\sigma_{t0} = \sigma_z(3\lambda - 1) \tag{4-12}$$

由式(4-12)可知,当 $\lambda < 1/3$ 时,$\sigma_{t0} < 0$,即硐室壁拱顶(底)区出现了拉应力,拉应力分布范围可由式(4-9)得出:

$$-\frac{1}{2}\arccos\frac{1+\lambda}{2(1-\lambda)}\varphi < +\frac{1}{2}\arccos\frac{1+\lambda}{2(1-\lambda)} \tag{4-13}$$

由式(4-12)可知,当 $\lambda = 0$ 时拱顶(底)切应力最大,此时 $\sigma_{t0} = -\sigma_z$。拉应力分布于竖直方向中轴左右两侧 30°范围内,且向围岩内部延伸的范围约为 $0.58r_0$,如图 4-3 所示。当 $\lambda = 1/3$ 时,拱顶(底)区切向力为零,此时硐室周围切向力全部为压应力。

(2) 无支护硐室围岩的位移

在围岩中开挖半径为 $r_0$ 的圆形硐室后,围岩中任意一点的位移可采用弹性力学中的基尔斯公式表示为:

$$u = \frac{1+\mu}{E}\frac{\sigma_z}{2}r_0\alpha\{(1+\lambda) + (1-\lambda)[4(1-\mu) - \alpha^2]\cos2\varphi\} \tag{4-14}$$

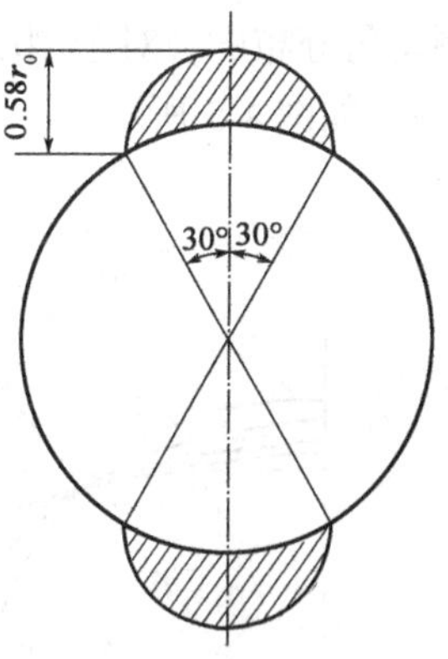

图 4-3 硐室拱顶(底)的拉应力区域

$$v = \frac{1+\mu}{E}\frac{\sigma_z}{2}r_0\alpha(1-\lambda)[2(1-2\mu) + \alpha^2]\sin2\varphi \tag{4-15}$$

式中,$u$ 和 $v$ 分别为径向位移和切向位移,其中位移仅涉及开挖引起的位移,径向位移和切向位移分别以向硐室内和顺时针方向为正;$\mu$ 为泊松比。

当围岩压力处于等向应力状态时,由式(4-14)和式(4-15)可知,硐室壁处($r=r_0$)围岩任意一点的位移可表示为:

$$u_0 = \frac{1+\mu}{E} r_0 \sigma_z \tag{4-16}$$

$$v_0 = 0 \tag{4-17}$$

当围岩侧压力系数 $\lambda$ 不等于 1 时,依据式(4-14)和式(4-15)可得硐室壁周边($r=r_0$)任意一点的围岩位移:

$$u_0 = \frac{1+\mu}{E} \frac{\sigma_z}{2} r_0 [1+\lambda+(3-4\mu)(1-\mu)\cos2\varphi] \tag{4-18}$$

$$v_0 = \frac{1+\mu}{E} \frac{\sigma_z}{2} r_0 (3-4\mu)(1-\lambda)\sin2\varphi \tag{4-19}$$

在不同围岩侧压力系数下,由上述公式计算得出,开挖后的断面收敛状态如图 4-4 所示。由图 4-4 可知,隧道开挖后,围岩基本上是向隧道内移动的。只有当 $\lambda<1/4$ 时硐室水平直径处围岩才会出现向两侧扩张的趋势,且拱顶位移(下沉)一般比侧壁位移更加明显。

上述分析是建立在理想弹性连续介质假定的基础上的,这与实际施工中的情况存在较大差别。实际情况下爆破开挖会导致岩体松动,超欠挖会导致岩体应力集中,这些因素都会导致围岩的应力和位移与理想的弹性均质连续体相差甚远,因此上述结果的适用性也会受到限制。

2)支护阻力下的围岩的应力和位移

受开挖卸荷作用的影响,硐室形成后围岩会向洞室一侧产生位移,支护结构应当在开挖结束后尽快施作以限制围岩变形。如果忽略围岩在开挖与支护施作之间的空档期内释放的应力,则围岩应力和岩体变形就只受衬砌和围岩相互作用的影响。衬砌会对围岩施加支护力,从而对其变形产生约束,导致围岩应力重分布。为便于分析,假定支护阻力 $p_a$ 是径向且沿隧道周围均匀分布的。对于侧压力系数 $\lambda$ 为 1 的圆形硐室而言,此时可近似看作轴对称的平面应变问题,如图 4-5 所示。

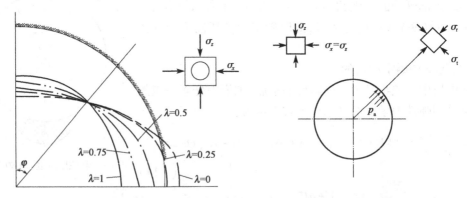

图 4-4 不同的 $\lambda$ 值条件下圆形隧道开挖后的周边位移分布　　图 4-5 周边作用有支护阻力的圆形隧道

在弹性应力状态下,当隧道周边有径向阻力 $p_a$ 时,只需把径向阻力 $p_a$ 作为释放荷载的反向作用力作用在硐周,再加上初始应力引起的硐周应力变化即可。因此支护阻力 $p_a$ 作用下隧道内任意一点处的围岩应力为：

$$\sigma_r = \sigma_z(1-\alpha^2) + p_a\alpha^2 \tag{4-20}$$

$$\sigma_t = \sigma_z(1+\alpha^2) - p_a\alpha^2 \tag{4-21}$$

由式(4-20)和式(4-21)可知，围岩径向应力 $\sigma_r$ 和切向应力 $\sigma_t$ 均由硐室开挖造成的围岩应力和支护阻力两部分组成。隧道壁处($r=r_0$)的围岩压力可根据式(4-20)和式(4-21)计算得到，即：

$$\sigma_{r0} = p_a \tag{4-22}$$

$$\sigma_{t0} = 2\sigma_z - p_a \tag{4-23}$$

由此可见，支护阻力 $p_a$ 的存在使隧道壁周边径向应力增大，切向应力减小。这表明支护阻力的存在使得邻近隧道周边围岩的应力状态从单向(或双向)受力变为双向(或三向)受力，从而提高了围岩的承载力。

在支护阻力 $p_a$ 的作用下，围岩内部任意一点处的径向位移仍然可以采用弹性力学中的基尔斯公式求得：

$$u = \frac{1+\mu}{E}(\sigma_z - p_a)\frac{r_0^2}{r} \tag{4-24}$$

由式(4-24)可知，隧道壁处($r_0 = r$)的径向位移为：

$$u_0 = \frac{1+\mu}{E}(\sigma_z - p_a)r_0 \tag{4-25}$$

当支护结构的厚度大于4%的开挖跨度时，支护结构可假定为厚壁圆筒结构，采用弹性力学中的基尔斯公式计算其应力及位移可知：

$$\sigma_r^{c0} = -p_a\frac{r_0^2}{r_0^2-r_1^2}\left(1-\frac{r_1^2}{r^2}\right) \tag{4-26}$$

$$\sigma_t^{c0} = -p_a\frac{r_0^2}{r_0^2-r_1^2}\left(1+\frac{r_1^2}{r^2}\right) \tag{4-27}$$

$$u_r^{c0} = \frac{p_a(1+\mu_c)}{E_c} \cdot \frac{r_0^2}{r_0^2-r_1^2}\left[(1-2\mu_c)r + \frac{r_1^2}{r^2}\right] \tag{4-28}$$

式中，$\mu_c$ 和 $E_c$ 分别为衬砌材料的泊松比和弹性模量(MPa)；$r_1$ 和 $r_0$ 分别为衬砌的内径(m)和外径(m)；$\sigma_r^{c0}$、$\sigma_t^{c0}$ 和 $u_r^{c0}$ 分别为支护结构的径向应力(kPa)、切向应力(kPa)和径向位移(m)。

当 $r = r_0$ 时，由式(4-28)可得支护阻力与结构刚度的关系为：

$$p_a = \frac{E_c(r_0^2 - r_1^2)}{r_0(1+\mu_c)[(1-2\mu_c)r_0^2 + r_1^2]}u_r^{c0} = K_c u_r^{c0} \tag{4-29}$$

式中，$K_c$ 为支护结构的刚度。

当 $r = r_0$ 且支护结构厚度大于4%开挖跨度时，式(4-29)中的 $u_r^{c0}$ 可取式(4-25)中 $u_0$ 的表示形式，可以得到支护阻力的表达式为：

$$p_a = \frac{\sigma_z r_0 K_c(1+\mu)}{E + r_0 K_c(1+\mu)} \tag{4-30}$$

式(4-30)表明在弹性条件下隧道支护符合厚壁圆筒的支护条件时，围岩与支护结构的相互作用力与围岩的物理力学性质、初始应力场和结构刚度有关。支护结构的刚度越大,承受的荷载也越大。

### 4.2.3 围岩与支护结构的相互作用

1) 围岩的支护收敛曲线

一般用围岩收敛曲线来描述围岩的变形特性,其中以弹性和弹塑性收敛曲线较为常见,下面对其进行阐述。

(1) 弹性收敛曲线

弹性体硐壁位移可根据式(4-24)计算,其弹性收敛曲线如图4-6中的曲线1所示。

(2) 弹塑性收敛曲线

修正芬纳曲线是一种典型的弹塑性收敛曲线,其并未考虑发生在塑性区的体积扩容现象。如图4-6中的曲线2所示,其方程形式可写作:

$$u_{r0} = \frac{M(1-\mu)r_0}{2G}\left[\frac{(\sigma_z + c\cot\varphi)(1-\sin\varphi)}{p_a + c\cot\varphi}\right]^{\frac{1-\sin\varphi}{2\sin\varphi}} + \frac{r_0}{2G}(1-2\mu)(p_a - \sigma_z) \quad (4-31)$$

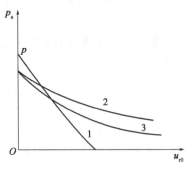

图4-6 围岩弹塑性收敛曲线
1-弹性线;2-修正芬纳线;
3-考虑扩容的弹塑性线

式中,$M$ 为弹塑性边界上的应力差(kPa),$M = \sigma_t - \sigma_r = 2\sigma_z\sin\varphi + 2c\cot\varphi$;$G$ 为围岩的剪切模量(MPa),$G = E/(2+2\mu)$,$\mu$ 意义同前;$c$、$\varphi$ 均为抗剪强度指标参数。需要注意的是,由于塑性区的抗剪强度指标参数 $c$、$\varphi$ 是不断变化的,因此一般对其取平均值。

当 $\mu = 0.5$ 时,式(4-31)可写作:

$$\frac{u_{r0}}{r_0} = \frac{1+\mu}{E}(\sigma_z\sin\varphi + c\cot\varphi)\left[(1-\sin\varphi)\frac{\sigma_z + c\cot\varphi}{p_a + c\cot\varphi}\right]^{\frac{1-\sin\varphi}{\sin\varphi}} \quad (4-32)$$

为考虑体积扩容对围岩收敛曲线的影响,现引入体积扩容系数 $n$,$n$ 是指塑性区体积变化率,由此可得到考虑塑性区体积扩容的弹塑性收敛曲线方程为:

$$u_{r0} = \frac{Mr_0}{4G}T + \frac{nr_0}{2}(1-2\mu)(p_a - \sigma_z)(T-1) \quad (4-33)$$

$$T = \left[(1-\sin\varphi)\frac{\sigma_z + c\cot\varphi}{p_a + c\cot\varphi}\right]^{\frac{1-\sin\varphi}{\sin\varphi}} \quad (4-34)$$

式中,$n$ 一般取 $0.1\% \sim 0.5\%$。当 $n = 0$ 时,式(4-33)可退化为式(4-32)。

2) 支护结构的特性曲线

通过以上分析,可以根据围岩的变形情况来指导支护结构的设计,但实际情况中围岩与支护之间是相互作用的关系,需要将围岩所受到来自支护结构的约束也纳入考虑范围。以钢架、锚杆、喷射混凝土等为代表的支护结构都具有较大的刚度,且由于支护结构一般与围岩紧密接触,因此其约束围岩变形的支护阻力是非常显著的。由于不同支护结构与围岩间的接触条件和自身的支护机理互不相同,且支护效果很大程度上受到施工的影响,因此不同支护结构对围岩的支护力差异较大。为了简化分析模型、降低分析难度,一般假定接触是否紧密等客观条件相同且保持不变,仅考虑因支护结构形式差异所产生的支护效果差异。

以圆形隧道为例,若假定围岩压力径向均匀分布,则可将受力分析模型简化为轴对称模型。与围岩所表现出的弹塑性力学性能不同,混凝土与钢非常接近线弹性材料。在一般情况下,支护结构的力学特性可表达为:

$$p_a = f(K) \tag{4-35}$$

式中,$K$ 为支护结构刚度,数值上等于 $p$ 与 $u$ 的比值。

我们一般用支护结构特性曲线来描述其力学性能,该曲线表示荷载与支护结构变形间的关系。支护结构的刚度越大,其所产生的支护阻力最大值也越大,因此该曲线也被叫作"支护补给曲线"。除了刚度以外,支护结构对围岩变形的约束能力还取决于支护和围岩间的接触状态,以下例子可证明这一点:若钢支撑结构与围岩间设有木垫块,限制围岩变形的主要因素就不再是钢支撑本身的刚度,而是木垫块的抗变形能力。若忽略支护与围岩间接触状态对支护结构变形约束能力的影响,则作用在支护上的径向压力 $p_i$ 和径向位移间的关系如下所示:

$$p_i = K \frac{u_{ir_0}^{c_0}}{r_0} \tag{4-36}$$

式中,$p_i$ 为支护结构发生位移时 $u_{ir_0}^{c_0}$ 所提供的支护阻力(kN);$r_0$ 为开挖坑道的半径(m)。

由于该式假定围岩压力径向均匀分布,因此 $K$ 只代表抗压(拉)刚度,如果将围岩的不均匀变形考虑进去,则应当重点考虑结构抗弯刚度,见图 4-7。

洞室开挖和支护施作间存在时间间隔,围岩在此时间段会产生一定收敛位移,我们用 $u_0$ 表示该初始径向位移,则洞周位移可表示为:

$$u_{r_0} = u_0 + u_{ir_0}^{c_0} \tag{4-37}$$

将式(4-36)代入式(4-37),则

$$u_{ir_0} = u_0 + \frac{p_i r_0}{K} \tag{4-38a}$$

或

$$p_i = \frac{K(u_{r_0} - u_0)}{r_0} \tag{4-38b}$$

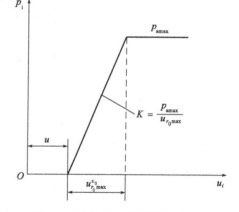

图 4-7 支护结构特性曲线的物理概念

支护补给曲线的起点也应相应调整到 $(0, u_0)$ 点。式(4-38)的适用范围一直到支护结构达到强度极限,假定支护结构在正常工作时会产生变形,当达到强度极限时整个支护体系发生破坏。最大支护阻力和最大位移分别表示为 $p_{amax}$ 和 $u_{pmax}$。下面介绍各类型支护的刚度计算方法。

(1)混凝土或喷射混凝土的支护特性曲线

用 $d_s$ 表示混凝土喷射厚度,当 $d_s \leq 0.04 r_0$ 时,可将支护结构视作薄壁圆筒进行计算:

$$K_c = \frac{E_c \cdot d_s}{r_0(1 - \mu_c^2)} \tag{4-39}$$

支护结构可提供的最大阻力可表示为:

$$p_{a\max} = \frac{d_s f_c}{r_0} \tag{4-40}$$

式中,$E_c$ 为混凝土的弹性模量(MPa);$f_c$ 为混凝土抗压强度(kPa)。

当 $d_s > 0.04 r_0$ 时,应当将支护结构视作厚壁圆筒并按照式(4-30)进行计算。

(2)灌浆锚杆的支护特性曲线

灌浆锚杆通过浆液使锚杆本身与岩体产生紧密联系从而传递剪应力,以达到限制围岩变形的目的,因此造就了其复杂的支护特性曲线。图 4-8 为围岩变形过程中锚杆的受力情况,可以看出锚杆是一种受拉支护结构。拉拔试验可以获得锚杆所受荷载和相应位移间关系,是研究锚杆受力特征的理想手段。试验结果表明,锚杆的抗拉刚度与杆身尺寸、胶结材料等因素非线性相关。因此,评价锚杆支护刚度的主要难题就在于如何确定 $p_{a\max}$ 和 $u^{c_0}_{r_0\max}$。

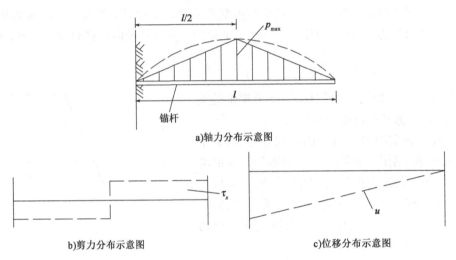

图 4-8 灌浆锚杆轴力、剪力和位移分布示意图

从理论上看,全长黏结锚杆的应力是通过锚杆与胶结材料之间的剪力来实现的,即通过围岩与锚杆之间的相对位移传递的。锚杆轴力的量测表明锚杆的黏结力沿其长度方向是非均匀分布的[图 4-8a)],轴力最大值分布在锚杆的 $l/2$ 处左右。为简化起见,假定在 $l/2$ 处轴力变化呈三角形分布,剪力和位移分布结果如图 4-8b)和图 4-8c)所示。因此,可以得到:

$$u^{c_0}_{r_0\max} = \frac{p_{\max} l}{2 E_b A} \tag{4-41}$$

式中,$l$ 为锚杆长度(m);$E_b$ 为锚杆弹性模量(MPa);$A$ 为钢筋截面积(m²);$p_{\max}$ 可由下列情况中最小值确定。

①当锚杆本身屈服时,$p_{\max}$ 为:

$$p_{\max} = A \sigma_p m_y \tag{4-42}$$

式中,$\sigma_p$ 为钢筋屈服强度(MPa);$m_y$ 为工作条件系数,一般取 0.9~1.0。

②当钢筋与胶结材料脱离时,$p_{\max}$ 为:

$$p_{\max} = \pi d_b \tau_2 lkm_y \quad (4\text{-}43)$$

式中,$d_b$ 为锚杆直径(m);$\tau_2$ 为钢筋与胶结材料的单位黏结力(MPa);$k$ 为锚杆长度修正系数,取 0.6~0.7;$m_y$ 为工作条件系数,一般取 0.6~0.8,考虑水力因素时取低值。

③胶结材料与孔壁脱离时,$p_{\max}$ 为:

$$p_{\max} = \pi d_c \tau_3 lm_y \quad (4\text{-}44)$$

式中,$d_c$ 为锚杆孔直径(m);$\tau_3$ 为胶结材料与围岩间的单位黏结力(MPa),其值与围岩强度、胶结材料的性质、施工质量等有关,围岩为石灰岩时可取 1.5~2.0MPa,围岩为页岩时可取 1.0~1.2MPa;$m_y$ 为工作条件系数,一般取 0.75~0.9。

因此,灌浆锚杆的刚度 $K_b$ 可近似表示为:

$$K_b = \frac{p_{a\max}}{u_{r_0\max}} = \frac{E_b \pi d_b^2}{2l} \cdot \frac{r_0}{S_a S_b} m_y \quad (4\text{-}45)$$

式中,$S_a$、$S_b$ 均为锚杆的布置参数。

然而式(4-45)却反映出一种反常的趋势,即锚杆直径保持不变时,锚杆越长,$K_b$ 和支护阻力越小,这与实际工程的应用效果是截然相反的。事实上,锚杆作为一种复杂而特殊的支护结构,其支护刚度和最大支护阻力受结构形式、地层条件、胶结材料等多种因素影响,理论计算的锚杆支护阻力远小于实际工程使用时测得的支护阻力。这说明现有理论存在明显局限性,还需开展更深入的研究。

(3) 组合支护体系的特性曲线

对于组合支护体系,一般假设体系整体支护刚度 $K'$ 等于单个支护结构支护刚度之和。即:

$$K' = K_1 + K_2 \quad (4\text{-}46)$$

式中,$K_1$ 和 $K_2$ 分别为第一系统的刚度和第二系统的刚度(N/m)。

按照同样的思路,可将组合支护体系的支护阻力假设为单个支护结构所提供支护阻力之和。值得注意的是,该方法仅适用于锚杆和喷射混凝土这两种支护形式同时施作的情况。在单个支护结构刚度已知时,即可通过式(4-36)得出复合支护结构支护阻力和相应的径向位移 $u_{r_0}/r_0$。

假设隧道尺寸及支护参数如下:$r_0 = 5.0\text{m}$、$E_c = 24\text{GPa}$、$f_c = 40\text{MPa}$、$d_s = 0.2\text{m}$、$E_b = 2.1 \times 10^5 \text{MPa}$、$S_a = S_b = 1.0\text{m}$、$l = 3.0\text{m}$、$d_b = 22\text{mm}$,按式(4-39)、式(4-45)和式(4-46)绘出的各类支护结构的相互作用曲线($p_a - u_{r_0}/r_0$)如图 4-9 所示,可以看出支护阻力和支护结构刚度之间呈正相关。

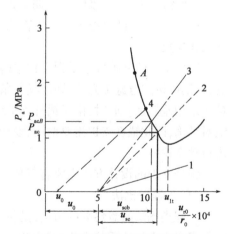

图 4-9 围岩与支护结构的相互作用
1-锚杆支护曲线;2、4-喷射混凝土支护曲线;
3-组合结构支护曲线

### 4.2.4 确定围岩压力的方法

(1)现场实测

现场实测方法是确定围岩压力方法中比较切合实际的方法,但是因为受到量测设备、经济成本和技术水平的限制,其在我国的应用还不够广泛。

(2)理论计算

以理论形式确定围岩压力的代表方法为普氏理论、太沙基理论,这些方法至今仍不够完善,有待进一步研究。

(3)工程类比法

工程类比法是在分析大量实际资料和一定理论方法的基础上,按围岩分类提出的经验公式,并以此作为确定围岩压力的方法。目前,我国多采用工程类比法确定围岩压力,采用现场实测和理论计算的方法进行验算。

## 4.3 地下工程支护结构设计

修筑地下工程过程中需要根据围岩在挖掘后所处的稳定状态和地下水渗漏等情况并结合使用要求进行必要的支撑、衬砌和支护设计,其中重点是地下工程的支护结构设计。

### 4.3.1 支护结构设计方法

在支护结构设计中最常用的方法是锚杆支护设计方法、衬砌支护设计方法、其他支护设计方法。

1)锚杆支护

一般情况下,对各级围岩初期支护均应优先考虑选用喷射混凝土支护或锚杆联合支护。其设计原则如下:结合施工场地工程地质、设计断面形式和结构使用环境,综合设计支护结构形式和参数。

锚杆支护的支护效果受到支护结构参数、支护时机、地质条件及施工方法等多方面因素影响,特别应该注意施工方法,即使其他条件完全相同,也可能会因为施工方法的差异而造成支护效果相差甚远。同时,由于锚杆支护结构与地层联系密切,而现有的超前预报技术很难达到绝对准确,因此锚杆支护需要勘测、设计、施工技术人员的默契配合,根据实际情况对支护结构进行动态调整。

锚杆支护的设计方法主要有三种:工程类比法、理论计算法和现场监控法。

(1)工程类比法

工程类比法有着悠久的历史,是目前应用最广泛的锚杆支护设计方法,也是《岩土锚杆与喷射混凝土支护工程技术规范》(GB 50086—2015)建议采用的方法。经过多年的发展,工程类比法已经形成较为完备的体系,根据拟建工程施工场地的围岩等级和开挖参数即可直接通过规范确定支护参数和施工方法。然而,该方法极度依赖工程经验,因而对设计者有较高的要求。

(2) 理论计算法

理论计算法又被称为收敛约束模型法,是在岩体力学的基础上发展出的支护结构设计法。其主要步骤为:建立能反映地层力学特性的计算模型,将施工场地围岩参数代入模型中,求解得到维持围岩稳定所需的支护条件。该方法要求计算模型充分考虑围岩和支护结构的相互作用。目前,理论计算法仍面临众多问题,如计算模型无法准确反映地层特性和施工方法,围岩参数测定难度大等,因此仅为设计提供参考。相比之下,随着计算机技术的发展,以有限元为代表的数值计算方法逐渐成熟,数值计算方法能综合考虑围岩的弹塑性、各向异性和不连续性,因此得到了广泛应用。

(3) 现场监控法

现场监控法又称为信息设计法,是通过施工现场监控量测,将围岩力学响应数据实时反馈给设计者,由其根据数据对设计进行优化调整,从而实现施工和设计间的动态闭环。该方法较为依赖先进测试技术和高效数据传输,因此发展较晚。现场监控法的优点十分明显,设计参考数据都来源于现场一手测试结果,便于设计人员做出最合理的决策,因此适用性好,可靠度高,现已广泛应用于软弱地层和断层破碎带等不良地质的支护设计。但该方法也存在一定缺点,比如其对测量技术和设计人员的数据分析能力要求较高,且需要解决施工和测量工作之间的相互干扰,因此在大范围推广时阻力较大。

通过上述分析可知,三种锚杆支护设计方法既有各自的优点,也有各自的不足,因此实际设计中不应该局限于某一种方法,而应当取长补短,相互验证,才能确保设计的合理可靠。基于此思路,诞生了一种结合了三种设计方法优势的新型方法——反演分析计算法,该方法既能避免围岩相关参数难以确定的问题,还对监控量测的数据反馈工序进行了优化,同时初始支护参数的设计还结合了相关工程和设计者的经验,因此已经在国内外众多工程得到了广泛应用,取得了理想的效果。

2) 衬砌支护

衬砌支护设计方法包括荷载结构法和地层结构法。

(1) 荷载结构法

荷载结构法是当前使用最为广泛的衬砌设计方法,其原理是将围岩产生的抗力以荷载的方式施加给衬砌结构,对衬砌结构进行受力分析,计算其内力和变形,从而确定支护参数。荷载结构法还可以根据不同划分原则分为多种形式。如按照地层变形理论分为局部变形计算法和共同变形计算法;按照盾构隧道衬砌所考虑的管片连接方式、螺栓受力特性和荷载分布形式分为惯用法、修正惯用法、多铰圆环法和梁弹簧模型法。目前,国内主要采用的是修正惯用法,国外则更倾向于使用多铰圆环法和梁弹簧模型法。

(2) 地层结构法

地层结构法的原理是将衬砌与地层视为一个整体,对整个体系的变形和内力进行分析。地层结构法的分类依据主要是围岩的本构关系。

有限元法能充分反映材料的弹塑性特征和裂隙节理等不连续条件,因此非常适合用于荷载结构法和地层结构法的数值分析,现已在实际工程中得到广泛应用。

3) 其他支护

其他支护(桩体系支护、挡土墙支护、钢板墙和桩排式地下连续墙支护等)在隧道结构支护中也有较多的应用。

### 4.3.2 锚喷支护设计

(1) 锚喷支护类型和特点

锚喷支护法起源于奥地利,其优点是投资少、施工快且质量可靠,支护结构的主要材料为锚杆和喷射混凝土。

锚杆按照使用期限可分为临时性和永久性锚杆两种,临时性锚杆用于施工期或者是年限较短的洞室,永久性锚杆一般和喷射混凝土结合使用。按照锚固原理,锚杆又可以分为机械锚杆和胶结型锚杆,胶结型锚杆又可以按照胶结材料的不同分为砂浆锚杆和树脂锚杆。

喷射混凝土有干式喷射和湿式喷射两种。干式喷射是将砂、石、水泥和速凝剂按一定的比例干拌均匀,然后装入喷射机,在压缩空气的推动下使干拌料沿管线连续地输送到喷枪,再在该处与水混合,随后以极高的速度喷射到岩面上,凝结硬化而成。湿式喷射混凝土工艺流程与干式有所不同,它是将原材料湿拌均匀后,再装入混凝土喷射机。由于干式喷射粉尘较大,因此,国内外均在探索和优化湿式喷射混凝土技术。

喷射混凝土不需要模板,施工时将混凝土的输送、灌注和捣固等合为一道工序,施工工艺大为简化,操作简单,施工速度快,地质条件变化时,也可灵活地改变喷层厚度并调整喷射时间,保证施工安全。从已建成的工程来看,锚喷支护结构的质量和效果都比较好,而且造价低。但到目前为止,锚喷支护设计主要还是根据实践经验而定,多是采用施工过程中的应力及应变等测量数据进行校核,至今尚没有一个标准的设计准则。

锚喷支护较传统的构件支撑,无论是在施工工艺还是作用机理上都具有特殊性,主要反映在以下几个方面:

①灵活性。锚喷支护是由喷射混凝土、锚杆、钢筋网等支护部件进行组合的支护形式,既可以单独使用,也可以组合使用。其组合形式和支护参数可根据围岩的稳定状态、施工方法和进度以及隧道形状和尺寸等加以选择和调整。锚喷支护既可以用于局部加固,也易于实施整体加固;既可一次完成,也可以分次完成。

②及时性。锚喷支护能在施作后迅速发挥其对围岩的支护作用。这不仅表现在时间上,即喷射混凝土和锚杆都具有早强性能;而且也表现在空间上,即喷射混凝土和锚杆可以最大限度地紧跟开挖而施工,甚至可以利用锚杆进行超前支护。

③密贴性。喷射混凝土能与隧道周边的围岩全面、紧密地黏结,因而可以抵抗岩块之间沿节理裂隙的剪切和张裂。

④深入性。锚杆能深入围岩体内部一定深度,从而约束围岩变形的发展。

⑤柔韧性。锚喷支护属于柔性支护,它不会完全限制围岩的变形,而允许其在安全范围内释放部分应力,从而更容易使围岩发挥自稳能力而达到稳定状态。

⑥封闭性。喷射混凝土能全面及时地封闭围岩,这种封闭不仅能阻止洞内潮气和水对围岩的侵蚀作用,减少膨胀性岩体的潮解软化和膨胀,而且能够及时有效地阻止围岩变形,使围

岩较早进入变形收敛状态。

(2) 锚喷支护设计原则

根据岩体产状将围岩按大类分为整体状、块状、层状和软弱等几类。开挖洞室后不同结构类型围岩的力学形态变化过程及破坏机理各不相同,锚喷设计原则也有差别,具体如下:

①整体状围岩可以只喷一薄层混凝土,防止围岩表面风化和提高围岩表面的平整度以改善受力条件,仅在局部出现较大应力时才需加设锚杆。

②块状围岩中必须充分发挥压应力作用下岩块间的镶嵌和咬合产生的自承作用,防止因个别危石崩落引起的坍塌。先利用全空间赤平投影的方法查找不稳定岩石在临空面出现的位置和规律,然后逐个验算在危石塌落时锚喷支护结构的安全性。

③层状围岩中洞室开挖后围岩会发生变形和破坏,除层面倾角较陡时表现为顺层滑动外,其余层状围岩主要表现为垂直层面方向的弯曲破坏,采用锚杆加固能够使围岩发挥组合梁的作用。

④软弱围岩类似于连续介质中的弹塑性体,采用锚喷支护时宜将洞室挖成曲墙式,必要时加固底部,使喷层形成封闭环,并施作锚杆,使隧道周围一定厚度范围内的岩体形成"承载环",从而有效提高围岩自承能力。

(3) 锚杆设计

目前应用最广的是全长黏结型锚杆,如图4-10所示。端头锚固型锚杆一般用于局部加固围岩及中等强度以上的围岩。摩擦型锚杆目前主要用于矿山工程。预应力锚杆一般用于大型洞室及不稳定块体的局部加固,而预拉应力小且锚固于中硬以上岩体时宜采用涨壳机械式锚头。

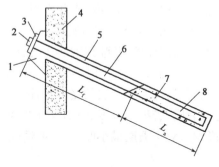

图4-10 锚杆示意图

1-台座;2-锚具;3-承压板;4-支挡结构;5-钻孔;6-自由隔离层;7-钢筋;8-注浆体;$L_f$-自由段长度;$L_a$-锚固段长度

在设计锚杆的布置方案时,需要保证初期喷射混凝土层能及时形成强度,以便于后期混凝土补喷工作能高效进行。从支护结构的安全角度考虑,锚杆间距一般要小于杆长的1/2以避免岩层掉块,从施工便捷性考虑,应尽可能将锚杆纵向间距设计为每开挖进尺长度。

设计锚杆长度时,除了考虑支护效果,还应当注意成本控制。锚杆的长度一般不作具体要求,但至少需要深入稳定岩层一定深度,同时应避免过长以至于到达塑性区之外。若施工场地围岩内部存在大量裂缝或节理,则锚杆应当加长,以将裂隙或节理更加牢固地连接在一起。我国锚杆设计长度一般为(1/4~1/2)洞跨长度,国外则相对较长一些。需要说明的是,若需加固的岩体破碎程度较高,则锚杆设计不应当受上述数值限制,而应该优先保证加固效果。

同样地,锚杆直径设计也应该以实际工程情况作为首要参考,全长黏结式锚杆直径为14~22mm。为了使锚杆的功能得到充分发挥,设计时应当充分考虑砂浆的黏结摩擦效应,从而尽可能使锚杆强度和其所受拉拔力相当。

锚杆布置方案的设计应当遵循整体布置与局部加强结合的原则。对于容易发生掉块和崩塌的拱顶和侧壁以及围岩较破碎的区域,应当增大锚杆布置密度,如图4-11所示。锚杆的方向应当尽可能与围岩结构面垂直,使其能穿过结构面深入岩体内部,以提高结构面的抗剪强度。若围岩的最大主应力方向为竖直向,应当加密两侧区域的锚杆,以避免侧壁发生"减压破坏",同时正常布置拱顶处的系统锚杆;当最大主应力位于水平面时,锚杆重点配置的区域为隧道的顶部和底部。

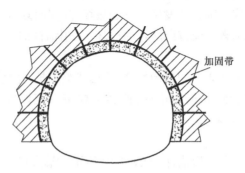

图4-11 围岩喷层加固示意图

(4)喷射混凝土设计

喷射混凝土的设计应当遵循的原则是:既允许围岩产生一定变形,又控制其不会因变形过大而发生破坏,以使围岩的自稳能力得到充分发挥,因此应当控制喷层厚度不要过大。按照我国的工程经验,初喷时厚度应当控制在3~15cm,复喷及补喷完成后的厚度应该在20cm以内。若开挖面积较大,则可以适当增加喷层厚度,若喷射混凝土无法保证围岩的稳定性,则应当通过施作锚杆、钢筋网或钢架等制成复合支护结构以加强支护效果,而不是单纯地增大喷层厚度。这是因为厚度过大反而不利于发挥混凝土层的受力性能,因为厚度增大会导致喷层自重产生的弯矩增大,现有工程经验表明,若喷层厚度 $d < D/40$($D$ 为开挖的隧道直径),则混凝土层基本不受自重产生的弯矩影响。对于喷层最小厚度,一般情况下要求不小于5cm,软弱地层或破碎带中不小于8cm。

钢筋网具有减少或防止喷层收缩裂缝,提高支护结构整体性和抗震性,增加喷层的抗拉、抗剪强度,以及使混凝土应力均匀分布等功能,当隧道处于地震区或存在受震动影响的洞室和可能出现喷射混凝土从围岩表面剥落的情况时,应优先考虑配置钢筋网。

钢支撑一般在下列场合中使用:①喷射混凝土或锚杆发挥支护作用前,需要使洞室岩面稳定时;②用钢管棚、钢插板进行超前支护需要支撑时;③为抑制地表下沉或土压过大需要提高初期支护强度或刚性时。

### 4.3.3 土层锚杆设计

土层锚杆技术是由岩石锚杆技术发展起来的。现有土层锚杆技术已能施工长达50m以上的锚杆,在黏性土中抗拔力可达到 1000kN,在非黏性土中抗拔力达 2500kN,被锚固的挡土墙厚度可达 40m 以上。土层锚杆技术和其他地基加固技术一样,是在总结了大量施工经验基础上所提出的,这方面理论研究往往落后于工程实践。

(1) 土层锚杆的构造

土层锚杆是一个受拉构件,整根土层锚杆长度分为锚固段和自由段。锚固段是土层锚杆中以摩擦力形式传递荷载的部分,它是由水泥、砂浆等胶结物以压浆形式注入钻孔中凝固而成的。其中受拉的锚杆(钢筋或钢丝束等)上部连接自由段,自由段不与钻孔土壁接触,仅起传递荷载的作用。锚头是进行张拉和把锚固力锚碇在结构上的装置。土层锚杆构造如图 4-12 所示。

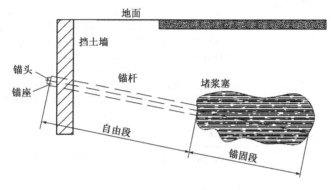

图 4-12 土层锚杆构造示意图

(2) 土层锚杆的设计要点

土层锚杆的设计应考虑以下因素:

① 一般使用时间在两年以内为临时性土层锚杆,超过两年为永久性土层锚杆。

② 土层锚杆的锚固体截面积和长度直接影响土层锚杆的承载力,试验结果表明,在饱和软土中,土层锚杆承载力与锚固段长度和直径成正比关系。

③ 锚杆钢筋(或钢丝束)和水泥砂浆强度的确定,主要取决于锚固砂浆产生的裂缝宽度和裂缝间距。

④ 设计土层锚杆拉力由锚固体与土体间摩擦力确定,在实际工程应用时应进行现场抗拔试验,确定其极限承载力。

## 4.4 地下结构计算

地下结构设计是地下结构形式与最终状态的设计,可以概括如下:当要修建一个特定的地下结构时,在考虑地下结构特点后,确定要建成的地下结构的最终形式,然后研究拟建场地的地质条件(包括工程地质和水文地质条件)、环境条件以及拟采取的方法等。在拟采取的方法中应明确哪些方法是可以选择的,哪些方法是必需的,这些方法是否可以利用永久地下结构,或者部分利用永久地下结构。达到上述要求的方法可能有多种,其差异可能是明显的或不明显的,明显的基于定性的研究便可以决策,不明显的拟用经济技术指标进行比较后决策。

### 4.4.1 地下结构的计算原理

地下工程类型繁多,在设计方面对于不同的地下工程类型采用的计算方法有很大的区别,以隧道设计为例,我国目前采用的地下结构计算方法和计算原理如表 4-2 所示。

我国采用的地下结构计算方法和计算原理　　　　表 4-2

| 隧道类型 | 计算方法 | | 计算原理 |
|---|---|---|---|
| 盾构开挖软土质隧道 | 自由变形圆环法或者弹性地基圆环法 | | 自由变形圆环法是将盾构衬砌结构视作在土体中自由变形的弹性均质圆环,不考虑管片接头刚度变化的影响,将地基抗力假定为三角形分布荷载进行计算 |
| | | | 弹性地基圆环法把衬砌结构看成弹性地基上的圆环,当土体变形中管片衬砌产生变形时,衬砌周围的土体将阻止管片变形,即产生土体抗力。用弹性地基弹簧来模拟衬砌围岩的相互作用 |
| 锚喷钢拱支撑软土质隧道 | 初期支护 | 有限元法 | 有限元法通常是基于地层-结构理论,认为衬砌与地层一起构成受力变形的整体,并可按连续介质力学原理来计算衬砌和周边地层的内力和变形。通常做法是对土体与盾构衬砌联合建模,依靠现代化的 ANSYS 等有限元计算软件,可以模拟施工过程中隧道衬砌以及周围土体的受力情况 |
| | | 收敛法 | 收敛约束认为围岩的压力和支护的抗力是在围岩和支护系统共同变形中形成的,主要关注的不是荷载作用下的支护结构状态,而是支护抗力作用下的地层状态,体现了新奥法的岩石支撑作用的思想 |
| | 二期支护 | 弹性地基圆环法 | 弹性地基圆环法把衬砌结构看成弹性地基上的圆环,当土体变形中管片衬砌产生变形时,衬砌周围的土体将阻止管片变形,即产生土体抗力。用弹性地基弹簧来模拟衬砌围岩的相互作用 |
| 中硬石质深埋隧道大型洞室 | 初期支护 | 经验法 | 经验法是根据已有的地下结构工程的具体情况进行总结归纳分析,使之系统化、理论化,并上升为经验的一种方法 |
| | 永久支护 | 作用-反作用模型 | 作用-反作用模型也可归为隧道计算的一种结构力学法。其特点是考虑地下结构朝向围岩变形的区段将受到围岩的被动压力(弹性抗力)的作用。其中,局部变形理论(温克勒假定)认为地基的沉陷仅与该点的应力成正比,属于这类模型的计算方法有:①按弹性地基圆环计算圆形衬砌的方法。②按假定抗力图形计算圆形衬砌和马蹄形衬砌的方法。③伴随电子计算机的发展而出现的矩阵力法 |
| | | 有限元法 | 有限元法通常是基于地层－结构理论,认为衬砌与地层一起构成受力变形的整体,并可按连续介质力学原理来计算衬砌和周边地层的内力和变形。通常做法是对土体与盾构衬砌联合建模,依靠现代化的 ANSYS 等有限元计算软件,可以模拟施工过程中隧道衬砌以及周围土体的受力情况 |
| 明挖施工的框架结构 | 弯矩分配法解算箱形框架 | | 弯矩分配法属于位移法的范畴,是基于位移法的逐次逼近精确解的近似方法。弯矩分配法指的是在原结构上施加约束再解除约束的过程 |

针对不同的隧道类型,国际上各个国家所采取的设计原理不尽相同,但仍有相通之处,例如,对于盾构开挖的软土质隧道和锚喷钢拱支撑的软土质隧道主要采用弹性地基圆环法,中硬石质深埋隧道多采用有限元法、收敛法或经验法。

## 4.4.2 地下结构计算模型及方法

1)地下结构计算力学模型

地下结构的计算方法从最初的刚体力学理论已经发展到现代的弹性理论、弹塑性理论和黏弹塑性理论。从结构受力模型出发又可分为荷载结构模型和地层结构模型,这两种模型分别对应于结构力学方法和连续介质力学方法。

(1)荷载结构模型(结构力学模型)

荷载结构模型实际上就是经典力学中的结构力学模型,它的核心思想是采用松弛荷载理论。该模型将支护结构视为承载体系,将围岩压力当作施加在结构上的外力。在荷载结构模型中洞室围岩已经松弛或坍落,支护结构只是被动地承受围岩松动带来的荷载,结构内力按结构力学方法计算。围岩弹性抗力是结构与围岩相互作用的唯一反映,计算的关键在于确定围岩主动荷载和被动弹性抗力。先计算支护结构的应力和变形,再按照强度和刚度条件对其进行校核。

(2)地层结构模型(连续介质力学模型)

地层结构模型实际上就是经典力学中的连续介质力学模型,它的核心思想是采用岩承理论,即认为围岩与结构共同构成承载体系,荷载来自围岩的初始应力和施工引起的应力释放。结构内力与围岩重分布应力一起按连续介质力学方法计算,围岩与结构相互作用以变形协调来体现,计算的关键在于确定围岩的应力释放和围岩结构的相互作用。

2)荷载结构法

(1)曲墙拱结构(采用假定抗力图形法)

将曲墙拱视为坐落在弹性地基上的无铰拱结构,将地层荷载与弹性抗力共同转化为主动荷载(由垂直荷载和水平荷载组成)施加在拱上。假定弹性抗力的分布模式为二次抛物线,最大弹性抗力值 $\sigma_h$ 位于 $h$ 点。计算时可采用叠加法,分别计算地层荷载和弹性抗力产生的支护结构内力和位移,叠加后得出总结果,计算简图如图4-13所示。

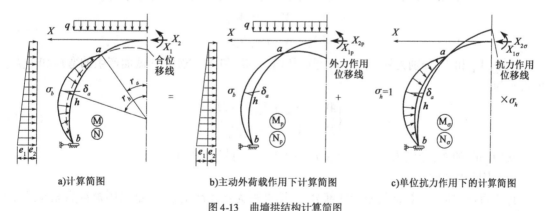

图4-13 曲墙拱结构计算简图

采用假定抗力图形法计算曲墙拱结构的具体步骤如下:

①计算由围岩主动荷载产生的支护结构内力。

为简便起见,假定结构为完全对称结构,非对称结构分析方法与其相同。取基本结构如图 4-13b)所示,拱顶未知力为 $X_{1p}$ 和 $X_{2p}$,则位移平衡方程为:

$$\begin{cases} X_{1p}\delta_{11} + X_{2p}\delta_{12} + \Delta_{1p} + \beta_0 = 0 \\ X_{1p}\delta_{21} + X_{2p}\delta_{22} + \Delta_{2p} + u_0 + f\beta_0 = 0 \end{cases} \quad (4\text{-}47)$$

式中,$\delta_{ik}$ 为柔度系数($i,k = 1,2$),即在基本结构中拱脚为刚性固定时,悬臂端作用单位广义力($X_k = 1$)时,沿未知力 $X_i$ 方向所产生的位移,由位移互等定理可知 $\delta_{ik} = \delta_{ki}$;$\Delta_{ip}$ 为在外荷载作用下沿 $X_i$($i = 1,2$)方向产生的位移(m);$\beta_0$ 和 $u_0$ 分别为拱脚截面的总弹性转角(°)和总水平位移(m)。

②计算单位弹性抗力在截面 $i$ 处产生的内力。

当 $\sigma_h = 1$ 时,也可以用上述方法求得 $X_{1\sigma}$ 和 $X_{2\sigma}$,基本结构如图 4-13c)所示,位移方程可表示为:

$$\begin{cases} a_{11}X_{1\sigma} + a_{12}X_{2\sigma} + a_{1\sigma} = 0 \\ a_{21}X_{1\sigma} + a_{22}X_{2\sigma} + a_{2\sigma} = 0 \end{cases} \quad (4\text{-}48)$$

③求最大抗力 $\sigma_h$ 值。

由变形条件 $\sigma_h = K\delta_{hp}/(1 - K\delta_{hp})$ 可知,要计算 $\sigma_h$ 必须先计算在外荷载及 $\sigma_h = 1$ 时共同作用下的 $h$ 点的位移。由结构力学的知识可知,$i$ 点处的位移为:

$$\begin{cases} \delta_{hp} = \int \dfrac{M_{ip}M_{ih}}{EI}ds + y_{bh}\beta_{bp} \cong \dfrac{\Delta s}{E}\sum \dfrac{M_{ip}M_{ih}}{I} + y_{bh}\beta_{bp} \\ \delta_{h\sigma} = \int \dfrac{M_{i\sigma}M_{ih}}{EI}ds + y_{bh}\beta_{b\sigma} \cong \dfrac{\Delta s}{E}\sum \dfrac{M_{ip}M_{ih}}{I} + y_{bh}\beta_{b\sigma} \end{cases} \quad (4\text{-}49)$$

式中,$s$ 为拱脚沿拱到最大抗力点的长度,$\beta_{bp}$ 为主动外荷载作用下拱脚处弹性转角;$y_{bh}$ 为拱脚到最大抗力截面的垂直距离;$\beta_{a\sigma}$ 为单位抗力作用下拱脚处弹性转角。

将式(4-49)代入 $\sigma_h = K\delta_{hp}/(1 - K\delta_{hp})$,即可求得最大抗力 $\sigma_h$。

④求衬砌截面的总内力。

依据上述逐项计算得到的结果,衬砌内任一点的内力便可用叠加法求得:

$$\begin{cases} M_i = M_{ip} + \sigma_h M_{i\sigma} \\ N_i = N_{ip} + \sigma_h N_{i\sigma} \end{cases} \quad (4\text{-}50)$$

式中,$M_{ip}$ 和 $N_{ip}$ 分别为外力产生的弯矩和内力,$M_{ip}$ 和 $N_{ip}$ 分别为 $i$ 截面产生的弯矩和轴力,可表示为:

$$\begin{cases} M_{i\sigma} = X_{1\sigma} + X_{2\sigma}y_i + M_{i\sigma}^0 \\ N_{i\sigma} = X_{2\sigma}\cos\varphi_i + N_{i\sigma}^0 \end{cases} \quad (4\text{-}51)$$

式中,$M_{i\sigma}^0$ 和 $N_{i\sigma}^0$ 分别为 $\sigma_h = 1$ 时在 $i$ 截面产生的弯矩和轴力。

(2)直墙拱结构

计算直墙拱时,一般将其分为两部分,边墙被视为弹性地基梁,上部拱则被视为无铰拱,两者连接处需满足力和变形的边界条件方程。计算拱圈上的弹性抗力引起的衬砌内力和位移时,假定弹性抗力的分布如图 4-14 所示,墙顶和拱脚处的弹性抗力分别为 $\sigma_h$ 和 $\sigma_d$。边墙可以换算长度为分类依据分为三种类型,分别为长梁(换算长度大于或等于 2.75)、短梁(换算长度

为 $1\sim 2.75$)、刚性梁(换算长度小于1)。确定分类后再按类别计算墙体各处的位移和内力。

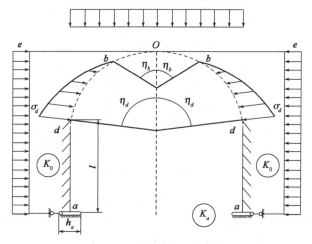

图 4-14　直墙拱结构计算简图

其具体计算步骤如下：

①计算由围岩主动荷载所引起的衬砌内力。

为简便起见,假定结构为完全对称结构,非对称结构分析方法与其相同。取基本结构如图 4-14 所示,拱顶未知力为 $X_{1p}$ 和 $X_{2p}$,则位移平衡方程与式(4-47)相同,此处不再赘述。

②计算单位弹性抗力在截面 $i$ 处产生的内力。

当 $\sigma_h = 1$ 时,使用式(4-48)即可求解 $X_{1\sigma}$、$X_{2\sigma}$。

③求最大抗力 $\sigma_h$ 值。

根据文克勒假定,对于 $h$ 点位移和弹性最大抗力 $\sigma_h$,求得：

$$\sigma_h = \frac{Ku_{hp}\sin\varphi_h}{1 - Ku_{h\sigma}\sin\varphi_h} \tag{4-52}$$

式中,$u_{hp}$ 和 $u_{h\sigma}$ 分别为在外荷载和单位抗力 $\sigma_h = 1$ 下 $h$ 点的水平位移。

④求衬砌截面的总内力。

依据上述逐项计算得到的结果,衬砌内任一点的内力便可根据式(4-50)和式(4-51)计算获得。

(3) 圆形结构

若隧道建于较松软的地层中,则支护结构所受到的弹性抗力几乎可以忽略不计,此时可使用自由变形圆环法计算衬砌内力和位移。自由变形圆环法所考虑的荷载包括衬砌自重、水平及竖直方向围岩压力、静水压力及地基反力等。在计算衬砌内力时,可依据对称原则假定拱顶剪力为零,随后根据受力平衡和变形协调的原则求解衬砌各截面内力,计算简图如图 4-15 所示。

对于图 4-15 的自由变形圆环,由于对称轴上的衬砌截面仅竖向下沉,而无水平位移及转角,故可将圆环底截面视为固定端,则有位移协调方程：

$$\begin{cases} X_1\delta_{11} + \Delta_{1p} = 0 \\ X_2\delta_{22} + \Delta_{2p} = 0 \end{cases} \tag{4-53}$$

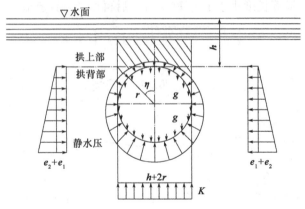

图 4-15 图形结构计算简图

式中,$\delta_{11}$ 和 $\delta_{22}$ 分别为柔度系数;$\Delta_{1p}$ 和 $\Delta_{2p}$ 分别为外荷载所产生的位移(m)。

衬砌中与竖轴成 $\varphi$ 角的任一截面的弯矩和轴力分别为:

$$\begin{cases} M = M_p + X_1 - X_2 R_h \cos\varphi \\ N = N_p + X_2 \cos\varphi \end{cases} \qquad (4-54)$$

式中,$M_p$ 和 $N_p$ 分别为外荷载所产生的内力(kN)。

(4) 框架结构

计算框架结构内力时,将其沿纵向按单位长度分为多个小段,每一段视为闭合框架体系,计算考虑的荷载主要为围岩压力,求解结构内力可采用结构力学中的力矩分配法、迭代法或位移法,其计算简图如图 4-16 所示。

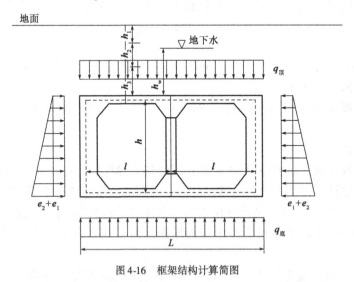

图 4-16 框架结构计算简图

3) 地层结构法

地层结构法的基础理论是连续介质力学,以线弹性力学为例,弹性体系需要同时满足静力平衡关系、位移与应变的几何协调关系以及材料应力应变本构关系。

依据弹性理论可知,静力平衡方程为:

$$\begin{cases} \dfrac{\partial \sigma_x}{\partial x} + \dfrac{\partial \tau_{xy}}{\partial y} + \dfrac{\partial \tau_{xz}}{\partial z} + X = 0 \\ \dfrac{\partial \tau_{yx}}{\partial x} + \dfrac{\partial \sigma_y}{\partial y} + \dfrac{\partial \tau_{yz}}{\partial z} + Y = 0 \\ \dfrac{\partial \tau_{zx}}{\partial x} + \dfrac{\partial \tau_{zy}}{\partial y} + \dfrac{\partial \sigma_z}{\partial z} + Z = 0 \end{cases} \tag{4-55}$$

几何方程可表示为:

$$\begin{cases} \varepsilon_x = \dfrac{\partial u}{\partial x} \\ \varepsilon_y = \dfrac{\partial v}{\partial y} \\ \varepsilon_z = \dfrac{\partial w}{\partial z} \\ \gamma_{xy} = \dfrac{\partial v}{\partial x} + \dfrac{\partial u}{\partial y} \\ \gamma_{yz} = \dfrac{\partial w}{\partial y} + \dfrac{\partial v}{\partial z} \\ \gamma_{zx} = \dfrac{\partial u}{\partial z} + \dfrac{\partial w}{\partial x} \end{cases} \tag{4-56}$$

依据广义胡克定律可知,

$$\begin{cases} \varepsilon_x = \dfrac{1}{E}[\sigma_x - \mu(\sigma_y + \sigma_z)] \\ \varepsilon_y = \dfrac{1}{E}[\sigma_y - \mu(\sigma_z + \sigma_x)] \\ \varepsilon_z = \dfrac{1}{E}[\sigma_z - \mu(\sigma_x + \sigma_y)] \\ \gamma_{xy} = \dfrac{2(1+\mu)}{E}\tau_{xy} \\ \gamma_{yz} = \dfrac{2(1+\mu)}{E}\tau_{yz} \\ \gamma_{zx} = \dfrac{2(1+\mu)}{E}\tau_{zx} \end{cases} \tag{4-57}$$

式中,$\sigma_x$、$\sigma_y$、$\sigma_z$、$\tau_{xy}$、$\tau_{yz}$、$\tau_{zx}$ 为应力分量(MPa);$\varepsilon_x$、$\varepsilon_y$、$\varepsilon_z$、$\gamma_{xy}$、$\gamma_{yz}$、$\gamma_{zx}$ 为应变分量;$u$、$v$、$w$ 为位移分量(m);$\mu$ 为岩土材料的泊松比;$E$ 为岩土体材料的弹性模量(MPa)。

应力边界满足如下关系:

$$\begin{cases} l\sigma_x + m\tau_{xy} + n\tau_{xz} = \overline{X} \\ l\tau_{yx} + m\sigma_y + n\tau_{yz} = \overline{Y} \\ l\tau_{zx} + m\tau_{zy} + n\sigma_z = \overline{Z} \end{cases} \tag{4-58}$$

位移边界满足如下关系:

$$\begin{cases} u_s = \overline{u} \\ v_s = \overline{v} \\ w_s = \overline{w} \end{cases} \tag{4-59}$$

式中,$l$、$m$、$n$ 为边界的方向余弦;$\overline{x}$、$\overline{y}$、$\overline{z}$ 为边界应力分量(MPa);$\overline{u}$、$\overline{v}$、$\overline{w}$ 为边界位移分量(m)。

在地下结构设计和施工过程中,线弹性理论往往不足以描述围岩的复杂性,因此不得不引入弹塑性理论或黏弹塑性理论。引入塑性并不会改变结构的静力平衡方程和变形几何方程,但应当对围岩的应力应变本构方程进行修正。现阶段常用 Drucker-Prager(DP)准则来描述围岩的塑性应力应变关系。Drucker-Prager 准则是在 Mohr-Coulomb 准则的基础上发展延伸出来的,其考虑了屈服过程中屈服强度随侧压力增大而发生的变化以及屈服造成的体胀效应。DP 准则涉及的材料参数包括黏聚力 $C$、内摩擦角 $\varphi$ 和膨胀角 $\varphi_f$。膨胀角 $\varphi_f$ 是描述体胀效应的参数,体胀效应是指压实的颗粒状材料受剪切作用时发生的体积膨胀效应,当膨胀角 $\varphi_f$ 为 0 时,体积膨胀为零,膨胀角 $\varphi_f$ 越接近内摩擦角 $\varphi$,体胀效应越明显。DP 准则的一个特点是材料受压时的屈服强度大于受拉时的屈服强度。通过单轴试验确定受拉和受压时的屈服应力和后,可以通过下式求得材料抗剪强度参数:

$$\varphi = \arcsin\left(\frac{3\sqrt{3}\beta}{2 + \sqrt{3}\beta}\right) \tag{4-60}$$

$$C = \frac{\sigma_y \sqrt{3}(3 - \sin\varphi)}{6\cos\varphi} \tag{4-61}$$

式中,$\beta$ 和 $\sigma_y$ 可由受压屈服应力 $\sigma_c$ 和受拉屈服应力 $\sigma_t$ 计算获得:

$$\beta = \frac{\sigma_c - \sigma_t}{\sqrt{3}(\sigma_c + \sigma_t)} \tag{4-62}$$

$$\sigma_y = \frac{2\sigma_c \sigma_t}{\sqrt{3}(\sigma_c + \sigma_t)} \tag{4-63}$$

DP 模型屈服准则等效应力的表达式为:

$$\sigma_e = 3\beta\sigma_m + \left[\frac{1}{2}S^T[M]S\right]^{\frac{1}{2}} \tag{4-64}$$

式中,$\sigma_m$ 为平均应力或静水压力(kPa),$\sigma_m = (\sigma_x + \sigma_y + \sigma_z)/3$;$S$ 为偏应力张量;$\beta$ 为材料

常数；$[M]$ 为 Mises 屈服准则中的 $[M]$。材料常数 $\beta$ 的表达式如下：

$$\beta = \frac{2\sin\varphi}{\sqrt{3}(3-\sin\varphi)} \tag{4-65}$$

DP 材料的屈服参数可定义为：

$$\sigma_y = \frac{6C\cos\varphi}{\sqrt{3}(3-\sin\varphi)} \tag{4-66}$$

式中，$C$ 为黏聚力（kPa）。

由式(4-64)和式(4-66)可知，DP 模型屈服准则的表达式如下：

$$F = 3\sigma_m + \left[\frac{1}{2}\{S\}^T[M]\{S\}\right]^{\frac{1}{2}} - \sigma_y = 0 \tag{4-67}$$

当材料参数 $\beta$ 和 $\sigma_y$ 给定后，DP 模型的屈服面为一圆锥面，此圆锥面是正六角形的摩尔-库仑屈服面的外切锥面，如图 4-17 所示。

用地层结构法能够求解的问题仅限于一些简单的模型，而绝大部分问题不得不依赖于数值模拟方法，其中有限单元法（FEM）就是一种常用的方法。图 4-18 给出了一个地下硐室有限元计算实例。

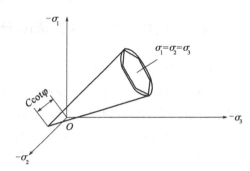

图 4-17 Drucker-Prager 屈服面和 Mohr-Coulomb 屈服面

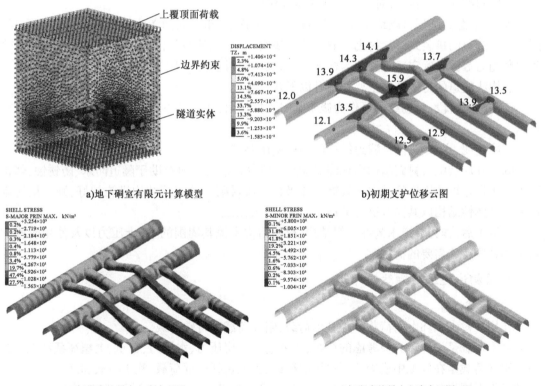

a) 地下硐室有限元计算模型　　　　　　　b) 初期支护位移云图

c) 初期支护最大主应力云图　　　　　　　d) 初期支护最小主应力云图

图 4-18 地下硐室有限元计算实例

地层结构法相比荷载结构法最大的优势在于将围岩与支护当作一个整体分析,考虑了两者间的相互作用,因此可以反映围岩的自稳能力,且该方法还可以模拟各施工阶段对地层产生的影响,故其计算结果更为精确。但地层结构法的实施还面临一系列问题,比如地层与支护间的耦合作用非常复杂,准确模拟的难度很大,因此该方法若想大范围推广,还需要进行更多的研究,目前其计算结果仅能作为部分参考。

综上所述,地下结构的受力特征较为复杂,单一的设计方法往往存在局限性,无论采用多严谨的理论进行结构受力分析,都需要通过工程类比法结合以往设计经验对分析结果进行修正,因此多种设计方法结合使用才是地下结构设计的最优方案。

### 4.4.3 盾构法隧道衬砌结构设计与计算

1) 衬砌断面形式和作用

隧道衬砌断面一般有圆形、半圆形、马蹄形、长方形等多种形式,但最常采用的还是圆形,以盾构隧道衬砌结构为例,其管片衬砌结构主要具有以下优点:

①可以等同地承受各方向外部压力,尤其是在饱和含水软土地层中修建地下隧道时,由于顶压和侧压较为接近,圆形隧道断面更具优势;

②施工中有利于盾构的推进;

③便于管片的制作和拼装;

④盾构即使发生转动,对断面的作用也无影响。

因此,装配式圆形衬砌结构在一些城市的地下铁道、市政管道等方面的应用也较为广泛。用于圆形隧道的拼装式管片衬砌一般由若干块组成,分块的数量由隧道直径、受力要求、运输和拼装能力等因素确定。管片分为标准块、邻接块和封顶块三类。

盾构法隧道的衬砌结构主要作用有以下几点:

①在施工阶段,衬砌结构可作为施工临时支撑使用,并承受盾构千斤顶顶力以及其他施工荷重。

②防止泥、水渗入,满足隧道结构的预期使用要求。

③在外层装配式衬砌结构内现浇混凝土或钢筋混凝土内衬有助于隧道防水、防锈蚀,修正隧道施工误差以及用作隧道内部装饰。如果在二层衬砌间的连接结构措施较好,则二层衬砌可视作整体性结构以共同抵抗外荷载。

④竣工后,作为隧道永久性支撑结构,衬砌结构支撑其周围的水、土压力以及使用阶段的荷重和某些特殊需要的荷重。

2) 盾构法隧道衬砌结构计算

(1) 荷载计算

作用在衬砌圆环上的荷载分为基本荷载、附加荷载和特殊荷载。

基本荷载是设计时必须考虑的荷载,主要包括地层压力、水压力、自重、上覆荷载和地基抗力。附加荷载是在施工中或竣工后作用的荷载,主要包括内部荷载、施工荷载和地震等。特殊荷载是根据围岩条件和隧道使用条件必须特殊考虑的荷载,主要包括邻近隧道作用下产生荷载和地基沉降引起的荷载,计算简图见图4-19。

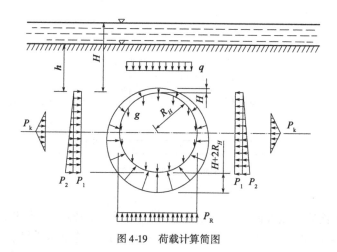

图 4-19 荷载计算简图

①衬砌自重。

地铁结构设计是在完成线路设计和确定线路平面图与纵断面之后进行的地铁构筑物设计,主要包括车站、隧道及其他附属结构设计,一般均采用钢筋混凝土衬砌,因此浅埋地铁结构物的设计和地上钢筋混凝土结构物的设计原理基本相同。计算时一般沿隧道纵向取 1m 为计算单元,此时可看作平面应变问题。衬砌自重是隧道衬砌结构计算中首先要考虑的部分,也是后续特殊荷载计算的重要依据,其计算方法如下:

$$g = \gamma_h \delta \tag{4-68}$$

式中,$g$ 为衬砌自重(kPa);$\gamma_h$ 为钢筋混凝土重度(kN/m³);$\delta$ 为管片厚度(m)。

②路面活载。

路面活载由地面建筑物、行驶的车辆及其他公共设施产生,其通过路面下的土层传递到结构上,在土中的传递状态随土质密实状况和荷载分布形状而定。作用在结构上的路面活载计算方法很多,常用的方法有弹性力学解法和波士顿规范法。

弹性力学解法是按各向同性均质体的弹性变形理论计算土层内的压力分布,即以弹性力学公式用积分的方法求解。通常认为用此法解得的压力分布接近实际,但计算较为烦琐。一般认为活载向下传递时上、下两板边缘的连线与垂直面成 $\alpha$ 角度(一般为 30°),活载呈扩散趋势,且压力在该平面上均匀分布,此法应用比较广泛,日本和莫斯科地下铁道的设计中,活载的传递一般取向外扩散的 45°计算。按波士顿规范法,当荷载板为正方形或者是圆形时,土压力计算公式为:

$$q = q_0 \left( \frac{b/d}{b/d + 2\tan\alpha} \right)^2 \tag{4-69}$$

当荷载板为长条形基础时,土压力计算公式为:

$$q = q_0 \left( \frac{b/d}{b/d + 2\tan\alpha} \right) \tag{4-70}$$

式中,$q$ 为土中深度 $d$ 处荷载集度(kPa);$q_0$ 为地面荷载集度(kPa);$b$ 为地面荷载分布宽度(m);$d$ 为计算压力处土层深度(m);$\alpha$ 为扩散角。

但是路面活载和结构与地面的距离关系很大,一般浅埋地铁隧道位于城市主干街道的下方,当覆盖层超过 8m 时可认为路面活载对结构的影响不重要,活载在土中传递示意图见图 4-20。

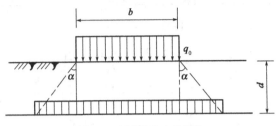

图 4-20 活载在土中的传递

③垂直土压力。

作用在浅埋地铁隧道顶部的垂直土压力,即结构正上方的各种物体的全部质量,共包含三个方面:道路的铺砌质量、地下水位以上土的质量和水位以下的土体质量。在隧道结构计算中的竖向荷载计算可以简化为衬砌拱顶的竖向地层压力 $P_{v1}$ 和拱背土压 $P_{v2}$ 的计算:

$$P_{v1} = \sum_{i=1}^{n} \gamma_i h_i \tag{4-71}$$

$$P_{v2} = Q/2R_H \tag{4-72}$$

$$Q = 2(1 - \pi/4) R_H^2 \gamma \tag{4-73}$$

式中,$\gamma_i$ 为衬砌顶部以上各土层重度($kN/m^3$),其中低于地下水埋深的土层要取相应的浮重度计算;$h_i$ 为衬砌顶部以上各土层厚度(m);$Q$ 为衬砌拱背均布荷载(kN/m);$R_H$ 为衬砌的计算半径(m);$\gamma$ 为衬砌拱背覆土的加权平均重度($kN/m^3$),即衬砌圆环上半部分涉及的土层的加权平均重度。

④路面超载。

简化计算时,根据《地铁设计规范》(GB 50157—2013)的相关要求确定路面超载为20kPa。

⑤侧向土压力。

在结构侧墙上一般作用有土压力和水压力,计算时可以采用土压力和水压力加在一起的综合土压力计算方法和水土分算法。水土分算时侧向土压力可以分为侧向水平土压力 $P_{h1}$ 和侧向三角形水平土压力 $P_{h2}$ 分别计算:

$$P_{h1} = P_{v1} \tan^2\left(45° - \frac{\varphi}{2}\right) - 2C\tan\left(45° - \frac{\varphi}{2}\right) \tag{4-74}$$

$$P_{h2} = 2R_H \gamma_0 \tan^2\left(45° - \frac{\varphi}{2}\right) \tag{4-75}$$

式中,$\varphi$ 为衬砌圆环直径高度内各土层内摩擦角加权平均值(°);$C$ 为衬砌圆环直径高度内各土层内黏聚力加权平均值(kPa);$\gamma_0$ 为衬砌圆环直径高度内各土层重度加权平均值($kN/m^3$)。

图 4-21 为参考日本使用的三角形分布弹性抗力计算地层侧向弹性抗力的示意图,具体计算方法如下:

$$P_k = ky(1 - \sqrt{2}|\cos\alpha|) \tag{4-76}$$

$$y = \frac{R_H^4(2q - P_{h1} - P_{h2} + \pi q)}{24(\eta EJ + 0.045kR_H^4)} \tag{4-77}$$

$$J = \frac{\pi}{32}(D^4 - d^4) \tag{4-78}$$

式中,$k$ 为地层基床系数($kN/m^3$);$\alpha$ 为土层抗力计算位置的角度(°);$y$ 为受荷后衬砌在与地面平行的直径方向的最终变形量(m);$\eta$ 为圆环刚度有效系数;$EJ$ 为衬砌截面的抗弯刚度;$D$ 和 $d$ 分别为衬砌外径和内径(m)。

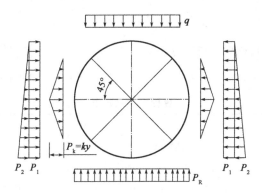

图 4-21 三角形分布弹性抗力计算示意图
(图中 $P_R$ 为拱底反力)

⑥水压。

采用水土分算法的前提下,在特殊荷载作用下的计算中按照断面内力系数表进行水压计算。

⑦拱底反力。

结构底板的荷载是承托结构的地基对结构作用的反力,此反力是由作用在结构上的所有垂直荷载,通过底板传递给结构面上的地基,而地基由此产生了向上的反力,反作用于底板上形成荷载。

$$P_R = P_{v1} + P_{v2} + \pi g - \frac{\pi}{2}R_H\gamma_w \tag{4-79}$$

式中,$P_R$ 为衬砌拱底反力(kPa);$\gamma_w$ 为水重度($kN/m^3$)。

⑧特殊荷载。

根据地下铁路隧道结构的重要性及防护要求、不同埋深和结构形式,规定了结构不同部位的荷载数值。该设计的内力计算方法参考《地下圆形隧道自由变形法的力法推导及例证》中的计算工法。典型荷载计算简图见图 4-22,典型荷载计算基本结构图见图 4-23。

把左半衬砌圆环均匀地分成 8 个区域,每个区域方位角分别为 0°、22.5°、45°、67.5°、90°、112.5°、135°、157.5° 和 180°,其中 0° 表示衬砌圆环垂直直径处,22.5° 为从 0° 处向左量取 22.5° 处,其余方位角的角度以此类推。计算终值由结构按照断面内力系数表(表 4-3)的计算公式在各种荷载作用下计算得到的内力经过叠加得到。

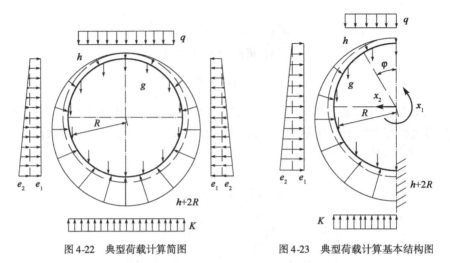

图 4-22　典型荷载计算简图　　　　图 4-23　典型荷载计算基本结构图

断面内力系数表　　　　　　　　　　　表 4-3

| 荷载 | 截面位置 | 截面内力 | |
|---|---|---|---|
| | | $M/(\mathrm{kN \cdot m})$ | $N/\mathrm{kN}$ |
| 自重 | $0 \sim \pi$ | $gR_H^2(1 - 0.5\cos\alpha - \alpha\sin\alpha)$ | $gR_H(\alpha\sin\alpha - 0.5\cos\alpha)$ |
| 上部荷载 | $0 \sim \pi/2$ | $P_{v1}R_H^2(0.193 + 0.106\cos\alpha - 0.5\sin^2\alpha)$ | $P_{v1}R_H(\sin^2\alpha - 0.106\cos\alpha)$ |
| | $\pi/2 \sim \pi$ | $P_{v1}R_H^2(0.693 + 0.106\cos\alpha - \sin\alpha)$ | $P_{v1}R_H(\sin\alpha - 0.106\cos\alpha)$ |
| 底部反力 | $0 \sim \pi/2$ | $P_R R_H^2(0.057 - 0.106\cos\alpha)$ | $0.106 P_R R_H \cos\alpha$ |
| | $\pi/2 \sim \pi$ | $P_R R_H^2(-0.443 + \sin\alpha - 0.106\cos\alpha - 0.5\sin^2\alpha)$ | $P_R R_H(\sin^2\alpha - \sin\alpha + 0.106\cos\alpha)$ |
| 水压 | $0 \sim \pi$ | $-R_H^3(0.5 - 0.25\cos\alpha - 0.5\alpha\sin\alpha)$ | $R_H^2(1 - 0.25\cos\alpha - 0.5\alpha\sin\alpha) + hR_H$ |
| 均布侧压 | $0 \sim \pi$ | $P_{h1}R_H^2(0.25 - 0.25\cos^2\alpha)$ | $P_{h1}R_H\cos^2\alpha$ |
| 三角侧压 | $0 \sim \pi$ | $P_{h2}R_H^2(0.25\sin^2\alpha + 0.083\cos^3\alpha - 0.063\cos\alpha - 0.125)$ | $P_{h2}R_H\cos\alpha(0.063 + 0.5\sin^2\alpha - 0.25\cos^2\alpha)$ |

⑨其他荷载。

结构计算中其他荷载主要包括地震的影响引起的荷载及混凝土收缩引起的荷载等。对于结构主体全部埋置在地下的情况,地震对地面结构的影响较地下结构更为强烈,所以一般认为地下结构可以承受一定程度的地震影响,不必再作计算。但是如果结构上部覆盖层很浅或为附建式结构,则必须开展地震引起土压力变动的计算。浅埋地铁隧道一般采用分段施工方式,每段间设有伸缩缝和沉降缝,因此,当采用分段施工方式施工时,混凝土的收缩影响可以不作计算。通过以上两个设计步骤可以得到隧道结构断面及荷载分布图,在此基础上即可开展结构的内力计算。

(2) 结构配筋

按照《混凝土结构设计标准(2024 年版)》(GB/T 50010—2010)中的要求进行相关的配筋设计。首先,判断偏心状态并计算偏心受压构件的偏心距大小,确定采用的受力钢筋面积计算公式。随后计算受拉和受压面布置钢筋的面积。矩形截面偏心受压构件正截面受压承载力应符合下列规定：

$$N \leqslant \alpha_1 f_c bx + f'_y A'_s - \sigma_s A_s - (\sigma'_{p0} - f'_{py})A'_p - \sigma_p A_p \tag{4-80}$$

$$Ne \leqslant \alpha_1 f_c bx \left(h_0 - \frac{x}{2}\right) + f'_y A'_s (h_0 - a'_s) - (\sigma'_{p0} - f'_{py})A'_p (h_0 - a'_p) \tag{4-81}$$

$$e_0 = \left|\frac{M}{N}\right| \tag{4-82}$$

$$e_a = \max\{20, h/30\} \tag{4-83}$$

$$e_i = e_0 + e_a \tag{4-84}$$

$$e = e_i + h/2 - a_s \tag{4-85}$$

式中，$A'_s$为受压区纵向普通钢筋的截面面积(mm)；$\alpha_1$为系数，按照《混凝土结构设计标准(2024年版)》(GB/T 50010—2010)6.2.6条的规定计算；$f_c$为混凝土轴心抗压强度设计值，按照《混凝土结构设计标准(2024年版)》(GB/T 50010—2010)表4.1.4-1确定(N/mm²)；$b$为矩形截面的宽度(mm)；$h_0$为截面的有效高度(mm)；$f'_y$为钢筋抗压强度设计值(N/mm²)；$e_0$为轴向压力对截面重心的偏心距(mm)；$e_a$为附加偏心距(mm)；$e_i$为初始偏心距(mm)；$e$为轴向力至受拉钢筋合力点的距离(mm)；$a_s$为纵向受拉普通钢筋和受拉预应力钢筋的合力点至截面近边缘的距离(mm)；$h$为管片厚度(mm)；$\sigma_s$和$\sigma_p$分别为受拉边或受压较小边的纵向普通钢筋、预应力筋的应力；$x$为混凝土受压区高度；$A_s$为受拉区纵向普通钢筋的截面面积；$\sigma'_{p0}$为受拉区纵向预应力筋合力点处混凝土法向应力等于零时的预应力筋应力；$A'_p$为受压区纵向预应力筋的截面面积；$A_p$为受拉区纵向预应力筋的截面面积；$f'_{py}$为预应力筋抗压强度设计值，按《混凝土结构设计标准(2024年版)》(GB/T 50010—2010)表4.2.3-1、表4.2.3-2采用；$a'_p$为受压区纵向预应力筋合力点至截面受压边缘的距离。

按上述规定计算时，尚应符合以下规定：

①钢筋应力可以按照下列情况确定。

当$\xi \leqslant \xi_b$(相对界限受压区高度)时可视为大偏心受压构件，取$\sigma_s = f_y$、$\sigma_p = f_{py}$，此处$\xi$为相对受压区高度，取为$x/h_0$；当$\xi > \xi_b$时可视为小偏心受压构件，$\sigma_s$和$\sigma_p$按《混凝土结构设计标准(2024年版)》(GB/T 50010—2010)6.2.8条规定计算。

②当计算中计入纵向受压普通钢筋时，受压区高度应满足《混凝土结构设计标准(2024年版)》(GB/T 50010—2010)公式(6.2.10-4)的条件；不满足时，正截面受压承载力可以按照《混凝土结构设计标准(2024年版)》(GB/T 50010—2010)6.2.14条的规定进行计算，此时将《混凝土结构设计标准(2024年版)》(GB/T 50010—2010)公式(6.2.14)中的$M$用$Ne'_s$代替，此处，$e'_s$表示轴向压力作用点与受压区纵向普通钢筋作用力合力点之间的距离；初始偏心距应按照《混凝土结构设计标准(2024年版)》(GB/T 50010—2010)公式(6.2.17-4)确定。

③矩形截面非对称配筋的小偏心受压构件，当$N > f_c bh$时，应按照下列公式进行验算：

$$Ne' \leqslant f_c bh\left(h'_0 - \frac{x}{2}\right) + f'_y A_s (h'_0 - a_s) - (\sigma'_{p0} - f'_{py})A'_p (h_0 - a'_p) \tag{4-86}$$

$$e' = \frac{h}{2} - a' - (e_0 - e_a) \tag{4-87}$$

式中，$e'$为轴向压力作用点与受压区纵向普通钢筋和预应力筋作用力合力点之间的距离(mm)；$h'_0$为纵向受压钢筋合力点至截面远边的距离(mm)。

明确计算依据之后对受压面进行配筋计算,最后验算总配筋百分率,对配筋率的要求是总配筋率在最小配筋百分率和最大配筋百分率之间。最小配筋百分率的计算按照《混凝土结构设计标准(2024年版)》(GB/T 50010—2010)的8.5.1条,见表4-4。

纵向受力钢筋的最小配筋百分率 $\rho_{min}$　　　　　　　　　　表4-4

| 受力类型 | | | 最小配筋百分率 |
|---|---|---|---|
| 受压构件 | 全部纵向钢筋 | 强度等级500MPa | 0.50 |
| | | 强度等级400MPa | 0.55 |
| | | 强度等级300MPa、335MPa | 0.60 |
| | 一侧纵向钢筋 | | 0.20 |
| 受弯构件、偏心受压、轴心受拉构件一侧的受拉钢筋 | | | 0.20 和 $45f_t/f_y$ 中的较大值 |

以纵向钢筋为例,总配筋率 $\rho$ 及最大配筋率 $\rho_{max}$ 计算方法如下:

$$\rho = \frac{A'_s + A_s}{h_0 b} \tag{4-88}$$

$$\rho_{max} = \xi_b \frac{\alpha_1 f_c}{f_y} \tag{4-89}$$

(3)最大裂缝宽度验算

根据《混凝土结构设计标准(2024年版)》(GB/T 50010—2010)7.1.2条规定,对于横截面为矩形、T形、倒T形和I形的钢筋混凝土受拉、受弯和偏心受压构件以及预应力混凝土轴心受拉和受弯构件,其最大裂缝宽度需按照荷载标准组合或荷载准永久组合并考虑长期作用影响进行计算,计算公式为:

$$w_{max} = \alpha_{cr} \varphi \frac{\sigma_s}{E_s} \left(1.9 c_s + 0.08 \frac{d_{eq}}{\rho_{te}}\right) \tag{4-90}$$

$$\varphi = 1.1 - 0.65 \frac{f_{tk}}{\rho_{te} \sigma_s} \tag{4-91}$$

$$d_{eq} = \frac{\sum n_i d_i^2}{\sum n_i \nu_i d_i} \tag{4-92}$$

$$\rho_{te} = \frac{A_s + A_p}{A_{te}} \tag{4-93}$$

式中,$\alpha_{cr}$ 为构件受力特征系数,其取值参照《混凝土结构设计标准(2024年版)》(GB/T 50010—2010)表7.1.2-1;$\varphi$ 为裂缝间纵向受拉钢筋应变不均匀系数,$\varphi$ 在0.2~1.0间取值,当其超出此范围时,取0.2或1.0,若构件受到重复荷载的作用,则 $\varphi$ 取1.0;$\sigma_s$ 为按荷载标准永久组合计算的钢筋混凝土构件纵向受拉普通钢筋应力或按标准组合计算的预应力混凝土构件纵向受拉钢筋等效应力;$E_s$ 为钢筋的弹性模量,其取值参照《混凝土结构设计标准(2024年版)》(GB/T 50010—2010)表4.2.5;$c_s$ 为最外层纵向受拉钢筋外缘至受拉区底边的距离(mm),$c_s$ 在20~65间取值,超出此范围时,$c_s$ 取20或65;$\rho_{te}$ 为按混凝土有效受拉面积计算的纵向受拉钢筋配筋率,若构件无预应力钢筋,则仅计算普通受拉钢筋,在最大裂缝宽度计算中,$\rho_{te}$ 的最小取值为0.01;$A_{te}$ 为有效受拉钢筋混凝土截面面积($mm^2$),对轴心受拉构件取构件截面面积,对受弯、偏心受压和偏心受拉构件取 $A_{te} = 0.5bh + (b_f - b)h_f$,其中 $b_f$ 和 $h_f$ 为受拉翼缘的宽度和高度；$A_s$为受拉区纵向普通钢筋截面面积($mm^2$)；$A_p$为受拉区纵向预应力筋截面面积($mm^2$)；$d_{eq}$为受拉区纵向钢筋的等效直径(mm)，若构件无预应力钢筋，则仅取受拉区纵向普通钢筋的等效直径(mm)；$d_i$为受拉区第$i$种纵向钢筋的公称直径(mm)，对于有黏结预应力钢绞线束直径取为$\sqrt{n_1}d_{pl}$，其中$d_{pl}$为单根钢绞线的公称直径，$n_1$为单根钢绞线根数；$n_i$为受拉区第$i$种纵向钢筋的根数，对于有黏结预应力钢绞线取钢绞线束数；$\nu_i$为受拉区第$i$种纵向钢筋的相对黏结特性系数，按《混凝土结构设计标准(2024年版)》(GB/T 50010—2010)中的表7.1.2-2确定。

对于偏心受压构件，钢筋混凝土构件受拉区纵向普通钢筋的应力为：

$$\sigma_{sq} = \frac{N_q(e-z)}{A_s z} \tag{4-94}$$

$$z = [0.87 - 0.12(1-\gamma'_f)(h_0/e)^2]h_0 \tag{4-95}$$

$$e = \eta_s e_0 + y_s \tag{4-96}$$

$$\gamma'_f = \frac{(b'_f - b)h'_f}{bh_0} \tag{4-97}$$

$$\eta_s = 1 + \frac{1}{4000e_0/h_0}\left(\frac{l_0}{h}\right)^2 \tag{4-98}$$

式中，$A_s$为受拉区纵向普通钢筋截面面积($mm^2$)，根据构件受力的不同，受拉构件取全部纵向普通钢筋截面面积，偏心受拉构件取拉应力较大一侧纵向普通钢筋截面面积，受弯、偏心受压构件取受拉区纵向普通钢筋截面面积；$N_q$为按荷载准永久组合计算的轴向力值(kN)；$e$为轴向压力作用点与纵向受拉普通钢筋合力点之间的距离(mm)；$e_0$为按照准永久组合设计的荷载作用初始偏心距(mm)，其计算方式为$e_0 = M_q/N_q$，$M_q$为按荷载标准永久组合计算的弯矩值；$z$为纵向受拉普通钢筋合力点与截面受压区合力点之间的距离，其值不大于$0.87h_0$(mm)；$\eta_s$为使用阶段的轴向压力偏心距增大系数，当$l_0/h$不大于14时取1.0；$\gamma'_f$为受拉区域截面面积与腹板有效截面面积的比值；$b'_f$和$h'_f$分别为受压区翼缘的宽度(mm)和高度(mm)，在《混凝土结构设计标准(2024年版)》(GB/T 50010—2010)公式(7.1.4-7)中，当$h'_f$大于$0.2h_0$时，取$0.2h_0$。

(4) 抗浮验算

盾构隧道总体抗浮验算的数据依据是整个隧道使用区域内覆土最浅位置地底的地层分布情况。

①浮力计算：

$$F = V\gamma_w \tag{4-99}$$

式中，$V$为隧道衬砌圆环体积($m^3$)；$\gamma_w$为水的重度($kN/m^3$)。

②结构自重计算：

$$G_1 = \pi(D^2 - d^2)\gamma_h \tag{4-100}$$

式中，$D$和$d$分别为管片的外径(m)和内径(m)；$\gamma_h$为管片重度($kN/m^3$)。

③隧道覆土重计算：

$$G_2 = \gamma HD \tag{4-101}$$

式中，$\gamma$为土层加权平均重度($kN/m^3$)；$H$为覆土深度(m)；$D$为隧道外径(m)。

④抗浮系数计算：
$$K = (G_1 + G_2)/F \tag{4-102}$$

盾构管片的总体抗浮验算要求是：上述计算过程最后得到的抗浮系数 $K$ 应大于等于最小抗浮安全系数的 1.1 倍。

3）设计与计算案例分析

(1) 工程概况和地质情况

根据某盾构隧道工程地质条件剖面图，得到该工况下的岩土地层分布、隧道埋深及地下水位的情况，具体土层以及相关的岩土力学参数分布如图 4-24 所示。

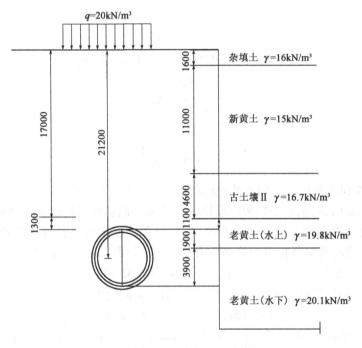

图 4-24 隧道断面土层分布图 (尺寸单位：mm)

根据盾构隧道所处工程地质条件和覆土深度，初步设定隧道内、外径分别为 5200mm 和 6400mm，衬砌管片环宽为 1200mm。结合以往地铁隧道的工程经验，此隧道采用单层钢筋混凝土衬砌，衬砌采用预制平板型钢筋混凝土管片，混凝土强度等级为 C55。进行断面结构计算时取单位宽度 $b=1$m，根据隧道所处地层分布情况及各地层所对应的物理力学参数特征，在计算水土压力时采用水土分算法。

(2) 荷载计算

①基本使用阶段荷载计算。

衬砌自重计算如下所示：

$$P_{h1} = 276.2 \times \tan^2\left(45° - \frac{25.51°}{2}\right) - 2 \times 29.36 \times \tan\left(45° - \frac{25.51°}{2}\right) = 72.87 \text{(kPa)}$$

$$g = 24.2 \times 0.6 = 14.52 \text{(kN/m}^3\text{)}$$

竖向荷载包括衬砌拱顶竖向地层压力、拱背土压及地面超载，计算流程如下：

$$P_{v1} = 16 \times 1.6 + 15 \times 11 + 16.7 \times 4.4 + 6.7 \times 0.2 + 9.8 \times 1.1 = 276.20(\text{kPa})$$
$$\gamma = (9.8 \times 1.9 + 10.1 \times 1)/2.9 = 10(\text{kN/m}^3)$$
$$P_{v2} = 2 \times (1 - \pi/4) \times 2.9^2 \times 10/(2.9 \times 2) = 6.24(\text{kPa})$$

根据《地铁设计规范》(GB 50157—2013)的相关要求,确定地面超载为20kPa,叠加到竖向土压,即总竖向土压为:$276.2 + 6.24 + 20 = 302.44(\text{kPa})$。

侧向土压力包括侧向水平均匀土压力、侧向三角形水平土压力、拱底反力和地层侧向弹性抗力,具体计算流程如下:

侧向水平均匀土压力计算:
$$\varphi = (24.5 \times 1.9 + 26 \times 3.9)/5.8 = 25.51°$$
$$c = (26 \times 1.9 + 31 \times 3.9)/5.8 = 29.36(\text{kPa})$$

侧向三角形水平土压力计算:
$$\gamma_0 = (9.8 \times 1.9 + 10.1 \times 3.9)/5.8 = 10.0(\text{kN/m}^3)$$
$$P_{h2} = 2 \times 2.9 \times 10.0 \times \tan\left(45° - \frac{25.51°}{2}\right) = 23.08(\text{kPa})$$

拱底反力计算:
$$P_R = 276.20 + 6.24 + \pi \times 14.52 - \frac{\pi}{2} \times 2.9 \times 10 = 282.50(\text{kPa})$$

地层侧向弹性抗力计算:
$$J = \frac{\pi}{32} \times (6.4^4 - 5.2^4) = 92.928(\text{m}^4)$$
$$y = \frac{(2 \times 302.44 - 72.87 - 36.59 + \pi \times 302.44) \times 2.95^4}{24 \times (0.5 \times 3.55 \times 10^7 \times 92.928 + 0.045 \times 2 \times 10^4 \times 2.9^4)} = 2.76 \times 10^{-6}(\text{m})$$
$$P_k = 2 \times 10^4 \times 2.76 \times 10^{-6} \times (1 - \sqrt{2}|\cos 90°|) = 0.055(\text{kPa})$$

由于地层侧向弹性抗力的值相对于衬砌所受到的其他力很小,故可以忽略其给衬砌变形带来的影响。

②特殊荷载作用下的计算。

根据断面内力计算公式,计算管片内力并汇总,结果见表4-5。

**管片内力计算表**　　　　　　　　　　　　　表4-5

| | 项目 | 0 | 22.5° | 45° | 67.5° | 90° | 112.5° | 135° | 157.5° | 180° |
|---|---|---|---|---|---|---|---|---|---|---|
| 弯矩计算 | 自重 | 61.06 | 47.35 | 11.12 | -34.16 | -69.70 | -76.04 | -38.16 | 50.06 | 183.17 |
| | 上部荷载 | 694.53 | 505.70 | 41.70 | -448.80 | -713.11 | -630.52 | -206.87 | 493.34 | 1363.51 |
| | 底部反力 | -116.39 | -97.22 | -42.64 | 39.04 | 135.39 | 224.85 | 211.54 | -84.58 | -800.44 |
| | 水压 | -6.10 | -4.73 | -1.11 | 3.41 | 6.96 | 7.59 | 3.81 | -5.00 | -18.29 |
| | 均布侧压 | 0.00 | 22.44 | 76.61 | 130.78 | 153.22 | 130.78 | 76.61 | 22.44 | 0.00 |
| | 三角侧压 | -20.39 | -15.75 | -2.95 | 13.38 | 24.27 | 20.94 | 2.95 | -18.57 | -28.15 |
| | 基本使用阶段 $M(\text{kN}\cdot\text{m})$ | 612.72 | 457.79 | 82.73 | -296.35 | -462.98 | -322.40 | 49.87 | 457.69 | 699.79 |
| | 特殊荷载阶段 $M(\text{kN}\cdot\text{m})$ | 57.81 | 43.09 | 7.57 | -27.90 | -42.45 | -27.49 | 8.13 | 43.12 | 56.31 |

续上表

| | 项目 | 0 | 22.5° | 45° | 67.5° | 90° | 112.5° | 135° | 157.5° | 180° |
|---|---|---|---|---|---|---|---|---|---|---|
| 内力计算 | 自重 | -21.05 | -13.12 | 8.50 | 37.77 | 66.14 | 84.44 | 85.04 | 63.75 | 21.05 |
| | 上部荷载 | -84.90 | 38.86 | 340.45 | 651.19 | 800.98 | 772.50 | 626.41 | 384.96 | 84.90 |
| | 底部反力 | 86.82 | 80.21 | 61.39 | 33.22 | 0.00 | -90.82 | -231.02 | -273.70 | -86.82 |
| | 水压 | 9.95 | 9.48 | 8.23 | 6.67 | 5.44 | 5.23 | 6.53 | 9.57 | 14.15 |
| | 均布侧压 | 211.33 | 180.38 | 105.67 | 30.95 | 0.00 | 30.95 | 105.67 | 180.38 | 211.33 |
| | 三角侧压 | 20.96 | 19.27 | 13.80 | 5.58 | 0.00 | 4.23 | 19.67 | 37.87 | 45.99 |
| | 基本使用阶段 $N/(kN)$ | 223.09 | 315.07 | 538.04 | 765.38 | 872.57 | 806.52 | 612.31 | 402.84 | 290.62 |
| | 特殊荷载阶段 $N/(kN)$ | 21.32 | 29.95 | 50.75 | 71.54 | 80.10 | 71.26 | 50.11 | 29.17 | 20.94 |

本设计需考虑特殊荷载,根据断面内力系数表(表4-3)得知,自重荷载、水压和三角侧压力不受特殊荷载影响。因此,特殊荷载只需计算上部荷载、底部反力和均布荷载。在设计中竖向特殊荷载取基本荷载的10%。管片基本使用阶段及特殊荷载条件下内力计算结果见表4-6。

**管片基本使用阶段及特殊荷载条件下内力计算表**  表4-6

| 截面位置 | 基本使用阶段 | | 特殊荷载条件 | |
|---|---|---|---|---|
| | $M/(kN·m)$ | $N/kN$ | $M/(kN·m)$ | $N/kN$ |
| 0° | 612.72 | 223.09 | 57.81 | 21.32 |
| 22.5° | 457.79 | 315.07 | 43.09 | 29.95 |
| 45° | 82.73 | 538.04 | 7.57 | 50.75 |
| 67.5° | -296.35 | 765.38 | -27.90 | 71.54 |
| 90° | -462.98 | 872.57 | -42.45 | 80.10 |
| 112.5° | -322.40 | 806.52 | -27.49 | 71.26 |
| 135° | 49.87 | 612.31 | 8.13 | 50.11 |
| 157.5° | 457.69 | 402.84 | 43.12 | 29.17 |
| 180° | 699.79 | 290.62 | 56.31 | 20.94 |

内力计算表中荷载是按照 $b=1m$ 的单位宽度计算得出,但由于该设计中隧道管片宽度为 $b=1.2m$,所以最终荷载应在内力计算表的基础上乘系数1.2。表4-7给出了重新汇总后的管片内力计算结果。

**管片内力组合计算表**  表4-7

| 截面位置 | 内力组合 | | 1.2m管片内力组合 | |
|---|---|---|---|---|
| | $M/(kN·m)$ | $N/kN$ | $M/(kN·m)$ | $N/kN$ |
| 0° | 670.53 | 244.42 | 804.64 | 293.30 |
| 22.5° | 500.88 | 345.02 | 601.06 | 414.02 |
| 45° | 90.29 | 588.79 | 108.35 | 706.55 |
| 67.5° | -324.25 | 836.92 | -389.10 | 1004.30 |

续上表

| 截面位置 | 内力组合 | | 1.2m管片内力组合 | |
| --- | --- | --- | --- | --- |
| | $M/(kN \cdot m)$ | $N/kN$ | $M/(kN \cdot m)$ | $N/kN$ |
| 90° | -505.43 | 952.67 | -606.52 | 1143.20 |
| 112.5° | -349.89 | 877.78 | -419.87 | 1053.34 |
| 135° | 58.00 | 662.42 | 69.60 | 794.90 |
| 157.5° | 500.81 | 432.01 | 600.97 | 518.41 |
| 180° | 756.10 | 311.56 | 907.32 | 373.87 |

根据管片内力组合计算表中的数据,绘制内力组合图,结果见图4-25。由管片内力组合计算表的数值以及绘制的衬砌结构内力组合图可知,衬砌弯矩在拱底$\alpha = 180°$处于管片内侧受拉的状态,弯矩取得最大正值,$M = 907.32 \text{kN} \cdot \text{m}$;在$\alpha = 90°$处于管片外侧受拉的状态,弯矩取得最大负值,$M = -606.52 \text{kN} \cdot \text{m}$;轴力在$\alpha = 90°$处取得最大值,$N = 1143.20 \text{kN}$。

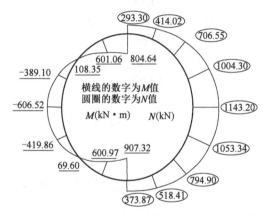

图4-25 衬砌结构内力组合图

(3)管片配筋计算

管片配筋时按照衬砌结构能够承受的弯矩最大值作为设计依据,结合上述计算结果,按$\alpha = 180°$时的截面进行内排钢筋设计,$\alpha = 90°$时的截面进行外排钢筋设计。选择C55混凝土和HRB400钢筋,根据《混凝土结构设计标准(2024年版)》(GB/T 50010—2010)第6部分承载能力极限状态计算中的相关内容按偏心受压构件进行截面配筋设计。

①$\alpha = 180°$时(内排钢筋)。基本参数为$M = 907.73 \text{kN} \cdot \text{m}$,$N = 373.87 \text{kN}$,$h = 600 \text{mm}$,$a_s = 40 \text{mm}$,$h_0 = 560 \text{mm}$。依据上述数据开展内排钢筋的配筋计算:

$$e_0 = \left| \frac{907.32 \times 10^3}{373.87} \right| = 2426.8 (\text{mm})$$

$$e_a = \max\{20, 600/30\} = 20 (\text{mm})$$

$$e_i = 2426.8 + 20 = 2446.8 (\text{mm})$$

$$e = 2446.8 + 600/2 - 40 = 2706.8 (\text{mm})$$

受压面配筋如下:

$$A'_s = \frac{373.87 \times 10^3 \times 2706.8 - 0.99 \times 25.3 \times 1200 \times 560^2 \times 0.508 \times (1 - 0.5 \times 0.508)}{360 \times (560 - 40)}$$

$$= -13675.44 (\text{mm}^2) < 0$$

$A'_s$ 按照最小配筋率计算

$$\rho_{\min} = \max\{0.2\%, 0.45 \times 1.96/360\} = 0.245\%$$

$$A'_s = 0.245\% \times 1200 \times 560 = 1646.4 (\text{mm}^2)$$

受压面根据最小配筋配置钢筋,依据下式重新计算受压区高

$$Ne = \alpha_1 f_c bx(1 - 0.5x) + f'_y A'_s (h_0 - a'_s)$$

将已知参数代入上式中,可以得到受压区高度计算关系为:

$$373.87 \times 2706.8 = 0.99 \times 25.3 \times 1200 x(1 - x/2) + 360 \times 1646.4 \times (560 - 60)$$

解得: $x = 33.33\text{mm} < 2a_s = 80\text{mm}$。

类似地,对受拉面进行配筋计算:

$$A_s = \frac{N(e_i - h/2 + a_s)}{f_y(h_0 - a'_s)}$$

将已知参数代入上式,可以得到受拉面配筋面积为:

在公式中代入计算得到或者已知数值能够得到:

$$A_s = \frac{373.87 \times (2446.80 - 600/2 + 40)}{360 \times (560 - 60)} = 4542.15 (\text{mm}^2)$$

按照 $A'_s = 0$ 计算 $A_s$,可得到:

$$A_s = \frac{\alpha_1 f_c b h_0 \xi_b + f'_y A'_s - N}{f_y}$$

将已知数据代入上式计算可得:

$$A_s = \frac{0.99 \times 25.3 \times 1200 \times 560 \times 0.508 - 373.87 \times 10^3}{360} = 22712.7 (\text{mm}^2)$$

取两个计算结果中的较小值,则 $A_s = 4542.15 \text{ mm}^2$

②$\alpha = 90°$时(外排钢筋)。与前述类似,已知 $M = -606.52\text{kN} \cdot \text{m}$, $N = 1143.2\text{kN}$, $h = 600\text{mm}$, $a_s = 60\text{mm}$, $h_0 = 540\text{mm}$。

$$e_0 = \left| \frac{(-606.52) \times 10^3}{1143.2} \right| = 530.55 (\text{mm})$$

$$e_a = \max\{20, 600/30\} = 20 (\text{mm})$$

$$e_i = 530.55 + 20 = 550.55 (\text{mm})$$

$$e = 550.55 + 600/2 - 60 = 790.55 (\text{mm})$$

受压面配筋面积计算结果如下:

$$A'_s = \frac{1143.20 \times 10^3 \times 790.55 - 1.0 \times 25.3 \times 1200 \times 560^2 \times 0.508 \times (1 - 0.5 \times 0.508)}{360 \times (560 - 60)}$$

$$= -14897.19 (\text{mm}^2) < 0$$

$A'_s$ 按照最小配筋率计算

$$A'_s = 0.245\% \times 1200 \times 540 = 1587.6 (\text{mm}^2)$$

受压面采用最小配筋,按式(4-123)重新计算受压区高度,带入已知数值得到:

$$1161.25 \times 855.95 = 0.99 \times 25.3 \times 1200x(1 - x/2) + 360 \times 1881.6 \times (640 - 40)$$

解得：$x = 39.52\text{mm} < 2a_s = 120\text{mm}$

同上述计算方法类似，代入已知数值可得到受拉区配筋面积为：

$$A_s = \frac{1143.2 \times (550.55 - 600/2 + 60) \times 10^3}{360 \times (540 - 40)} = 1972.34 (\text{mm}^2)$$

按照 $A'_s = 0$ 计算 $A_s$

$$A_s = \frac{0.99 \times 25.3 \times 1200 \times 540 \times 0.508 - 1143.2 \times 10^3}{360} = 19727.42 (\text{mm}^2)$$

取两个计算结果中的较小值，则 $A_s = 1972.34 \text{mm}^2$

由以上计算可得，内筋选用 9Φ36 的钢筋进行布置，$A_s = 9161 \text{mm}^2 > 4542.15 \text{mm}^2$；外筋选用 8Φ25 的钢筋进行布置，$A_s = 3927 \text{mm}^2 > 1927.34 \text{mm}^2$，验算总配筋率，按式(4-88)计算可知：

$$\rho = \frac{9161 + 3927}{560 \times 1200} = 1.948\% > \rho_{\min} = 0.245\%$$

$$\rho_{\max} = 0.508 \times \frac{0.99 \times 25.3}{360} = 3.53\%$$

验算得：$\rho_{\min} < \rho < \rho_{\max}$，故设计满足配筋要求。

(4) 裂缝宽度验算

$l_0/h$ 不大于 14 时，$\eta_s$ 取 1.0；

$$e = \eta_s e_0 + (h/2 - a_s) = 1 \times 2426.80 + (600/2 - 40) = 2686.8 (\text{mm})$$

$$z = [0.87 - 0.12 \times (1-0) \times (h_0/e)^2]h_0 = [0.87 - 0.12 \times (560/2686.8)^2] \times 560$$
$$= 484.28 (\text{mm})$$

$$\sigma_{sq} = \frac{N_q(e-z)}{A_s z} = \frac{373.87 \times 10^3 \times (2686.8 - 484.28)}{9161 \times 484.28} = 185.61 \text{kN}$$

$$\rho_{te} = \frac{A_s + 0}{0.5bh + (0-b) \times 0} = \frac{9161}{0.5 \times 1200 \times 600} = 0.0254$$

$$d_{eq} = \frac{\sum n_i d_i^2}{\sum n_i \nu_i d_i^2} = \frac{9 \times 36^2}{9 \times 1 \times 36} = 36 (\text{mm})$$

$$\varphi = 1.1 - 0.65 \times \frac{2.74}{\rho_{te}\sigma_s} = 1.1 - 0.65 \times \frac{2.74}{0.0254 \times 185.61} = 0.72$$

$$w_{\max} = 1.9 \times \varphi \times \frac{\sigma_s}{2 \times 10^5} \times \left(1.9 \times c_s + 0.08 \times \frac{d_{eq}}{\rho_{te}}\right)$$
$$= 1.9 \times 0.72 \times \frac{185.61}{2 \times 10^5} \times \left(1.9 \times 22 + 0.08 \times \frac{36}{0.0254}\right) = 0.197 (\text{mm}) < 0.2 \text{mm}$$

因此，由计算结果可知，设计中的最大裂缝宽度满足要求。

(5) 总体抗浮验算

根据盾构隧道总体抗浮验算的要求，验算的依据是整个隧道使用区域内覆土最浅的位置地层分布情况，由于没有系列的勘测数据，在此使用上述断面结构计算的土层数据进行抗浮验算。

浮力计算结果如下：

$$F = \frac{1}{4}\pi \times 6.4^2 \times 10 = 321.7 (\text{kN})$$

结构自重计算结果为：

$$G_1 = \pi \times (3.2^2 - 2.6^2) \times 24.2 = 264.57 (\text{kN})$$

隧道覆土重计算结果为：

$$\gamma = (16 \times 1.6 + 15 \times 11 + 16.7 \times 4.6 + 19.8 \times 1.1)/18.3 = 15.8$$

$$G_2 = 15.8 \times 18.3 \times 6.4 = 1850.88 (\text{kN})$$

抗浮系数计算结果为：

$$K = (264.57 - 1850.88)/321.70 = 6.58 > 1.1$$

由计算结果可知盾构隧道总体抗浮验算满足要求。

## 4.5 明挖基坑支护桩设计

### 4.5.1 支护结构设计的理论

深基坑支护结构多种多样，用材和施工方法也千变万化，但依据支护类型主要可以分为两大类：第一类为支挡型，如排桩式支挡结构和地下连续墙；第二类为加固型，如高压旋喷桩法加固、深层搅拌法加固、锚喷支护和土钉墙等。

深基坑支护结构的主要作用是减小土方开挖及场地空间，保护相邻的已有建筑物和地下设施，减少或防止坑底隆起，另外还兼有支护和防水的双重功效。选择支护结构时必须因地制宜，反复比选几种可能的支护结构方案，并逐步筛选，力求做到安全可靠、经济合理、施工简捷和保护环境。

作用于支护结构上的荷载主要有土压力和水压力。其中土压力计算是设计者最为关注的问题，目前大致有两类计算方法：一是建立在极限平衡理论基础上的经典土压力理论，包括朗金土压力理论和库仑土压力理论；二是根据实测结果提出的太沙基-皮克土压力理论。

### 4.5.2 排桩支护结构设计

当施工场地狭窄、地质条件较差、基坑较深或需严格控制基坑开挖引起的地表变形时，应采用排桩式支挡结构进行支护。排桩式支挡结构由围护结构及支撑系统组成，其选型应综合考虑基坑周边环境、现场地质条件、围护桩墙的使用目的、基坑规模和基坑安全等级等因素，结合土方开挖方法及降水、土体加固等辅助措施，通过方案比较确定。

排桩式支挡结构一般应设置支撑式或锚拉式支撑系统，见图4-26。条件允许时二、三级基坑也可采用悬臂式挡土结构。当基坑较深或土质较差、单层支撑不能满足挡土结构的受力或环境保护要求时，可采用多层支撑。

a)支撑式

b)锚拉式

图 4-26　排桩式支挡结构

### 4.5.3　排桩的计算

1) 悬臂式排桩支护设计和计算

将悬臂式排桩视为板桩,采用与其相同的方法进行设计与计算。计算简图如图 4-27 所示,悬臂板桩受到主动土压力的影响,上部向基坑开挖一侧位移,下部位移方向则与上部相反,最终表现为整个板桩绕图 4-27a)中点 b 旋转,而点 b 不发生位移。由此分析可得,点 b 所受合力为零。桩墙位于点 b 上的部分向左倾斜,主、被动土压力分别位于右侧和左侧;位于点 b 下的部分向右倾斜,主、被动土压力分别位于左侧和右侧。而墙体任意一点的总土压力即为两侧土压力的合力,可将总土压力的分布简化为线性模式,即图 4-27b)所示情况,此时板桩可被视为悬臂梁,后续即可按照悬臂梁的计算方式确定板桩的入土深度和内力。布鲁姆(H. Blum)建议采用图 4-27d)代替图 4-27c)计算入土深度及内力,下面分别介绍上述两种方法。

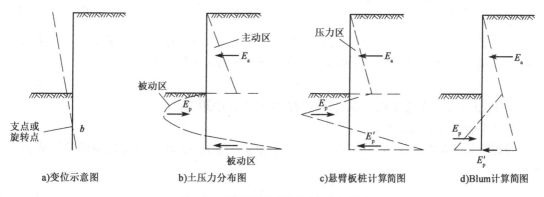

图 4-27　悬臂板桩的变位及土压力分布图

(1)静力平衡法

从图 4-27 可看出,板桩所受的主、被动土压力与板桩入土深度之间呈线性关系,因此板桩各处受到的总土压力受入土深度控制。若想让墙体保持稳定,应当尽可能使墙体所受总土压力为零,因此需要设计一个最合理的入土深度。遵循桩体水平受力平衡($\Sigma H = 0$)以及桩底截面弯矩平衡($\sum M = 0$)的原则,即可求得使桩体保持稳定的最小入土深度。

①板桩墙两侧土压力分布。

第 $n$ 层土底面对板桩墙主动土压力 $e_{an}$ 和被动土压力 $e_{pn}$ 分别为:

$$e_{an} = \left(q_n + \sum_{i=1}^{n} \gamma_i h_i\right) \tan^2\left(45° - \frac{\varphi_n}{2}\right) - 2c_n \tan\left(45° - \frac{\varphi_n}{2}\right) \quad (4\text{-}103)$$

$$e_{pn} = \left(q_n + \sum_{i=1}^{n} \gamma_i h_i\right) \tan^2\left(45° + \frac{\varphi_n}{2}\right) + 2c_n \tan\left(45° + \frac{\varphi_n}{2}\right) \quad (4\text{-}104)$$

式中:$q_n$ 为地面传递到 $n$ 层土底面的垂直荷载(kPa),可根据地面附加荷载、邻近建筑物基础底面附加荷载 $q_0$ 计算;$\gamma_i$ 为 $i$ 层土底天然重度(kN/m³);$h_i$ 为 $i$ 层土的厚度(m);$\varphi_n$ 和 $c_n$ 分别为 $n$ 层土的内摩擦角(°)和内聚力(kPa)。

②根据静力平衡条件求解板桩入土深度,具体计算流程如下:

a. 计算桩底处的主、被动土压力,分别记为 $e_{a3}$ 和 $e_{p3}$,并依据叠加原理计算出第一个总土压力零点 $d$ 以及 $d$ 点与桩体最底部的距离 $u$;

b. 计算桩体在 $d$ 点以上部分所受的土压力合力以及合力作用点与 $d$ 点间的距离 $y$;

c. 计算作用在 $d$ 点处的主、被动土压力 $e_{a1}$ 和 $e_{p1}$;

d. 计算作用在桩体底部的主、被动土压力 $e_{a2}$ 和 $e_{p2}$;

e. 结合桩体水平受力平衡($\sum H = 0$)以及桩底截面弯矩平衡($\sum M = 0$),可得

$$\sum H = E_a + \left[(e_{p3} - e_{a3}) + (e_{p2} - e_{a2})\right]\frac{z}{2} - (e_{p3} - e_{a3})\frac{t_0}{2} = 0 \quad (4\text{-}105)$$

$$\sum M = E_a(t_0 + y) + \frac{z}{2}\left[(e_{p3} - e_{a3}) + (e_{p2} - e_{a2})\right]\frac{z}{3} - (e_{p3} - e_{a3})\frac{t_0}{2}\frac{t_0}{3} = 0 \quad (4\text{-}106)$$

整理后可得 $t_0$ 的四次方程式:

$$t_0^4 + \frac{e_{p1} - e_{a1}}{\beta}t_0^3 - \left[\frac{6E_a}{\beta^2}y\beta + (e_{p1} - e_{a1})\right]t_0 - \frac{6E_a y(e_{p1} - e_{a1}) + 4Ea^2}{\beta^2} = 0 \quad (4\text{-}107)$$

式中,$\beta = \gamma_n [\tan^2(45° + \varphi_n/2) - \tan^2(45° - \varphi_n/2)]$,求解上述四次方程,即可得板桩嵌入 $d$ 点以下的深度 $t_0$ 值。安全起见,实际嵌入坑底面以下的入土深度为:

$$t = \mu + 1.2t_0 \quad (4\text{-}108)$$

式中,$\mu$ 为第一个总土压力零点 $d$ 点与桩体最底部的距离。

③计算板桩所受最大弯矩。

当桩体某一截面所受剪力为零时,该位置的弯矩最大,设该点与基坑底面的距离为 $b$,即有:

$$\frac{b^2}{2}\gamma K_p - \frac{(h+b)^2}{2}\gamma K_a = 0 \quad (4\text{-}109)$$

式中,$K_a = \tan^2(45° - \varphi/2)$;$K_p = \tan^2(45° + \varphi/2)$。

解出 $b$ 后,即可按照下式求得最大弯矩值:

$$M_{max} = \frac{h+b}{3} \cdot \frac{(h+b)^2}{2}\gamma K_a - \frac{b}{3}\frac{b^2}{2}\gamma K_p = \frac{\gamma}{6}\left[(h+b)^3 K_a - b^3 K_p\right] \quad (4\text{-}110)$$

### （2）布鲁姆法

布鲁姆法将桩体底部所受到的被动土压力假定为 $E'_p$，其计算简图如图 4-28 所示。

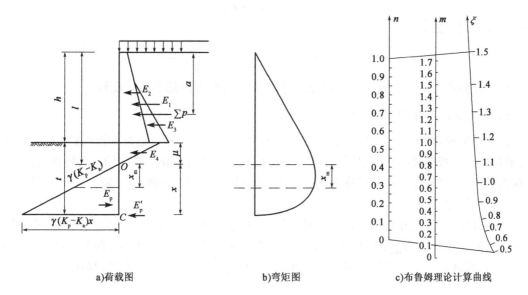

a) 荷载图　　　　　b) 弯矩图　　　　　c) 布鲁姆理论计算曲线

图 4-28　布鲁姆计算简图
（$m$ 为从弯矩最大处对应的点向下取值）

如图 4-28a) 所示，依据桩底所受力矩之和为零（$\sum M_c = 0$）的原则，有：

$$x^3 - \frac{6\sum p}{\gamma(K_p - K_a)}x - \frac{6\sum p(l-a)}{\gamma(K_p - K_a)} = 0 \qquad (4\text{-}111)$$

式中，$\sum p$ 为主动土压力、水压力的合力（kN）；$a$ 为合力作用点与地面间距离（m）；$l = h + u$；$u$ 的值可按下式计算：

$$u = \frac{K_a h}{K_p - K_a} \qquad (4\text{-}112)$$

从式（4-111）的三次式计算求出 $x$ 值，板桩插入深度 $t$ 可表示为：

$$t = u + 1.2x \qquad (4\text{-}113)$$

依据图 4-28c) 所示的布鲁姆理论计算曲线可求得 $x$。令 $\xi = x/l$，代入式（4-111）得：

$$\xi^3 = \frac{6\sum p}{\gamma l^2 (K_p - K_a)}(\xi + 1) - \frac{6a\sum p}{\lambda l^3 (K_p - K_a)} \qquad (4\text{-}114)$$

令 $m = \dfrac{6\sum p}{\gamma l^2 (K_p - K_a)}$，$n = \dfrac{6a\sum p}{\lambda l^3 (K_p - K_a)}$，式（4-114）可转换为：

$$\xi^3 = m(\xi + 1) - n \qquad (4\text{-}115)$$

在确定 $m$ 和 $n$ 的值后，将布鲁姆理论计算曲线延长求得 $\xi$ 的值。再依据 $x = \xi l$ 求出 $x$ 值。按式（4-113）计算桩的插入深度：

$$t = u + 1.2x = u + 1.2\xi l \qquad (4\text{-}116)$$

已知最大弯矩处的剪力 $Q = 0$，设从 $O$ 点往下 $x_m$ 处 $Q = 0$，则有：

$$\sum p - \frac{\gamma}{2}(K_p - K_a)x_m^2 = 0 \qquad (4\text{-}117)$$

求解可得:

$$x_{\mathrm{m}} = \sqrt{\frac{2\sum p}{\gamma(K_{\mathrm{p}} - K_{\mathrm{a}})}} \tag{4-118}$$

最大弯矩可由下式求得:

$$M_{\max} = \sum p(l + mx - a) - \frac{\gamma(K_{\mathrm{p}} - K_{\mathrm{a}})x_{\mathrm{m}}^3}{6} \tag{4-119}$$

已知桩体所受最大弯矩后,即可继续进行截面尺寸以及配筋的设计验算。

2) 单支点排桩支护设计和计算

按照排桩顶部的约束条件不同,可将其分为顶端支撑(或锚系)排桩和顶端自由(悬臂)排桩,桩顶支撑相当于铰接支点,使桩体的受力特征发生了显著变化。桩底约束条件则受到桩体埋深的影响,埋深较小可认为桩底为简支约束,埋深较大则可视为固定约束。以下根据埋深对其受力特点进行介绍。

① 当桩体埋深较小时,入土部分桩身两侧主、被动土压力对支撑点的力矩相互抵消,桩身中部作用最大正弯矩 $M_{\max}$,桩体底部可能向基坑开挖一侧产生少量位移,此时桩体达到极限平衡状态,将使桩体保持稳定的最小埋置深度记为 $t_{\min}$,对应的桩体内力及弯矩图如图 4-29a) 所示。

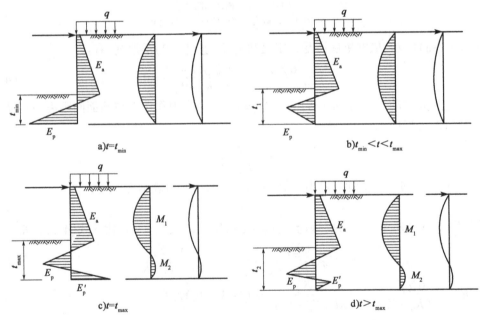

图 4-29  不同入土深度的板桩墙的土压力分布、弯矩及变形图

② 当桩体埋深大于 $t_{\min}$ 时,无法充分发挥桩体靠近基坑一侧所受的被动土压力对另一侧主动土压力的平衡作用,此时桩底不产生线位移,仅可能产生较小的角位移,桩底总土压力为零,桩身并未达到极限平衡状态,还未发挥平衡作用的桩侧被动土压力可以充当安全储备,桩体内力及弯矩图如图 4-29b) 所示。

③ 当桩体埋深增大到一定数值时,认为桩体底部约束形式为固定约束,此时桩体两侧均存

在被动土压力,整个桩身所受约束为下端固定上端简支的超静定结构,桩身弯矩为上正下负且正弯矩 $M_1$ 大于负弯矩 $M_2$,将此时的桩体埋深 $t_{\max}$ 认定为桩底约束条件从简支约束转为固定约束的分界埋深,对应的桩体内力及弯矩图如图 4-29c) 所示。

④当桩体埋深大于 $t_{\max}$ 时,桩体两侧的被动土压力平衡作用都得不到充分发挥,故而无法充分利用其平衡桩身弯矩的效果,此时桩体内力及弯矩图如图 4-29d) 所示,由此可见支护桩设计时桩身埋置深度不宜过大。

上述四种设计均存在优点和缺陷,其中第四种设计过于保守,桩体过长,成本较高,工程中基本不会使用;而第三种设计最接近墙体在实际工程中的受力状态,且负弯矩的存在导致正弯矩绝对值减小,墙体截面就可以相应缩小,从而降低成本,因此该设计是使用较多的设计方法,在设计时一般假设正弯矩绝对值是负弯矩绝对值的 1.1~1.15 倍,对于某些特殊情况则假设两者相等;按照第一、二种设计方法设计的墙体虽然长度较小,但由于墙体所受弯矩较大,因此多采用较大墙体截面,尤其是采用第一种设计方法时,桩底还可能产生位移,但该方法假定桩体底端为铰接支撑,受力分析更方便,因此便于控制成本。

(1)平衡法(自由端单支点支护桩的计算)

自由端单支点支护桩的受力分析如图 4-30 所示,墙体靠地层一侧所受土压力为主动土压力,靠基坑一侧则为被动土压力。可采用下列方法确定桩的最小入土深度 $t_{\min}$ 和水平向每延米所需支点力(或锚固力)$R$。

如图 4-30 所示,将支护单位长度对 $A$ 点取矩,令 $M_A = 0, \sum E = 0$,则有:

$$M_{E_{a1}} + M_{E_{a2}} - M_{E_p} = 0 \quad (4\text{-}120)$$

$$R = E_{a1} + E_{a2} - E_p = 0 \quad (4\text{-}121)$$

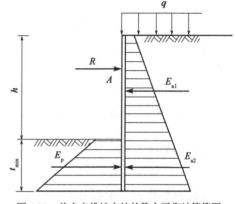

图 4-30 单支点排桩支护的静力平衡计算简图

式中,$M_{E_{a1}}$ 和 $M_{E_{a2}}$ 分别为基坑底以上及以下主动土压力合力对 $A$ 点的力矩(N·m);$M_{E_p}$ 为被动土压力合力对 $A$ 点的力矩(N·m);$E_{a1}$ 和 $E_{a2}$ 分别为基坑底以上及以下主动土压力合力(kN);$E_p$ 为被动土压力合力(kN)。

(2)等值梁法

等值梁法是在上面所述的四种设计方法的基础上简化而来的。具体参照第三种设计思路,即假定桩体入土一端为弹性嵌固约束,另一端为简支约束,墙体两侧作用着分布荷载——主动土压力与被动土压力,如图 4-31a) 所示。图 4-31b) 为计算桩的受力分布计算图示。

墙体所受弯矩如图 4-31c) 所示,确定弯矩分布图时,若已知弯矩零点,则可应用结构力学中的等值梁法将桩体从弯矩零点处断开,并将断开点上部分的桩体按照简支梁计算,从而加快计算速度,可将断开的部分桩体视作整个桩体的等值梁。当桩底约束为弹性支撑约束时,总土压力零点与弯矩零点基本重合,因此可使用等值梁法来计算,其计算步骤如下:

①根据勘察及现场测试确定主、被动土压力,求出土压力零点 $B$ 的位置;

②建立等值梁 $AB$ 的受力平衡方程,计算支撑反力 $R_a$ 及 $B$ 点剪力 $Q_B$:

$$R_a = \frac{E_a(h + u - a)}{h + u - h_0} \quad (4\text{-}122)$$

$$Q_B = \frac{E_a(a-h_0)}{h+u-h_0} \tag{4-123}$$

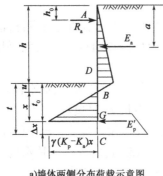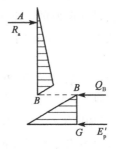

a) 墙体两侧分布荷载示意图　　b) 桩体受力分布示意图　　c) 弯矩分布图

图 4-31　等值梁法计算简图

③根据等值梁 $BG$ 底端所受力矩和为零($\sum M_G = 0$)确定板桩入土深度：

$$Q_B x = \frac{1}{6}\left[K_p\gamma(u+x) - K_a\gamma(h+u+x)\right]x^2 \tag{4-124}$$

求解式(4-124)可得：

$$x = \sqrt{\frac{6Q_B}{\gamma(K_p - K_a)}} \tag{4-125}$$

桩的最小入土深度可由下式计算：

$$t_0 = u + x \tag{4-126}$$

桩端所在土层为一般土层，应当采用修正系数对结果进行修正，修正系数取 1.1～1.2：

$$t = (1.1 \sim 1.2)t_0 \tag{4-127}$$

④通过等值梁法求解最大弯矩 $M_{\max}$。

3) 多支点排桩支护的设计和计算

多支点排桩常用于地层条件较差的深基坑防护，设计时应当参照地层条件、基坑深度以及施工方法和要求等因素确定具体的支撑层数及位置。多支点排桩的计算方法包括等值梁法(又称连续梁法)、荷载 1/2 分担法、逐层开挖支撑力恒定法及有限元法等。

等值梁法的计算原理与单支点桩基本相同，即将桩体视为受刚性约束的连续梁，依据施工方式和各层支点的布置方式确定力学平衡方程，该方法需要假设基坑分层开挖时开挖施工不会对已施工完成的排桩底端支撑力产生影响。多支点排桩支护的计算应该分施工阶段进行，其受力分析如图 4-32 所示。

①在第一层支撑 $A$ 施作前，墙体可视为底端嵌固于地层中的悬臂桩结构，如图 4-32a)所示。

②在第二层支撑 $B$ 施作前，墙体可视为受两个支点($A$ 点及总土压力零点)约束的静定梁，如图 4-32b)所示。

③在第三层支撑 $C$ 施作前，墙体可视为受三个支点($A$ 点、$B$ 点及总土压力零点)约束的连续梁，如图 4-32c)所示。

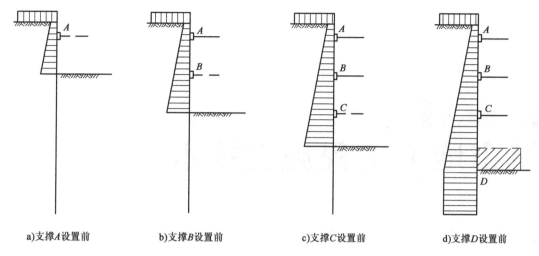

图 4-32 各施工阶段的计算简图

④底板浇筑前,墙体可视为受四个支点($A$ 点、$B$ 点、$C$ 点及总土压力零点)约束的连续梁,如图 4-32d)所示。

上述的总土压力零点即为墙体底部支撑端点。同时需要说明的是,在第二阶段以后的计算中,关于总土压力零点的位置还有以下假设:

①最下一层支撑以下主动土压力弯矩和被动土压力弯矩平衡位置点,亦即零弯矩点;

②开挖工作面以下,其深度相当于开挖高度 20% 左右的一点;

③上端固定的半无限长度弹性支撑梁的第一个不动点;

④对于最终开挖阶段,其连续梁在土内的理论支点取在基坑底面以下 $0.6t$ 处($t$ 为基坑底面以下墙的入土深度)。

## 本章思考题

1. 地下结构体系有何计算特点?
2. 简述喷锚支护类型和特点。
3. 选择盾构隧道结构衬砌断面时都应验算哪些内容?在验算时应注意什么?

# 第 5 章
# 城市地下工程施工技术

21世纪中国的城市化进程给城市地下空间的开发与利用带来了空前的机遇和挑战,而城市地下工程施工技术是其中最重要的课题之一。目前,明挖法、浅埋暗挖法、超前导管及管棚法、矿山法和盾构法等施工技术在地下工程施工中应用较为广泛。此外,还有其他的一些特殊的施工方法,比如沉管法、冻结法等。城市地下工程的施工方法众多,每种施工方法都有自己的特点和适用范围。在选择施工方法时要综合考虑场地条件、地质条件、建筑物的体型特征、地面交通状况和工期要求等因素,并做综合的技术经济比较,从而确定最为经济合理的施工方法。限于篇幅,本章主要介绍城市地下工程常见施工方法特点及施工工艺,并详细介绍城市地下工程的监控量测工作,最后对不同城市典型地下工程施工方法案例进行深入分析。

## 5.1 城市地下工程施工方法

### 5.1.1 明挖法

明挖法是指从地面向下开挖,并在欲建地下工程结构的位置进行结构修建,然后在地下工程上部回填土及恢复路面的一种施工方法。明挖法具有施工简单、快捷经济、安全等优点,在城市地下工程中,特别是在浅埋地下铁道工程中获得了广泛的应用。地下铁道施工时,在埋深较小的情况下将明挖法作为施工工法的首选。随着埋深增加,明挖法的工程费用显著增加且工期显著延长,同时对周围环境影响较大,对地面交通、商业活动、居民生活以及地下管线的拆迁量等影响均比暗挖法大。此外,当地下水位较高时降水和底层加固费用也非常高。目前,《地铁设计规范》(GB 50157—2013)规定土层中的地铁车站应优先采用有围护结构的基坑明挖方法施工,地面空旷且隧道埋深小的区间隧道,可采用明挖法施工。

明挖法施工的主要工序包括降水、边坡支护、地方开挖、建筑结构主体施工、结构防水等。明挖法对地层的扰动较大,会使土体发生显著的应力释放和重分布,若施工方法和支护措施使用不当,会严重破坏地层稳定性,导致边坡失稳。所以边坡支护是确保安全施工的关键技术。边坡支护施工主要有自然放坡、各种形式支护边坡施工,如重力式水泥土墙、土钉墙、地下连续墙和高压旋喷桩等。土方开挖是地下土建工程中最主要的施工环节,是获得符合使用要求地下空间的途径。土方开挖施工方法主要有深基坑法、沉井法、盖挖法等。采用明挖法修建城市地下建筑最大的缺点就是干扰交通以及附近居民生活,在较繁华的地段需要减少施工对交通的影响,或需要严格控制基坑开挖所引起的沉降量。

### 5.1.2 盖挖法

为减少地下工程施工对城市地面的影响,在埋深较小时也可以采用盖挖逆筑法施工。盖挖逆筑法遵循尽量不对地面交通和运营产生较大影响的原则,要求在大规模开挖前先完成地下结构的支撑柱、梁及顶板的施工,从而对地层起到支护作用,保证地面功能正常发挥,再进行地下空间的开挖和结构主体的施作。在选择边墙支护结构时,应当遵循支护结构在施工期充当临时支撑,施工完成后融入主体结构的原则,建议采用地下连续墙或灌注桩。设计支护时要以结构所受荷载作为最重要的指导因素,其中边墙主要承受地层产生的横向土压力和梁等水平结构传递的剪力,中柱则主要承受顶板传递的竖向荷载。

在盖挖逆筑法的施工工序中,施作结构底板相对较晚,上部支撑结构可分为无中柱和有中柱两种,以此为依据可将底板施作时结构向地基传递荷载的方式分为两种:第一种是无中柱时的传力方式,此时以洞室四周的边墙作为传力结构,将顶板所受垂直荷载传递给地基,采用这种方式的优势是结构较为简单,施工工序少,速度快,封锁路面交通的时间短,因此在交通量大、需要减少封路时间的路段,或洞室空间小、施作中柱不方便且不经济的隧道和车站中应用较多;第二种是有中柱时的传力方式,此时除了边墙以外还有中柱共同参与向地基传递竖向荷载。依据中柱的有效作用时间可将中柱布置方法分为三种:第一种是施工时在永久桩位置的周围设置临时桩;第二种是不设临时桩,所有施工期的中桩全部转为永久桩;第三种是将设置的临时桩转为永久桩并在周边设置临时桩辅助受力。目前大多采用第二种中间竖向支撑设置形式。当采用第二种方式时,在施工结构顶板前,首先要在永久柱的位置修建柱和柱基。盖挖逆筑法中主体结构的施工方式与明挖法大致相同。

### 5.1.3 浅埋暗挖法

浅埋暗挖法是城市地下工程施工的主要方法之一。浅埋暗挖法参照新奥法(New Austrian Tunneling Method)的基本原理,通过超前支护保证开挖安全,使用由初期支护、防水层和二次衬砌构成的复合式衬砌作为支护结构,是一种适用于软弱底层浅埋暗挖隧道,能控制围岩不产生过大变形的综合性配套施工技术。浅埋暗挖法施工时需要通过辅助加固措施保证围岩稳定性,开挖完成后支护结构要及时跟进,尽快形成支护与围岩一体的封闭支护体系,从而最大限度地发挥围岩的自稳能力。浅埋暗挖法的施工流程见图 5-1。

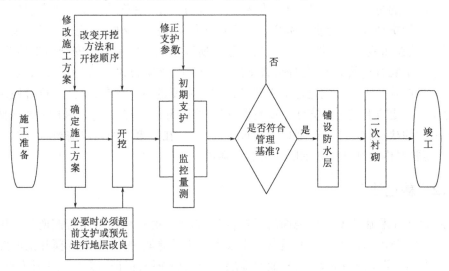

图 5-1 浅埋暗挖法施工流程

根据国内外工程实践,浅埋暗挖法的施工应贯彻如下原则:

①管超前:采用超强管棚或超前小导管等超前支护措施对未开挖的地层进行超前加固,保证开挖时围岩不会因变形过大而发生坍塌并引发掌子面破坏。

②严注浆:超前支护完成后,对破碎岩体进行注浆,填充围岩孔隙,使岩形成强度较高的整体,从而提升其稳定性。

③短开挖:每次开挖进尺长度应当严格控制,不宜过长,以避免对围岩产生过大扰动。

④强支护:若地层较为软弱且工程埋深较小,则需要保证初期支护的强度和刚度,避免开挖后围岩产生过大变形。

⑤快封闭:若施工采用台阶法,在上台阶开挖后需施作临时仰拱封闭围岩,临时支护要紧跟开挖步,以保证初期支护能限制围岩不产生过大变形。

⑥勤量测:施工过程中要对围岩及支护结构的各参数进行高频率监测,掌握围岩和支护的实时状态并及时做出反馈,保证施工安全。

根据地下工程的结构特征及上覆地层的地质条件,有明挖法、盖挖法、地下连续墙、浅埋暗挖法等。其中,浅埋暗挖法适用于不宜明挖施工的含水率较小的各种岩土地层,尤其适用于在城区地面建筑物密集、交通运输繁忙、地下管线密布环境下修建埋深较浅的地下结构工程。对于含水率较大的松软地层,采取降水或堵水等特殊措施后,该法仍能适用。

## 5.1.4 矿山法

一般将采用传统钻眼爆破法或臂式掘进机开挖基岩的地下工程的方法统称为矿山法。其以改造地质条件为前提,以控制地表沉降为重点,以锚杆和钢架为主要支护手段,辅以必要的地层加固配套技术,具有不影响地面正常交通与生产和地表下沉较小的优点,其通常适用于硬、软岩层中各类地下工程,当地层以较硬围岩为主时,矿山法明显优于其他方法。臂式掘进机受地质地层环境的影响较大,目前仅适用于松软破碎岩层,在中硬岩层中应用较少。本节重点介绍目前常用的钻眼爆破施工方法。

(1) 光面爆破施工

光面爆破是一种控制硬质岩体开挖轮廓线,使之光滑、平整,通过对开挖轮廓周边实施正确的钻眼和装药,并使周边眼最后起爆的爆破方法。

城市地下工程往往掘进断面较大,根据岩石条件和断面大小,可将施工方法分为三类,即全断面施工法、分层施工法和导硐施工法。

围岩稳定或基本稳定且工程断面不大时可采用全断面一次爆破;若断面较大,可采用预留光爆层法分次爆破,以减少爆破对围岩的震动影响。在岩层稳定或较稳定的条件下,断面高度较大时,可采用分层施工法,又称台阶施工法。根据台阶长度又分为长台阶法、短台阶法和超短台阶法等。当地质条件复杂,工程断面较大时,可采用导硐施工法,即先掘一定深度(1.5~2.5m)的小断面巷道,然后再刷帮、挑顶及卧底,将硐室扩大到设计断面。拱部扩大部分采用弧形导硐掏槽,而后进行光面爆破,尽量减少超挖和欠挖。

(2) 锚喷及衬砌支护

矿山法施工的地下工程,在设计时需要结合施工场地地质特性、围岩条件、拟建工程埋深以及工程具体用途来确定支护结构,一般采用锚喷与衬砌复合支护形式。

锚喷支护多作为初期支护,依据围岩稳定程度可与开挖平行或交叉作业。喷射混凝土标号不低于 C20,最小喷射厚度不应小于 50mm,最大厚度不应超过 250mm。对大断面硐室采用分部开挖时,达到设计轮廓的部分要及时支护。锚喷支护的主要作用是在光面爆破之后,尽早将壁部围岩封闭起来,使其保持完整性,充分发挥围岩的自承作用。实践已证明,正确使用锚喷支护对保证地下工程的施工进度和安全十分有效。

目前锚杆的种类很多,大体可分为三种:第一种是全长黏结型锚杆,如普通水泥砂浆锚杆、早强水泥砂浆锚杆等。该类锚杆采用水泥砂浆(或树脂)作为填充黏结料,不仅有助于锚杆的抗剪、抗拉和防腐蚀,而且具有较强的长期锚固力,有利于约束围岩位移。杆体结构简单,可以是钢筋、钢索或钢丝绳。缺点是砂浆凝固需要一定时间,不能及时发挥支护作用。该类锚杆多用于无特殊要求的各类地下工程中。第二种是端头锚固型锚杆,该类锚杆的代表是树脂锚杆和快硬水泥卷锚杆。端头锚固型锚杆的作用机理是借助高分子合成树脂或快硬水泥等黏结性强的材料,将端头与稳定围岩紧密黏结,从而使锚杆端头能抵抗很大的拉力而不会脱离稳定岩体。其安装容易,安装后可立即起到支护作用。缺点是杆体易腐蚀,影响长期锚固力。该类锚杆对端头处围岩条件要求较高,因此常在稳定岩层中修建的地下工程中使用。第三种是摩擦型锚杆,该类锚杆的代表是管缝式锚杆、楔缝式锚杆以及胀壳式锚杆。摩擦型锚杆的作用机理是将特制锚杆顶入围岩中,该锚杆设有纵向开缝,因此在顶入围岩后会立刻对岩体施加抗力,从而依靠管壁与围岩间的摩擦力来提供抗拔力,由于摩擦抗拔生效快,因此有利于及时控制围岩变形,但因其管壁易锈蚀,故不适用于永久支护。

大量实践表明,采用树脂黏结(端头或全长)的锚杆较其他类锚杆有较大优越性。特别是全长锚固的树脂锚杆,不仅安装简易且能很快抑制围岩的变形,在大多数岩层中都能起到较好的锚固作用,而且不受风化腐蚀的危害,适用于任何岩层的地下工程。在软土地基中目前使用较为广泛的是扩大头锚杆,其具有较为理想的变形控制能力,而在其他地层中扩大头锚杆的承载力也较普通锚杆提高20%~30%,甚至提高60%。

所有各种锚杆均要求先钻孔,然后才能安设。通常用风钻或凿岩台车钻孔。锚杆安装好后便可以喷射混凝土。喷射混凝土是借助喷射机械,利用压缩空气或其他动力,将一定配合比的拌合料通过管道输送并高速喷射到受喷面上凝结硬化而成的一种混凝土。可分为干喷、潮喷和湿喷三种方式。实际中为减少粉尘和回弹,多采用湿喷或潮喷,喷射混凝土的施工要点包括:

①在喷射混凝土之前,用水或风将待喷部位的粉尘和杂物清理干净。
②严格把握速凝剂掺加量和水灰比,使喷层表面平滑,无滑移流淌现象。
③喷头与受喷面尽量垂直,并宜保持0.6~1.0m的距离,喷射机的工作风压应根据具体情况控制在适宜的压力状态,一般为0.1~0.15MPa。
④应分次喷射,一般150mm厚的喷层要分2~3次才能完成。

地下工程的永久支护都采用浇注混凝土衬砌方式,一般情况下在围岩和初期支护变形基本稳定后施作,但在松散地层浅埋地段宜及时施作二衬。实际施工中二衬需要借助钢模台架或台车才能满足紧跟初支及时施作的要求。施工时应该注意的具体要求有:

①保证混凝土按照设计比例进行拌和。
②当采用混凝土拌和站、搅拌车及泵送混凝土系统时,搅拌车在输送中不得停拌,混凝土自进入搅拌车至卸出的时间不得超过混凝土初凝时间的一半。
③衬砌混凝土强度达2.5MPa时方可脱模。
④浇筑过程中要用振捣器捣固,坍落度应为8~12cm。另外,一次模筑混凝土衬砌循环长度不宜过大,一般为6~12m,以防混凝土硬化收缩而使衬砌产生裂缝。

总之,矿山法开挖的地下工程,基本工序是:钻孔→装药放炮→出渣→初期支护→永久衬砌。围绕基本工序还需要安排好测量放线、通风、排水及监测等辅助工作。在这些工序中,钻孔和出渣耗时较长,支护的施作则决定了整个工程的安全,因此需要严格保证这些环节按照施工要求进行。施工机械化程度及先进性主要体现在这三道主要工序中。因此,这三道工序是矿山法施工管理的核心。

### 5.1.5 盾构法

盾构法是在一个有足够强度硬壳的保护下,通过一种或多种平衡方式(机械平衡、气压平衡、泥水平衡、土压平衡等)保持掘削面的稳定,同时在硬壳内进行掘进排土、衬砌拼装、同步注浆等作业,从而构筑隧道的施工方法。硬壳及壳内各种作业机械和作业空间的组合体称为盾构机(简称盾构)。按照这个定义,盾构法的施工过程主要由稳定开挖面、挖掘和衬砌拼装三步组成。

盾构法施工中的一个重要问题是如何保持开挖面的稳定,历史上开挖面支护方式从最初的气压平衡支护发展到现代的泥水平衡支护和土压平衡支护,目前最常用的密封式泥水平衡盾构和土压平衡盾构已经达到较为成熟的技术水平。随着施工要求的不断变化以及计算机技术的快速发展,现代盾构技术主要朝着以下方向发展:研制能满足更多工程要求的超大、异形或多断面盾构机设备;突破挤压混凝土衬砌施工方法的技术难题;实现管片拼接装配的自动机械化以及工程监控量测的自动智能化;开发智能工程管理系统,提高施工效率。由此可见,新时代盾构法有着巨大发展前景,相应也对盾构法的安全性、适应性和经济性等方面提出了更高的要求。

1) 盾构法的类型

盾构法的分类方式很多,具体可按照开挖面形状、盾构机特性、开挖面尺寸、隧道功能、土体切削方式、掘削面挡土形式、掘削面加压稳定方式、施工方法和适用土质的状况等进行分类。下面介绍一些常见的分类方式,其他分类方式可参见有关国家规范、标准和规程。

(1) 按掘削面挡土形式分类

按掘削面挡土形式,盾构可分为开放式、部分开放式、封闭式三种。

①开放式:掘削面敞开,并可直接看到掘削面的掘削方式。根据不同的开挖方式又可分为手掘式、半机械式和机械式。这种盾构机适用于开挖面自稳性好的围岩。在遇到开挖面不能自稳的地层时则需进行地层超前加固等辅助施工,以防止开挖面崩塌。

②部分开放式:掘削面部分敞开。该盾构是在开放型盾构的切口环与支承环之间设置胸板以支挡掌子面土体,但在胸板上有开口,当盾构向前推进时需要将排出的土体从开口处挤入盾构内,然后装车外运,这种盾构适用于软弱黏土层。

③封闭式:在机械开挖式盾构机内设置隔墙,进入土仓的土体由泥水压力或土压提供足以使开挖面保持稳定的压力。具体形式包含泥水平衡式和土压平衡式,其中土压平衡式又可以分为泥土式和加泥式。

(2) 按掘削面加压稳定方式分类

按掘削面加压稳定方式,盾构可分为压气式、泥水加压式、削土加压式、加水式、加泥式、泥浆式六种,以下简述前五种。

①压气式:向掘削面施加压缩空气以稳定掘削面。
②泥水加压式:用外加泥水向掘削面加压以稳定掘削面。
③削土加压式(也称土压平衡式):用掘削土体的土压稳定掘削面。
④加水式:向掘削面注入高压水以稳定掘削面。
⑤加泥式:向掘削面注入润滑性泥土,使之与掘削下来的砂卵石混合,由该混合泥土对掘削面加压以稳定掘削面。

(3) 按施工方法分类

盾构按施工方法可分为二次衬砌盾构、一次衬砌盾构。二次衬砌盾构工法通常为盾构推进后先拼装管片,然后再作内衬(二次衬砌),也是盾构法中最常见的方法。一次衬砌盾构工法为盾构推进的同时现场浇筑混凝土衬砌(略去拼装管片的工序)。

2）盾构构造

盾构机是盾构法施工的机械设备，其在开挖和管片拼接时起到临时支护的作用，因此可以按照开挖方式和开挖面稳定方式对盾构设备进行分类。盾构机主要包括盾壳、开挖推进系统以及管片拼装系统，如图5-2所示。

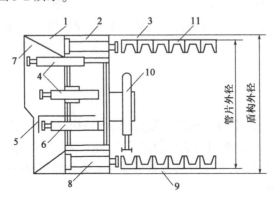

图5-2　盾构构造示意图

1-切口环;2-支承环;3-盾尾;4-支撑千斤顶;5-活动平台;6-活动平台千斤顶;7-切口;8-盾构推进千斤顶;9-盾尾空隙;10-管片拼装器;11-管片

(1) 盾壳

盾壳按功能可分为切口环、支承环和盾尾。切口环置于盾构机最前方，其前端制作成锋利的刃状以便于开挖时切入地层。支承环是切口环和盾尾环之间的部分，这部分强度较高，在施工时充当临时支护包裹着内部的推进装置，推进装置通过千斤顶支撑着外部的支承环，支承环要承担施工时产生的施工荷载以及围岩压力。盾尾一般是由盾壳外延形成的，在施工过程中起到防止地下水渗入以及盾尾注浆浆液回流的作用。

(2) 开挖推进系统

推进系统主要包括液压机和千斤顶，通过千斤顶为盾构机的前进提供动力，这对千斤顶和液压系统的输出功率提出了较严格的要求。

(3) 管片拼装系统

拼装系统主要负责在开挖结束后迅速将预制好的管片进行拼接，使衬砌结构能及时、精确地被安装到设计的位置。该系统能携带管片灵活地移动、旋转，其常用形态包括杠杆式拼装机和环式拼装机。

除此以外，盾构机还包括刀盘和螺旋输送机，刀盘与切口环部署在同一位置，可凸出切口环也可陷于切口环内或与切口环平齐，主要负责切削土体，螺旋输送机则负责将开挖出的土渣运走。

3）盾构法的特点

(1) 优点

适用于软弱、深埋地层；盾构既能支承地层压力又能在地层中推进，即开挖和衬砌安全性高，掘进速度快；盾构的推进、出土、拼装衬砌等全过程可实现自动化作业，施工用人少，施工劳动强度低，施工进度快；不影响地面交通与设施，同时不影响地下管线等设施；穿越河道或者海底时不影响航运，施工中不受季节、天气等条件影响，施工中没有噪声和扰动，隐藏性好；在松软含水地层中修建埋深较大的长隧道往往具有技术和经济方面的优越性。

(2) 缺点

盾构机造价较高,隧道的衬砌、运输、拼装和机械安装等工艺较复杂;若施工场地围岩条件为软弱且富水,则需要支护结构具有很强的防水性能,因此需要对施工工艺和管片拼接质量进行严格控制,且施工时很容易引起地层大范围沉降,目前还不能完全防止以盾构上方为中心土层的地表沉降;需要设备制造、气压设备供应、衬砌管片预制、衬砌结构防水及堵漏、施工测量、场地布置、盾构转移等紧密配合,系统工程协调复杂;施工中的一些质量缺陷问题尚未得到很好解决,如衬砌环的渗漏、裂纹、错台、破损、扭转以及隧道轴线偏差和地表沉降与隆起等;在断面尺寸多变的区段适应能力差;覆土浅时开挖面土体稳定较困难;气压盾构易引发气压病;建造短于750m的隧道经济性差;当隧道曲线半径过小时,会出现转向困难问题。

4) 盾构法的施工流程

盾构施工的特点是施工工序中的开挖、出渣、拼接管片、处理接缝、盾尾注浆等主要工序都会受到盾壳的保护,且施工容易受到地下水干扰并造成地表沉降,需要做好排水和沉降控制预案,因而盾构法施工是一项施工工艺技术要求高、综合性强的施工方法。盾构掘进施工系统如图5-3所示。盾构法施工的主要环节包括盾构机出发与到达、开挖地层并持续推进、拼接管片并做好接缝防水等。

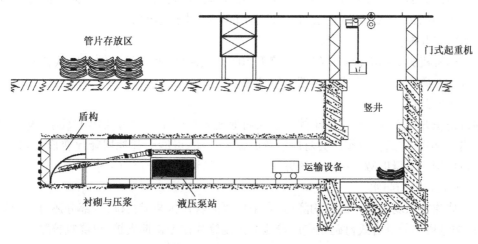

图5-3 盾构掘进施工系统示意图

盾构法施工的主要流程如下:

(1) 盾构的安设与拆卸

盾构隧道开挖前,需要在施工始发站安装盾构机,并指导盾构机在预定位置进洞,当盾构机到达设计终点时,需要将其拆卸运走。盾构机的安装方案如下:

① 临时基坑法。

在盾构机计划进地的位置开挖临时基坑(可用明挖法并采用板桩支护),安装好盾构机及附属设备后拆除临时支撑并回填基坑,再进行盾构开挖。该方法一般应用于盾构机出发点。

② 逐步掘进法。

若拟开挖隧道存在明显纵坡或隧道从地面逐渐延伸至地下,则盾构机需要逐渐向下运行直至整个开挖断面没入地层以下。该法对地面环境要求高,施工占地范围大,斜隧道距离长,施工成本高,适用于浅埋盾构隧道的始发端。

③工作井法。

工作井法是目前盾构隧道施工应用最多的施工方法。施工时,需从地表把盾构机的分解件及附属设备运入进发竖井(即始发盾构机的竖井)。然后在井内组装盾构,并设置反力装置和盾构进发导口。进发竖井一般也作为施工人员进出和各种材料及设备运输的通道。

(2)土体开挖与推进

盾构机运行时,内部的千斤顶将机头的切口环顶入土层后,刀盘开始开挖土体,切口环每次前进的最大距离即千斤顶的最大顶进距离,通过控制不同位置千斤顶的顶进距离,即可改变盾构机前进的方向、纵坡等参数。刀盘开挖土体的方式一般参照地质条件和盾构机类型确定,具体开挖方式有以下几种:

①敞开式开挖。

若拟建工程施工场地围岩稳定性好,因开挖产生大范围地层失稳的可能性很小,则可以采用敞开式开挖。该开挖方式一般按照从上到下的顺序进行。

②机械切削开挖。

在盾构机头部安装与拟开挖断面直径相同的旋转式刀盘,一边切削土体一边通过运输设备带走土渣,从而实现机械化施工。该方法适用于城市中修建的地下工程。

③网格式开挖。

在盾构机机头处用隔板和横撑将开挖工作面分成网格,使开挖出的土体从各网格中被挤出。该方法在盾构施工技术发展早期使用较多。

④挤压式开挖。

通过挤压开挖面前方地层使土体收缩从而形成开挖硐室。该方法出土量小,极端情况下甚至不出土,但强烈的挤压作用会对地层造成较大扰动,可能引起地层隆起变形,因此使用时需要谨慎控制出土量以减小扰动。该方法多用于顶管法等非开挖施工中。

(3)衬砌拼装与防水

对于修建在软弱地层中的盾构隧道,常采用预制管片拼装成衬砌,少部分还可采用复合式衬砌,盾构隧道中的复合式衬砌是先用较薄的预制管片作为初期支护,再浇筑较厚的混凝土进行二次衬砌。

盾构在拼装前,先在拼装室底部铺设50cm厚的混凝土垫层,其表面与盾构外表面相适应,在垫层内埋设钢轨,轨顶伸出垫层约5cm,可作为盾构推进时的导向轨,并能防止盾构旋转。若拼装室要作其他用途,则需将垫层凿除,费工费时。此时可改用由型钢拼装的盾构支撑平台,其上也需要有导向和防旋转的装置。

预制管片拼装是指提前制作好多个弧形钢筋混凝土构件,将其拼接并闭合成环形,以作为隧道衬砌。管片拼装方式包括"先纵后环"和"先环后纵"两种。先纵后环指在保持其余千斤顶轴对称工作并为盾构机提供稳定支撑的情况下,有选择地缩回部分千斤顶,再安装缩回千斤顶位置的管片,此方法能保证盾构机始终得到千斤顶的支撑,但可能会造成管片闭合后环面不平整;先环后纵法则是直接缩回全部千斤顶,为管片的安装留足空间,再将已经闭合成环的管片安装到相应位置,该方法解决了先纵后环法可能造成的管片闭合不严或环面不平整问题,但由于撤掉了全部千斤顶,失去支撑的盾构机可能会向后倒退。

若拟建隧道位于富水地层中,则还需要保证管片接口的防水防渗性能。现阶段主要使用防水密封垫来对管片接缝进行防水处理,考虑到管片接缝一旦发生漏水,修补难度较大,因此,防水密封垫应该使用抗老化能力强的材料制作,同时要保证其在受到复杂外力作用时仍能保持黏附性、变形恢复性以及防水性,目前实际工程较多使用特种合成橡胶制作防水密封垫。目前比较先进的防水密封垫形式,如锚固式防水密封垫,其腿部嵌固于管片,能够有效阻断密封垫底部渗水通道,避免粘贴不牢引起的密封垫脱落,解决管片拼装过程中密封垫的推挤和堆积等问题,但是存在管片制作工艺要求高、密封垫破损难修复和锚脚处混凝土易开裂等问题。当管片衬砌安装结束后,需要通过壁后注浆的方式来填补盾尾与衬砌间的孔隙,以防止引起大范围地层沉降,不仅如此,浆液形成强度后还能显著改善管片衬砌的受力条件并大大增强衬砌的防水性能。

(4)壁后注浆

管片壁后注浆按与盾构推进的时间和注浆目的的不同,可分为同步注浆、二次补浆和堵水注浆。

①同步注浆。同步注浆与盾构掘进同时进行,通过同步注浆系统及盾尾注浆管在盾构向前推进盾尾空隙形成的同时进行注浆,浆液在盾尾空隙形成的瞬间起到充填作用,使周围岩土体获得支撑,保持衬砌环早期稳定,故必须尽快进行注浆,且应将空隙全部填实。其可有效防止岩体的坍塌,控制地表沉降。注浆材料需具有下列特点:不产生材料离析;具有流动性;压注后体积变化小;压注后的强度很快超过围岩强度,保证衬砌与周围地层相互作用以减少地层移动;具有一定的动强度以满足抗震要求;具有不透水性等。一般常用的注浆材料有水泥砂浆、加气砂浆、速凝砂浆、小砾石混凝土、纤维砂浆、可塑性注浆材料等,终凝强度不低于0.2MPa,可因地制宜,合理选择。

②二次注浆。管片背后二次补强注浆是在同步注浆结束以后通过管片的吊装孔对管片背后进行补强注浆,从而达到提高同步注浆的效果、补充部分未充填的空隙和提高管片背后土体的密实度的目的。二次注浆时浆液充填时间相对于掘进时间有一定的滞后,盾构机每前进一环即向壁后孔隙注入粒径3~5mm的石英砂或石粒砂,每连续推进5~8环向壁后注入一次水泥浆,使浆液与砂石混合,发生固结。在对浆液进行加压时,应当按照对称原则控制注浆压力,合理的注浆压力为0.6~0.8MPa。

③堵水注浆。堵水注浆就是利用机械的高压动力(高压灌注机),将水溶性聚氨酯化学灌浆材料注入混凝土裂缝中,当浆液遇到混凝土裂缝中的水,会迅速分散、乳化、膨胀、固结,这样固结的弹性体会填充混凝土所有裂缝,将水流完全地堵塞在混凝土结构体之外,以达到止水堵漏的目的。

5)盾构法施工技术难点

跨入21世纪以来,盾构法在我国得到了广泛的应用,随着盾构法施工规模的不断扩大,很多盾构隧道不得不在较为不利的地层条件下施工,导致其面临的技术困难也越来越多,主要技术难点如下所述:

①硬质围岩会导致盾构机刀盘产生严重磨损；

②在软黏土地层中掘进时土渣容易在刀盘处结成泥饼，设备前进姿态难以控制；

③若开挖地层为砂卵石等粗粒土地层，除了磨损以外还存在出渣困难和地下水喷涌等问题；

④若开挖面正好处于地层分界面，则可能因为地层界面处的不规则透镜体、孤石、球状风化体、基岩凸起等导致刀具磕落、管片上浮、刀盘结泥饼和渣土堵舱等问题。

以上问题会严重拖慢工期，增大成本，甚至威胁工程安全。针对以上问题，采取如下措施。

(1) 刀盘结泥饼的判据及处治措施

盾构机工作时刀盘持续磨损且一直与掌子面保持紧密接触，导致很难对刀盘的结泥饼情况进行实时监测，且盾构机的运行参数需要不断根据地层条件进行调整，因此想要通过盾构机的掘进参数来准确判断刀盘结泥饼的情况也是很困难的。实际工程中对结泥饼情况的判断仍然高度依赖工程经验，主要参考掘进速度、推力、扭矩和地表沉降情况分析，具体判据如下所述：

①施工地层为黏性土地层或含黏粒的粗粒土地层；

②盾构机掘进速度明显降低；

③维持掘进速度所需的千斤顶推力持续增大；

④刀盘扭矩增大或减小，出现卡顿等；

⑤出渣不畅；

⑥刀盘中心温度高，渣温异常；

⑦循环系统或渣土改良系统爆管。

实际工程经验表明，结泥饼现象主要发生在刀盘中心和靠近中心的刀口。总结了大量的工程经验后，可以发现结泥饼现象的产生遵循着一定的规律，因而可以对刀盘设计进行一定的改良。专业人士通过工程经验总结的刀盘结泥饼产生原因如下：

①刀盘中心开口率太小，开口分布不合理；

②刀具类型、数量、布局和安装高度不合理；

③渣土通道未设计成阻力小的圆弧形；

④刀盘厚度过大；

⑤刀盘支撑臂未倾斜；

⑥刀盘背板上搅拌棒的数量少，高度和排布方式不适宜；

⑦土舱容积过小；

⑧刀盘上高压冲洗管路分布不合理，冲水压力太小；

⑨螺旋输送机伸入土舱内的长度太小，主动出土能力弱。

针对刀盘结泥饼产生的原因，目前的解决措施具体如下：

①增大刀盘开口率。

目前实际工程中广泛使用的辐条加面板式刀盘的开口率都在35%以下，过小的开口率是导致结泥饼的重要原因，因此可以针对性地增大刀盘中心区的开口率。实际工程中可采用减少刀盘面板和使用圆管辐条的方法来增大刀盘开口率。

②刀盘中心增加高压冲洗水路。

以往的工程经验表明,结泥饼现象大多是从刀盘中心出现并逐步向四周发展,因此可以在刀盘中心位置设置高压冲洗水路,同时实时监测施工过程中的设备推力、刀盘扭矩、前进速度和刀盘主轴承温度等运行数据,若监测结果异常则立刻使用高压水冲洗刀盘中心,从而在泥饼产生初期就断绝其继续发展的可能。

③刀盘搅拌棒优化。

结合工程经验,对搅拌棒的长度和布局进行调整,得到最合适的搅拌棒布置方式,保证切削下来的土体能够得到充分搅拌从而更容易被螺旋机排出,这样大大降低了结泥饼的概率。

④刀盘辅助喷口优化。

刀盘上设有用于喷射液体辅助开挖的喷口,喷口主要位于刀盘中心和辐条位置,需要喷射时喷口开启,喷射结束后快速关闭。现有工程经验表明,喷口在开启时很容易被土渣堵塞,因此需要优化喷口的防堵设计,做好喷口十字橡胶板的支撑。

⑤合理布置刀盘、刀具。

刀具的布置是影响刀盘切削效果的重要因素,盾构机刀盘刀具一般包含先行刀、刮刀和滚刀,先行刀最先切入地层,刮刀随后开始工作,滚刀则在地层条件较为复杂时使用,按照这种布置思路,先行刀刃高度会大于刮刀 40~50mm,这也导致了刮刀会在先行刀插入地层后很快接触被切削的土渣,因此在黏土地层中开挖时极易结泥饼。为解决这一问题,需要合理设置不同刀刃间的高差,使刀刃高度较小的刀具尽量晚接触土渣。目前施工中最常用的方法是将先行刀和刮刀分层设置,每层刀具间存在高差,从而使不同刀具接触土渣的时间差尽可能延长,分层数可设置先行刀三层、刮刀两层。

除上述方法外,目前工程中常用的应对结泥饼现象的方法还包括注射泡沫及分散剂。这两种方法的作用机理是:泡沫能起到润滑接触面、促进土渣压缩保水、阻碍土颗粒间接触、降低土渣黏聚力和内摩擦角的作用;分散剂则能减弱黏土颗粒的黏结性,使已经黏结成块的土渣分散成小颗粒被运走,因此能消除已产生的泥饼,但由于泥饼压缩度较高,不便于分散剂渗入,注射后需要停工 24h 使其生效后再恢复施工。

在以上处理措施的基础上,还需要加强对盾构机驾驶员的技能培训,使其能合理灵活地调整刀盘扭矩、转速等参数,保证推进速度与螺旋机出土速度匹配,避免土渣淤积,从而降低结泥饼现象发生的可能性。

(2)管片上浮机理及处治措施

盾构隧道管片多数情况下表现为管片上浮,主要受水文与工程地质条件、同步注浆质量和盾构姿态控制等方面的影响,具体如下所示:

①地质复杂多变,盾构机掘进参数变化大。

若施工地层地质条件突变现象多发或施工前的地质勘测未能探明地层条件,施工时就不得不对掘进姿态、油缸推力等参数进行高频率大幅度的调整,从而导致管片上浮。

②隧道埋深大,地下水丰富。

若开挖地层为富水地层且围岩裂隙充分发育,开挖产生的扰动可能导致地下水向硐室方向汇集,且由于盾构机刀盘直径大于管片衬砌直径,衬砌安装完成后与四周地层存在间隙,此时若地下水富集于硐室内,水的浮力就可能导致管片上浮。

③盾构同步浆液凝结过慢,空隙填充不饱满。

若盾尾同步注浆时选用的浆液性质不良,导致浆液凝结过慢,地下水与浆液混合后易引起浆液离析,密度较大的砂等沉积在底部,密度较小的水泥、粉煤灰等漂浮在上部,产生的浮力导致管片上浮。

④被动铰接式盾构机盾尾控制困难,易产生上浮。

若施工机械选择的是被动铰接式盾构机,则更容易导致管片上浮,这是因为被动铰接式盾构机的推进油缸是通过串联的方式与盾壳相连,每一组铰接油缸所受拉力大小相同,从而不能通过控制不同油缸的拉力来调整盾尾,而掘进过程中盾尾受到浮力后很容易上浮,盾尾上浮后管片所受约束变弱,也会随之上浮。

针对上述常见的盾构管片上浮的原因,在实际工程中通常采用如下措施尽可能地解决管片上浮问题。

①优化掘进参数,控制盾构机掘进姿态,减少管片扰动。

盾构施工的掘进路线不是一成不变的直线,而是随设计变化的三维曲线,而盾构机的方向调整是通过调整千斤顶的推力产生推力差,从而使机头某一侧产生更大的位移来带动机身转向实现的,然而压力差和机身偏转会对已经安装的管片产生弯矩,若弯矩过大,则管片可能会发生偏移。由此可见,掘进过程中需要严格控制盾构机的运行参数,尤其是在机身转向时,要通过精确控制保证盾构机平稳转向而不会导致管片偏移。

②加强管片姿态测量,掌握管片上浮趋势,合理调整盾构竖直姿态。

及时发现管片的异常位移是很重要的,因此管片安装后需按照要求及时对管片的水平位移和高程变化进行量测。按照现行相关规范,监测频率为每掘进10环监测一次,若发现管片位移量过大(以总位移量20mm为标准),应当加大监测频率至每掘进5环一次,直到管片位移值降低到20mm以内为止。

③改善同步浆液,提高同步注浆效果。

壁后注浆是维持衬砌稳定,避免管片上浮的重要保护措施,然而注浆效果很大程度上受浆液性质的影响,若浆液不能及时凝结,则不但无法对管片起约束效果,反而可能会使管片上浮更加严重。因此需要优化浆液成分,提高浆液质量,缩短浆液初凝时间,从而提升注浆效果。

④加强同步浆液二次补浆,保证壁后填充密实。

尽管初次注浆的浆液已经经过了多次优化,但浆液凝结仍需要时间,这导致浆液可能在未凝固之前就顺着地层中的裂隙流走,浆液流走后地层与注浆体之间出现空洞,导致管片存在上浮的可能。因此,应该在初次注浆后再进行二次补浆,彻底填充地层与管片间的孔隙,杜绝管片上浮隐患。

⑤采用双液浆顶部注浆技术,快速凝结形成固定点位以控制上浮。

以往工程经验表明,管片上浮的速度一般在管片拼装完成后的一天以内达到最大,若仅采用单液浆作为壁后注浆的浆液,则很难在此期间就形成足够的强度约束管片上浮。因此,可以将水泥和水玻璃等凝结速度较快的材料按一定比例配合成双液浆,在管片安装完成后从管片顶部注入,快速形成强度以约束管片上浮。

### 5.1.6 掘进机法

掘进机法也叫TBM(Tunnel Boring Machine)法,掘进机是一种利用回转刀具开挖、破碎和掘进隧道的机械装置，用此法修筑隧道的方法，称为掘进机法。全断面隧道掘进机可使掘进、支护、出渣等施工工序并行、连续作业，是机、电、液、光、气等系统集成的流水线隧道施工装备，具有掘进速度快、工期短、环保、综合效益高等优点。特别适用于在稳定的围岩中长距离施工。对围岩的扰动损伤小，开挖表面平滑，在圆形隧洞的情况下，受力条件好。震动和噪声对周围的居民和结构物的影响小。施工安全，作业人员少。可实现传统钻爆法难以实现的复杂地理地貌深埋长隧洞的施工，在中国水利、水电、交通、矿山、市政等隧道工程中应用广泛。缺点是设备的购置、运输、组装解体等的费用高，设计制造时间长，初期投资高，不适用于短隧道，施工途中不能改变开挖直径。对地质的适应性受到一定限制。对软弱围岩，还存在不少问题；对硬岩，刀具成本急剧增大，开挖速度也降低。开挖断面的大小、形状变更难。

掘进法施工前要进行项目调研与规划，深入了解工程所在地的地质，评估掘进机法施工的可行性，制订详细的施工规划。对施工人员进行掘进机操作、安全知识等方面的专业培训，确保工作人员熟练掌握掘进机操作规范和安全防护要求，定期对掘进机进行维护与保养，确保设备性能稳定。根据施工规划，提前采购所需的掘进机、配套设备以及施工材料等，确保施工过程中各种设施和材料的供应稳定。掘进机的主要施工流程包括施工准备，掘进机定位与安装，全断面开挖与出渣以及渣土处理，外层管片式衬砌或初期支护，TBM前推，管片外灌浆或二次衬砌。按照施工规划，对掘进机进行准确的定位与安装。确保掘进机处于最佳工作状态后启动掘进机，进行掘进作业，实时监测掘进进度，确保施工质量。施工完成后，组织专业人员对工程进行验收，确保掘进机施工质量符合要求，对掘进过程中产生的渣土进行及时清理，保持施工现场整洁。

### 5.1.7 顶管法

顶管法是继盾构法之后发展起来的可直接用于松软土层或富水松软地层的一种施工技术，如图5-4所示，在许多国家被广泛用于短距离、小管径类地下管线工程的施工。相比于传统的挖沟埋管法，其无须挖槽或开挖土方，既不影响交通和破坏路面植被等，又可避免为疏干和固结土体而采用降低水位等辅助措施。顶管法相比盾构法的一大优势在于不需要在开挖后拼接管片组成衬砌，因此无须在管片运输和组装上消耗资源和时间，提高了施工效率。顶管施工与盾构施工的最大区别在于盾构施工的首节管（片）位于工作坑的洞口，而顶管施工的首节管随着顶管机向前移动（顶进），管道完成后位于接收坑的洞口处。

图5-4 顶管法施工现场

近几十年来,中继接力顶进技术的出现使顶管法已发展成为顶进距离不受限制的施工方法。美国于1980年曾创造了9.5h顶进49m的纪录,施工速度快,工程质量比小盾构法好。目前顶管法仍主要用于富水松软地层中的管道工程,用顶管法施工顶进距离超过500m管道的只有少数几个国家。对于顶管法在城市地下管线工程的广泛应用仍需进一步研究。

1) 顶管法基本原理

顶管施工就是借助主顶设备及管道间的中继接力顶进设备的推力,在一定深度的工作坑内将工具管与工程管推进到地层中,直至到达终端工作坑后,将工具管起吊,工程管直接埋设在地层中,是一种非开挖的铺设地下管线的施工方法,图5-5为顶管施工原理示意图。为了克服长距离顶进力不足的问题,管道中间设置一个至几个中继接力环,并在管道外周压注触变泥浆以减少顶进摩擦。对于城市市政工程的管道使用顶管法施工有其独特的优越性。

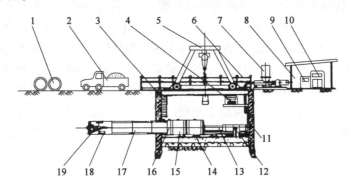

图5-5 顶管法施工原理示意图

1-混凝土管;2-运输车;3-扶梯;4-主顶油泵;5-行车;6-安全护栏;7-注浆泵;8-工作室;9-配电系统;10-操作房;11-后座;12-顶进测量计;13-主顶油缸;14-轨道;15-弧形顶铁;16-环形顶铁;17-工程管;18-运土装置;19-掘进机头

顶管施工中,前方顶进工作面的土体与上方土体的稳定是顶进技术必须解决的关键问题之一。现阶段施工主要采用气压平衡、泥水平衡和土压平衡三种方法。

气压平衡可依据压气空间的多少分为全气压平衡和局部气压平衡。全气压平衡是向顶管内的开挖工作区域压入空气,使管内气压增大以抵御地层的水、土压力,保证开挖稳定进行,这导致开挖区域的工作人员需要在高气压条件下工作;局部气压平衡则基本只向正在掘进的土舱内压入空气,增大气压,以保持开挖面的稳定,开挖通过机械设备进行,施工人员不会在高气压条件下工作。

泥水平衡的原理是将用黏土和泥浆等材料配制的泥水注入掘进舱室,通过加压使泥水具有一定压力,从而抵御开挖面前方土体产生的水土压力。通过工程应用发现,泥水会在掌子面形成一层泥膜,从而阻断了地下水的渗流通道,有利于开挖面维持稳定。其中泥水相对密度非常重要,土质不同,泥水的相对密度也不相同。在黏土及粉土中,一方面渗透系数极小,土体比较稳定,仅依靠水压力就能稳定开挖面;另一方面土体本身能造浆,因此对泥水的相对密度不必严格要求,甚至清水也能护壁。在淤泥及淤泥质土中,由于土体本身不够稳定,土体扰动后容易液化,稳定性差,即使有泥水护壁,仍会造成开挖面失稳。因此不能完全依赖泥水,还应辅以机械平衡措施。

土压平衡就是利用顶管机的刀盘切削和支承机内土压舱的正面土体,抵抗开挖面的水、土压力以达到稳定土体的目的。以顶管机的顶速为常量,以螺旋输送机转速为变量进行控制,使土压舱内的水、土压力与切削面的水、土压力保持平衡,由此则可减少对正面土体的扰动并减小地面的沉降与隆起。施工中,掘进区挖出的土储存在土舱内,螺旋输送机负责将土排出,通过控制排土速度,使土舱内的土渣被压缩产生土压力以抵御开挖面上的水、土压力,排出的土可干可湿,一般都不需要再进行泥水分离的二次处理,该方法具有适应土质范围广和无须其他辅助手段的优点,随着土砂泵的应用,该工法将会得到更广泛的普及推广。当地层的渗透系数小于 $10^{-7}$ cm/s 时,应优先考虑使用土压平衡盾构;当地层的渗透系数在 $10^{-7} \sim 10^{-4}$ cm/s 之间时,两种盾构均有应用的可能,要结合具体的工程情况和各种施工要素进行合理的选型;当地层的渗透系数大于 $10^{-4}$ cm/s 时,适宜优先使用泥水平衡盾构。

2) 顶管法的分类

顶管施工技术发展到今天,已有很多种类,分类方法也很多。按工程管口径大小分类,有大口径、中口径、小口径和微型顶管;按掘进机的作业形式分类,有手掘式、挤压式、机械式;按推进管材分类,有钢筋混凝土顶管和钢管顶管;按顶进管道的轨迹分类,有直线顶管和曲线顶管,其中曲线顶管施工时需要采用特殊措施保证工程安全,因此对施工技术要求较高。

3) 顶管法施工基本流程

顶管法施工时,先以准备好的顶压工作坑(井)为出发点,将管段卸入工作坑后,通过传力顶铁和导向轨道,用支承于基坑后座上的液压千斤顶将管压入土层中,同时挖除并运走管内泥土,当千斤顶达到最大伸长距离时,全部缩回,放入顶铁,千斤顶继续顶进,如此反复,当第一节管全部顶入土层后,去除全部顶铁,接着将第二节管吊入工作井,安装上止水设施,顶接在第一段管节后面继续顶进,只要千斤顶的顶力足以克服顶管时产生的阻力,整个顶进过程就可循环重复进行,直到顶出接收井穿墙洞。

4) 顶管法的施工工序

顶管法施工的主要工序包括顶管工作坑的开挖、穿墙管及穿墙、顶进与纠偏、局部气压法加压与冲泥和触变泥浆减阻等。

(1) 顶管工作坑的开挖

顶管工作坑用来安装顶管施工所用的机械设备,由于顶进系统输出的顶推力很强,因此工作坑要有足够的强度来承受巨大的反作用力。从稳定性的角度出发,工作坑建议修建为圆形,可使用沉井法或地下连续墙法修建。使用沉井法要注意沉井下沉前在预顶进位置安装穿墙管并填充黏土,防止土渣和地下水从此处涌入沉井内部;若使用的是地下连续墙法,则需要在预顶进位置安装钢制锥形管并填充楔形木块,以避免土渣涌入锥形管。为保证工作坑具有足够强度,需要浇筑多层圈梁,同时应增大预顶进位置圈梁的高度和刚度,并在管轴线两侧设置侧墙加固圈梁,顶进时侧墙能协助圈梁受力。

(2) 穿墙管及穿墙

穿墙管一般于顶进前安装在预顶进位置,顶进时用来支撑地层防止渗水并引导管道顶进,因此应当具有较高的强度和刚度。穿墙是指开启穿墙管闷板,将工具管顶出并做好防水处理的过程。由于工具管的顶进精确度直接影响后续顶进方向和衬砌施作，因此穿墙在整个施工过程中起到重要作用。在修建工作坑时，为防止土渣和水涌入，需要用黏土等填充物将穿墙管填满。穿墙工作进行时工具管顶进要迅速，以将穿墙管内的填充物挤入两管间缝隙充当防水材料。工具管的顶进应当在泥浆环进洞之前停止以施作止水圈，止水圈应该在保证不漏浆的前提下预留一定压缩量以便于在其磨损后继续压紧。

(3) 顶进与纠偏

顶进正式开始后，将预制好的工程管吊入工作坑并安装在顶进轨道上，通过千斤顶将其顶入地层。千斤顶工作时应当保证顶进速度稳定，输出的顶推力均匀。顶进过程中工具管可能因为受到不平衡外力而偏移设定方向，若不及时进行调整，则会导致顶进阻力增大甚至难以继续顶进，常用的纠偏方法是人工干预纠正工具管方向，但想要彻底解决偏移问题，还得从根源入手。现阶段已经对如何测定不平衡力的大小和方向进行了一些研究，在此基础上诞生的测力纠偏法正是通过预测不平衡力来调整顶进方向。

(4) 局部气压法加压与冲泥

若拟建隧道长度较大，则应当采用局部气压法作为平衡地层水、土压力的方法，尤其是施工场地位于软弱地层，易发生流砂或塌方时，采用局部气压法有利于控制出泥量、维持地层稳定、避免地面沉降过大和工具管偏移。加压时应当以维持地层稳定为前提，气压大小可略低于水、土总压力，避免加压过度导致掌子面前方土体发生固结从而增大顶进难度。若顶进时遇到障碍物或工具管正面格栅被堵，导致无法正常出泥，应当在加压后由工作人员进入冲泥舱排除障碍并清理堵塞物。顶进过程中若遇到泥沙堆积，建议使用水枪冲洗，水压力在 1.5~2.0 MPa以内，并将冲下的碎泥用水力吸泥机排出。

(5) 触变泥浆减阻

顶进前先从工具管尾部向管外注入触变泥浆以减小顶进阻力，注浆压力应当超过地层水、土压力，实际注浆量应该为理论值的 1.2~1.5 倍，保证壁外泥浆套的厚度和完整性，若拟建隧道较长，则应及时对后续管道进行补注。

顶管法的应用有一定的局限性，城市地下管线工程一定要根据地质地层特征和经济性等多种因素综合分析，切忌盲目选用。

## 5.2 城市地下工程特殊与辅助施工方法

### 5.2.1 沉管法

沉管法，也称预制管段沉放法，即先在隧址以外的预制场制作隧道管段，管段两端用临时封墙密封，待达到设计强度后拖运至隧址位置。此时在设计位置上已预先进行了沟槽开挖，设置了临时支座；然后沉放管段，待沉放完毕后，进行管段水下连接，处理管段接头及基础，而后覆土回填，再进行内部装修与设备安装以完成隧道施工。这种方法一般用于过江和过海隧道建设，也可用于陆地隧道建设，只是在建造中需要用钢板桩围护并开挖一条临时性运河，建成后的隧道也称沉管隧道。沉管法的优点有以下几点：预制的管段容易保证沉管结构和防水层的施工质量;工程造价较低;在隧道现场的施工期短;操作条件好、施工安全;断面形状、大小可自由选择,断面空间可充分利用;容易与周边道路和立交相连接。沉管法不足主要有:需要大面积干坞,对河道通航有影响;施工受气象和水文等自然条件影响较大;施工技术复杂,隧道易产生不均匀沉陷而使接头漏水;水下作业风险较大。

1) 沉管法的适用范围和施工条件

根据各国的实践经验,在水底隧道建设中盾构法与沉管法各有优缺点,一般常采用比较经济、合理的沉管法。沉管法适用于水道河床稳定,便于顺利开挖沟槽的区域,且水流不能过急,以便于管段浮运、定位和沉放。沉管法施工需满足以下条件:

① 隧道截面尺寸既要考虑交通条件,又要考虑隧道施工的两个重要阶段(即浮运阶段和沉放阶段)的要求;每节管段长度为60~140m,一般为100m左右。

② 沉管结构配筋不宜采用Ⅲ级及以上等级的钢筋,混凝土常采用C30~C45。

③ 一般矩形沉管干舷高度为50~100mm,如果管段在波浪较大的水中浮运,则干舷高度要保持在150~250mm。在计算施工阶段抗浮安全系数(管段总重与管段排水量之比)时,抗浮安全系数取1.05~1.10,临时施工设备的质量忽略不计;在使用阶段,抗浮安全系数取1.2~1.5。

2) 沉管法施工流程

沉管法施工流程为:干坞开挖(用于制作预制管段)→预制管段制作→干坞进水→沉放基槽开挖及清淤→将预制管段浮运至基槽指定位置→管段沉放及管段水下连接→基础处理→基槽回填覆盖,如图5-6所示。其中管段制作、管段沉放、水下连接和基础处理为主要工序。

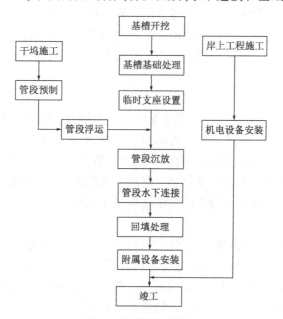

图5-6 沉管法施工流程

(1) 管段制作

沉管隧道按其管段制作方式(或按其截面形状)分为两大类,即船台型(圆形、八角形或花篮形等)和干坞型(矩形)。

①船台型管段制作。

该类型的沉管段需要在造船厂的船台上完成钢结构外壳的建造,将预制好的管段滑入水中并运至拟下沉位置再浇筑混凝土下沉。该类管段的横断面一般为圆形、八角形和花篮形,此外还有半圆形、椭圆形及其组合形,基本上均是从盾构隧道断面形式演化而来的。

管段内轮廓为圆形时,结构断面受力更为合理;沉管的底宽较小,基础处理比较容易。由于钢结构管段具有较高的强度,因此既可以充当混凝土模具又能承担防水职能。且由于大尺寸钢结构焊接较为耗时,因此能否充分利用造船厂的相关设备是决定工期长短的重要条件。在选择断面形式时,圆形断面虽然受力性能更好,但其管内空间利用率低,尽管隧道建筑限界以外的空间可以用来安装通风照明设施,但这会导致车道净高降低,且圆形断面限制了横向空间的利用范围,导致很难采用三车道设计,从而影响了隧道可容纳的最大交通量。同时,圆形断面还存在钢材消耗多、焊接难度大等缺点,因此仅在沉管隧道发展初期有一定规模的应用。

②干坞型管段制作。

该类型的沉管段需要在施工准备阶段修建临时干坞,后续的管段预制工作均在干坞内进行,制作完成后向干坞注水并将漂浮状态的管段浮运至拟下沉位置下沉。为保证管段的水密性,需对结构物自身、结构物外侧和施工接缝进行防水处理。这类沉管多为矩形断面,可同时容纳2~8个车道。相比圆形横断面,矩形断面的空间利用率明显更高,且矩形隧道的车道高程更高,因此总里程更短,工程总量更小。当车道数达到4个以上时,其所能容纳的最大交通量明显提升,且由于管段大多采用钢筋混凝土建成,相比船台型管段用钢量显著减少,因此经济性更好。但由于管段制成后仍需经历浮运过程,因此对混凝土的浇筑质量要求较高,需要其满足防水性和抗浮安全系数要求并预留足够的干舷。由于在成本和工程量上具备优势,该方法早在20世纪50年代就成为欧洲最常用的沉管隧道修建方法,其较为代表性的工程案例就是荷兰鹿特丹的马斯河水底隧道。现如今矩形断面干坞型沉管已经成为国内外应用最广泛的沉管施工方式。

(2)管段沉放

预制的管段达到设计强度后,便可浮运至沉放地点沉放。管段沉放是整个沉管隧道施工的关键环节,它不但受气候、河流自然条件的直接影响,而且受到航道、设备条件等其他因素的制约,所以在沉管隧道施工中并没有一套统一的沉放方法。管段沉放一般步骤是:准备工作、浮运、管段就位、管段下沉和水上交通管制。管段下沉经常分三步进行,即初次下沉、靠拢下沉和着地下沉。管段沉放大体上可分为吊沉法和拉沉法两种方法。

①吊沉法。

到目前为止,管段沉放以吊沉法居多。根据施工方法和主要起吊设备的不同,吊沉法又可分为分吊法、扛吊法和骑吊法等。分吊法要求沉管预制阶段先埋设好起吊装置,预制完成后使用吊船或浮箱等设备将其吊至预下沉位置下沉。扛吊法是在左右方驳之间加设两根"扛棒","扛棒"下吊设沉管,然后沉放。"扛棒"一般是型钢梁或组合梁,每副"扛棒"的每个"肩"所受的力仅为下沉力的四分之一。由于吊沉法中的船组采用扛吊法浮运时抗倾覆稳定性和安全性较高,因此该方法在管段沉放作业时应用较多。骑吊法是用水上作业平台"骑"于管段上方,将其慢慢地吊放沉没。水上作业平台实际上为矩形钢浮箱,就位后可向浮箱内灌水加载,使四条钢腿插入海底或河底,移位时则相反。

②拉沉法。

对拟下沉位置的河床或海床进行处理时,在水下桩的桩墩上扣装高强度钢索,同时在管段上安装卷扬机,将管段浮运到下沉位置后,利用卷扬机拉动钢索,将具有 2000～3000kN 浮力的管段缓慢地拉下水沉放到桩墩上。此法必须在水下设置桩墩,费用较大,应用很少。

(3)水下连接

管段沉放完毕后应与既设管段或竖井紧密连接成一个整体。这项工作在水下进行,故称为管段水下连接。水下连接技术的关键是要保证管段接头不漏水。水下连接的施工方法有两种:一种是水下混凝土连接法,另一种是水力压接法。在 20 世纪 50 年代之前,管段大多采用钢材制作,因此水下连接工作主要通过水下灌注混凝土的方式实现。后来随着施工方法的改良,越来越多的管段开始采用钢筋混凝土制作,钢筋混凝土的水下连接工作则通过作用在管段自由端的水压使连接端上安装的橡胶垫环受压与接触端紧密贴合,从而实现止水连接,该方法被称为水力压接法。接头胶垫是水力压接法的关键部件。目前水力压接法使用的管段接头胶垫有两种:一种是荷兰人研制的尖肋形橡胶垫,其安装在管段接头竖直面,作为管段接头第一道防水线承受压力;另一种是"Ω"形或"W"形橡胶板,其安装在管端接头内壁水平方向,作为管段接头的第二道防水线承受拉力。水力压接法主要工序是对位、拉合、压接和拆除端封墙。

①对位。施工中在每节管段下沉着地时应按初步下沉、靠拢下沉和着地下沉三个阶段进行。着地下沉时要结合管段的连接,对位时水平方向精度为 ±5cm,垂直方向精度为 ±1cm。

②拉合。管段下沉前需在内部隔墙上安装 2 台千斤顶(或卷扬机),通过钢索将两节管段拉近并接触,从而使待连接管段连接端的橡胶密封圈发生变形以发挥其止水作用。

③压接。待连接管段连接完成后,可通过管段上预设的排水阀将管段连接处的水排出,排水时会导致连接端内部产生真空环境,此时封墙有可能受反压发生破坏,因此需及时通过预设的进气阀向管内通入空气以平衡管内压力。当端封墙间水位降低到接近水箱水位时,应开动排水泵助排,否则水位不会下降。

④拆除端封墙。待压接工作完全完成后,连接处的橡胶密封圈在水压力的作用下进一步发生变形,最终完全阻断渗水通道。当确认管段密封止水后即可拆除端封墙,在管段上安装"Ω"形或"W"形橡胶板,使其平稳坐落在沟槽上后继续进行管内的路面铺设以及通风照明设施的安装工作。

在管段水下连接完毕后,需在管段内侧构筑永久性的管段接头,使前后两个管段连成一体。目前采用的管段接头有刚性接头和柔性接头两种。刚性接头是在水下连接完毕后,在相邻两节管段端面之间沿隧道外壁浇筑一圈钢筋混凝土将之连接起来,其最大缺点是水密性不可靠。柔性接头是能使管段接头处产生伸缩、转动的结构,其利用水力压接时所用的胶垫减小温度变化产生的伸缩与基础不均匀沉降造成的角度变化以消除或减少变形。

(4)基础处理

为了保证沉管平稳地坐落在沟槽底部,应当对管段基础进行处理。在经历了基槽开挖、管段沉放和回填覆土等施工工序后,管段的抗浮安全系数仅为 1.1～1.2,因此作用在地基上的荷载一般比开挖前要小,为 5～10kN/m²,故不用担心地基因为承受过大荷载而产生沉降或发生破坏。由此可见,沉管隧道的基础处理主要是为了整平沟槽,这是因为若管段放置在粗糙不平的沟槽底面上,沟槽会受到较大的不均匀荷载,从而产生不均匀沉降或局部开裂。

整平沟槽最常用的方法是垫平法,该方法经历了漫长的发展过程。沉管隧道发展初期大多采用先铺法整平沟槽,其原理是沟槽开挖完成后在沟槽两侧设置导轨,导轨的高程和坡度应当与隧道相对应,导轨设置完成后往沟槽内填充砂石填料,再通过特制刮铺机或钢犁沿导轨对填料进行反复整平。后来逐渐发展出了后填法,该方法的原理是开挖沟槽后在沟槽内安装用以支撑管段的临时支座,管段底部预设千斤顶,管段下沉后将其坐落在临时支座上并通过千斤顶调节管段至合适高程,随后向管段底部与沟槽之间的空间灌入填料将其填充密实,起初所用的后填法适用范围较窄,仅能用于宽度较小的船台型管段。20 世纪 40 年代在其基础上发展出了喷砂法,该方法是借助专用的作业船携带大功率砂泵将砂水混合料通过 L 形喷管喷入管段与沟槽底面之间的空间以形成密实垫层,该方法适用于较宽的大型管段。喷砂法所用的填料中砂的平均粒径应在 0.5mm 左右,含量应为 10% ~ 20%,喷砂前需保证沟槽底面上的回淤土和塌方土被清理完毕。喷砂结束后即可撤去千斤顶对管段的支撑,借助管段自身重力压实垫层。除了上述方法以外,20 世纪 70 年代日本东京港和衣浦港等地的水底隧道还发明了压浆法和压混凝土法等新技术。垫平法是一种整平措施,上文提及的先铺法、后填法为具体的整平方式。

目前,我国较先进的先铺法基础施工技术是碎石整平法,其具有抗波浪流能力强,基础平整度高,施工速度快,纳淤能力较强,垫层顶面可检测,设备船可重复利用,适应宽断面管段,工后沉降小等优点,曾应用于港珠澳沉管隧道的建设中。

### 5.2.2 冻结法

冻结法在我国最早被用于开挖矿洞,现已发展了 40 余年,相关技术也已经基本成熟,目前最大冻结深度可达 435m,表土层最大冻结厚度可达 375m。除了应用于采矿工程以外,冻结法还于 1992 年以后被逐步应用于上海、北京、深圳、南京等城市的地下轨道交通工程中。其中以上海地铁隧道旁通道工程为代表,通过对过往工程经验和施工工艺的归纳,施工单位总结了一套完备的冻结法隧道施工工法。

1) 冻结法的原理

冻结法采用的冻结方式一般可分为直接冻结和间接冻结两类,通常分别简称为直接冻结法和间接冻结法。

直接冻结法一般靠低温液化气直接制冷。目前使用的液氮温度通常是 -196℃,经工厂加工后用储罐车将其运送到工地,并输送至预先埋设在地层中的冻结管内。液氮在汽化过程中吸收大量热量,使冻结管周围的地层冻结。经汽化的氮气在逸入大气层后可自由扩散,浓度迅速降低。这类冻结方式有冻结速度快、冻结时间短和冻结后周围地层温度低等特点。

间接冻结法是通过低温盐水在冻结器内循环,在循环流动过程中形成热交换来吸收松散含水地层的热量,实现地层降温冻结以消除地下水的不良影响,从而提升松散地层的强度和稳定性,方便后续的开挖及支护施作工作。

冻结法基本不涉及不可逆的化学加固,而是通过热交换实施的物理加固,因此具有可逆性。开挖扰动时可提高地层强度以避免坍塌,当进行其他作业不需要地层具有太大强度时也可通过反向热交换使地层解冻。

2) 冻结法的特点

冻结法能显著降低开挖产生的扰动,因此适用范围较广,特别适合地下管线密布、扰动控制要求严格的城市地下工程,但施工工期长,造价较高,解冻对地层影响和对负温混凝土结构的影响较大。根据以往的工程经验,冻结法施工主要具有以下特点:

①消除地下水不良影响的能力远强于其他工法,非常适合在含水率较高的松散地层中使用。

②依据热量交换比例的不同,冻结地层的强度可在 5~10MPa 内调整,因此可根据施工场地地质条件灵活确定冻结区域的范围和强度。

③无噪声和震动,也不像注浆法一样会在地层内留下大量化学物质,且可以通过反向热交换消除冻结效果,因此更符合环保的施工理念。

④地层冻结可与桩基施工等工序同步进行,加快了施工速度,提高了施工效率。

3) 冻结法施工工序

冻结法基本按照以下工序施工:冻结孔施工→冻结管试漏与安装→冻结系统安装与调试→积极冻结→维护冻结→工程监测,各工序具体要求如下所示。

(1) 冻结孔施工

①使用精密定位仪器确定打孔位置,确保实际打孔位置与设计位置间的误差小于 20mm。

②确保钻孔深度符合设计要求。

③钻孔时每钻进 3m 用灯光测斜仪进行一次测斜工作,若钻孔偏斜则需进行纠偏,若偏斜过大则应补孔。

(2) 冻结管试漏与安装

①一般使用 $\phi 63 \times 4mm$ 无缝钢管作为冻结管,若发生冻结管断裂,需在其内侧补装套管。

②通过丝扣与焊接结合的方式延长冻结管,并使用盖板或锥形盖封住其端头。在进行冻结管密封性测试时,初始水压力可设为 0.8MPa,若其 30min 内水压降低值小于 0.05MPa,则再观察 15min,15min 内压力无明显变化则认定冻结管密封性合格,所有密封性不合格的冻结管都需要重新打孔安装。

③冷冻站在投入使用前应进行试漏和抽真空测试以保证安全质量。

(3) 冻结系统安装与调试

①制冷系数一般设置为 1.5。

②做好冷冻站故障应急预案,所有设备和部件都需要额外准备一组备用,以应对冷冻站工作期间可能出现的问题。

③在盐水与冷却水循环系统的管线关键节点安装伸缩接头阀门及温度、水压测试设备,以监测其运行情况,输水管线需要覆盖至少 50mm 厚的泡沫保温层,使用止水性和稳定性较强的高压胶管作为输液管线与地层冻结管的连接装置,为实时控制输液情况,所有冻结管都需要配备独立的流量阀门。

④注意冷冻机设备和管线的保温措施,机械设备建议使用棉絮保温,管线建议使用聚苯乙烯泡沫保温。

⑤在对制冷设备加装氟制冷剂和油时应当确保机械系统安全无故障和渗漏,并用氮气冲洗设备。

⑥正式运行前应按照施工流程和设备设计要求对设备进行调试与模拟运行,以排查故障。

(4) 积极冻结

结合试运行阶段各检测仪器读数确定最合理的冷冻机运行参数后开始积极冻结阶段。该阶段地层沿冻结管逐步形成柱状冻结区,各冻结区逐渐发展并连为一体,形成连续的冻结地层,冻结设备要持续运转降温,直至冻结地层的强度达到设计要求。该阶段盐水的温度保持在$-28 \sim -25$℃之间,整个积极冻结阶段的总时长取决于施工场地的工程地质和工程设计要求,上海市的施工经验表明该阶段总时长约35d。

(5) 维护冻结

开挖前需要确定冻结地层的范围和强度是否达到设计要求。一般的确定方法是先通过测温确定各冻结管周边的柱形冻结区已拓展交圈,再通过钻探测试冻结区强度并保证无液态流动水,测试完成后即可开挖。此时冻结设备仅需维持现有冻结地层强度而无须继续扩大冻结范围,因此盐水温度可适当调高以减少能耗,施工过程正式从积极冻结阶段过渡到维护冻结阶段。

由于该阶段内需要进行开挖工作,维持冻结区范围和强度所需要的能量不是一成不变的,因此需要根据冻结地层的实测情况调整冷冻装置的运行参数,在维持冻结区的强度同时尽可能降低能耗。该阶段所需的盐水温度为$-25 \sim -22$℃,持续时间则取决于何时施工完成。

(6) 工程监测

①工程监测的目的。

城市地下工程对扰动控制的要求很高,因此在施工过程中需要对地层及支护结构的状态进行实时监测,以指导施工人员和设备及时调整施工参数,确保施工不会对周边的地下管线和其他建筑的安全稳定产生不利影响。

②工程监测的内容。

工程监测的主要内容包括地表沉降、围岩变形和冻土压力等。

冻结孔施工阶段的主要监测内容包括钻孔深度、钻孔偏斜角度、冻结耐压度和供液管铺设长度等。

冻结系统的主要监测内容包括冻结孔温度、冷却水温度、盐水泵工作压力、冷冻机吸排气温度和压力、制冷系统冷凝压力和制冷系统汽化压力等。

冻结地层的主要监测内容包括冻结帷幕温度、冻结区与支护结构接触压力、开挖后冻结地层表面位移和温度等。

其他周边环境的主要监测内容包括地表沉降、隧道整体位移、支护结构水平及竖直方向收敛变形和地面建筑物沉降等。图5-7所示为地铁隧道冻结法施工现场。

图 5-7　地铁隧道冻结法施工现场

## 5.2.3　围堰法

在水域区边缘地带修建构筑物,如桥梁墩台、取水泵房等时,常用围堰法截水,将水抽干后再进行构筑物施工。这样既省时、省钱又简单,其前提条件是在水位较浅或不影响河道船只正常运行的情况下进行。围堰法施工技术的关键取决于水位的深浅以及水下堰底处淤泥层的厚度,当淤泥层较厚时,则需进行处理或置换;设计与施工应充分考虑雨季时最高洪水位的影响。

围堰一般由土堰组成,从安全的角度出发,围堰内、外侧放坡均按 1∶1 考虑比较安全,但这样做围堰的体积势必增大,工期加长,因此在适当的情况下坡度也可适当增大。构筑围堰时每加高 50cm,平面需要整体夯实一遍,以增强土体密实性,防止围堰外侧水的侵蚀。另外,受风力影响,水域区水波对围堰冲刷会形成许多小洞,从而直接影响围堰的安全。因此,围堰外侧表面应敷一层砂袋或内填土编织袋,或在距水面上下各 1m 的范围内敷设砂袋(围堰外侧),以防止水波的冲刷。此外,在围堰内侧沿坡砌片石墙也可提高围堰的强度和整体性,片石墙须生根并插入淤泥层以下 0.5~1.0m。

某市自来水厂的取水泵房采用围堰法施工,该取水泵房建在某大型水库边,旱季的水库水位较低,泵房处可见库底,雨季时,泵房处平均水深约 10m。取水泵房建筑面积为 2900m²,围堰内面积约 320m²,围堰总长 175m,采用围堰法进行挡水施工。由于施工时是旱季,未充分考虑堰体强度及水的作用,施坡不足,围堰完工后 3 个月进行泵房基础清淤,正值雨季到来,洪水位升高,几乎漫过堰顶。几天后局部决堤,堰内被水充填,所幸未造成人员伤亡和设备损失。排水抢修完工后不久又发生第二次局部决堤,这样前后共耽误工期 8 个月之久,最后经加高加宽围堰,且围堰内坡铺设片石墙,外侧抛毛石,并将开挖爆破清出的石渣倾倒于围堰外侧,增加了堰体的强度和稳定性,终算成功。可见,简单的围堰工程也应认真对待。

## 5.2.4　注浆加固法

1)注浆加固法概述

注浆加固法的原理是将浆液注入需要加固的地层内,填补地层中的孔隙,使破碎的地层连成整体,阻断地下水的渗流通道,从而达到提升地层强度和稳定性的目的。注浆时需要注意采用合适的注浆设备和注浆方法,合理设计注浆压力和浆液成分,以提升注浆效果。注浆法主要优点是所需设备少、工艺简单、方法可靠、造价低和效果好。其基本作用有:

①挤压密实作用,提高地层密实性和力学性能。
②通过离子交换及化学作用,形成性能优良的新材料。
③惰性充填作用,充填孔隙并阻止水流。
④化学胶结作用,产生胶结力,起到加固岩土的作用。

(1) 注浆方法

按照作用机理,注浆可分为渗透注浆、压密注浆、劈裂注浆、填充注浆、电动化学注浆和高压喷射注浆等类型;按照注浆工艺流程,注浆可分为单液注浆和双液注浆。加固地层时若要求强度高和耐久性好,应采用单液水泥浆或单液超细水泥。用于施工堵水时一般采用双液浆,其易控制浆液扩散范围和胶凝时间,且堵水效果快;但其也有注浆工艺复杂,结石体稳定性差,后期强度低和易崩解等弊端。

(2) 注浆量

注浆量与加固区土体总体积、地层孔隙率、空隙填充系数和浆液损耗系数有关,通常在一定范围内土体加固所需的注浆量按下式计算:

$$Q = \alpha\beta\gamma V \tag{5-1}$$

式中,$Q$ 为浆液总量($m^3$);$\alpha$ 为地层孔隙率或裂隙度(%);$\beta$ 为空隙或裂隙填充系数(堵水时一般取 0.7~0.8,加固地层一般取 0.6~0.7);$\gamma$ 为浆液损耗系数,取 1.1~1.2;$V$ 为加固区土体总体积($m^3$)。

(3) 注浆段长度

注浆段长度取决于破裂面的粗糙程度、注浆效果和注浆速度等主要因素。大量施工经验表明注浆段长度在 20m 以内效率最高,质量最好。软土隧道注浆段的长度为台阶高度加 2m 或隧道开挖高度加 2m 及管棚穿过破裂面伸入未扰动土层 2m。

(4) 注浆压力

注浆压力是浆液在地层空隙或裂隙中扩散、填充和压实脱水的动力。注浆压力的选择应同时考虑以下两方面因素:其一,应考虑受注介质的工程地质和水文地质条件;其二,应考虑浆液性质、注浆方式、注浆时间、浆液扩散半径和结石体强度等。工作面预注浆还要考虑支护层的强度和止浆垫的强度等,其中填充注浆和渗透注浆应采用较低的注浆压力。

(5) 注浆材料要求

注浆材料需满足以下基本条件:
①黏度低,流动性好,可注性高,易进入细小裂隙。
②凝固时间可满足填充范围需要。
③稳定性好,常温常压下存放时间不变。
④无毒、无臭、无污染,对人体无害,不易燃易爆。
⑤浆液对设备、管道、混凝土无腐蚀且易清洗。
⑥固化时具有黏结性,无收缩。
⑦结合率高,耐久、耐酸碱。

⑧浆液制作方便,操作简单,经济性高。

2) 注浆加固法分类

(1) 按注浆与开挖的关系分类

按照注浆与开挖的关系可将注浆加固法分为预注浆与后注浆。预注浆可分为工作面预注浆、地面预注浆和平导对正洞注浆。后注浆可分为开挖后的堵水注浆、支护后的围岩加固注浆和堵水注浆、衬砌(支护)后的背后填充注浆、衬砌后裂隙及渗透水治理注浆。

(2) 按注浆加固范围分类

按照注浆加固范围可将注浆加固法分为局部注浆、全断面注浆和帷幕注浆。局部注浆分为周边加固注浆和局部堵水注浆,注浆范围为开挖轮廓线以外一定范围。全断面注浆加固范围包括开挖断面及开挖轮廓线以外一定范围。帷幕注浆分为全封闭帷幕注浆、半封闭帷幕注浆和截水帷幕注浆。注浆应堵排结合,堵是为了工作面开挖稳定,排是将水排到附近平导式迂回导洞。

(3) 按浆液种类分类

按浆液种类可将注浆加固法分为水泥注浆和化学注浆。水泥注浆常用种类为单液水泥浆(普通单液水泥浆,超细单液水泥浆)、双液水泥-水玻璃浆、水泥黏土浆(膨润土)和特种水泥浆(硫铝酸水泥、磷铝酸水泥)等。常用的化学注浆主要有水玻璃浆、树脂类水泥浆、聚氨酯类水泥浆、丙烯酰胺类水泥浆、丙烯酸盐类水泥浆。选择注浆材料时必须结合地层地质条件、水文地质条件、工程要求、原材料供应及施工成本等因素,确保注浆法施工既有效又经济。

(4) 按浆液扩散形式分类

按浆液扩散形式可将注浆加固法分为劈裂注浆、渗透注浆和挤(压)密注浆。劈裂注浆时浆液在压力作用下将地层劈开一条或数条裂隙,浆液沿缝隙扩散并凝胶成固结体,通过将地层挤压密实从而达到堵水或加固的效果,其主要适用于浆液难以均匀渗透的地层,一般用于第四纪细砂及黏性土、溶洞填充物、断层带和断层泥中。渗透注浆是指在注浆压力作用下,浆液克服各种阻力而渗入土体的孔隙和裂隙中的注浆形式,在注浆过程中,地层结构不受扰动和破坏。渗透注浆只适用于中砂以上的砂性土和有裂隙的岩石。挤密(压)注浆是指把最大限度非流动性注浆材料高压压入地基,对注入注浆材料周围松散的地基土进行挤密(非渗透),使地基被压缩加固的工法。挤密(压)注浆法使复合地基的承载力得到大幅度的提高,地基变形得以解决。主要特征是在荷载作用下,桩体和增强体共同直接承担荷载作用。加固后的复合地基比原地基变形模量有较大增长,抗变形能力明显提高。达到了预期的基础加固效果,满足了设计要求。挤密(压)注浆法具有适用性强、效果好、工效高、质量易控制,造价低的优点,经济效益和社会效益显著。但受地质条件的限制,需要在确定施工方案前,做好细致的地质勘察工作。挤密(压)注浆常用于中砂地基,黏土地基中若有适宜的排水条件也可采用。当遇排水困难而可能在土体中引起高孔隙水压力时,就必须采用很低的注浆速率。挤密(压)注浆法还可用于非饱和的土体,以调整不均匀沉降,还可用于大开挖隧道,以对邻近土进行加固。

(5) 按钻孔、注浆作业顺序分类

按钻孔、注浆作业顺序可将注浆加固法分为全孔一次性注浆、分段前进式注浆、分段后退式注浆和钻杆后退式注浆。

3)注浆加固法施工

以下以小导管注浆为例,详细阐述工程常用的注浆加固法的具体施工技术。

(1)施工工艺流程

①小导管的制作。超前小导管宜采用直径为 25~50mm 的焊接钢管或无缝钢管制作。先把钢管截成需要的长度,在钢管的前段切割、焊接成 10~15cm 长的尖锥状,在钢管后端 10cm 处焊接 6mm 的钢筋箍,以便于套管顶进。距后端钢筋箍 90cm 处开始开孔,每隔 20cm 梅花形布设 $\phi 8mm$ 的溢浆孔。

②小导管安设。小导管的安设可采用引孔或直接顶入方式。为防止注浆时浆液漏出,需要通过喷射混凝土的方式封闭安装位置周边区域,喷层一般取 5~8cm 厚,具体根据地质情况调整。

③配备成孔设备、注浆设备、搅拌设备和其他设备。建议使用风钻打孔,注浆设备使用压力大于 0.6MPa 的高压吹管,同时配备注浆压力大于 5MPa 的单、双液连续注浆泵,注浆泵的每分钟注浆量应大于 50L;配备低速搅拌机有效容积不小于 400L 的"T"形混合器;根据需要配抗震压力表、储浆箱等辅助设备和必要的检验测试设备,如秒表、pH 计、波美计等。

④注浆施工。水泥浆注浆浆液的水灰比为 0.6:1~1:1,水泥强度等级为 32.5,注浆压力为 0.5~1.5MPa。在确保注浆通道密封、地层不会发生严重渗漏后再开始注浆,检查方式可选用压水法或压稀浆法,压力可选用设计注浆压力,时长需超过 5min。若发生漏浆或串浆现象需及时进行封堵。若采用双液注浆法,则需要每隔 5min 及换浆时对注浆压力、注浆量以及凝胶时间进行一次统计。实际注浆量一般要超过设计值以确保加固效果,在判断注浆结束时间时,以观察到冒浆现象为准,或以注浆压力达到设计压力 80% 且观察到跑浆现象为准,再进行数次间歇注浆后停止。在检查注浆效果时,一般通过钻孔取芯判断浆液加固效果是否合格,要确保所有测试孔取出的岩芯都满足设计要求且均未发生漏浆,一旦有钻孔测试结果不合格,则应当进行补注。

小导管注浆施工工艺流程如图 5-8 所示。

(2)施工要点

①小导管注浆主要参数如下:小导管长度 $L$ 为上台阶高度加 1m,小导管直径为 30~50cm,安设角度为 10°~15°,注浆压力为 0.5~1.5MPa;浆液扩散半径为 0.15~0.25m,注浆速度为 30~100L/min,每循环小导管搭接长度为 0.5~1.0m。

②浆液注入量按下式计算:

$$Q = \pi R^2 L \alpha \beta \gamma \tag{5-2}$$

式中,$Q$ 为单管注浆量($m^3$);$R$ 为浆液扩散半径(m);$L$ 为注浆管长度(m),一般取 3~5m;$\alpha$ 为地层孔隙率或者裂隙度;$\beta$ 为地层填充系数(堵水时一般取 0.7~0.8,加固时一般取 0.6~0.7);$\gamma$ 为浆液消耗系数,一般取 1.1~1.2。

③小导管沿隧道周边布设,一般为单层布置,大断面隧道和软弱围岩地层也可选择双层布置。环向间距为 30~40cm。小断面隧道钢拱架间距为 75~100cm,每开挖 2~3 循环安设一次;大断面隧道钢拱架间距为 0.5m,每开挖 1~2 循环安设一次。图 5-9 为小导管超前注浆示意图。

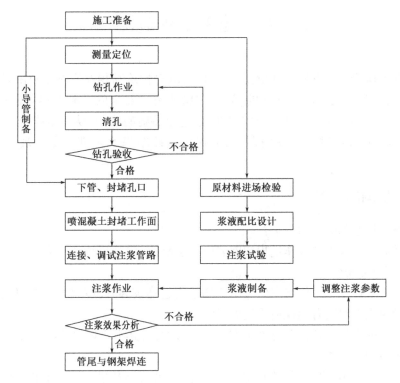

图 5-8 小导管注浆施工工艺流程图

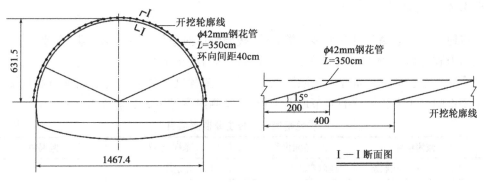

图 5-9 小导管超前注浆示意图(尺寸单位:mm)

(3)注浆材料

小导管注浆通常采用单液水泥浆、水泥-水玻璃双浆液或改性水玻璃浆液。在选用注浆材料时应注意以下几点:浆液凝胶时间可以调节;固化后有一定的抗压、抗拉强度和抗渗性;稳定性好,以免过早发生沉淀,影响浆液的压注。根据凝胶时间的要求,水泥浆的水灰比通常为0.6:1~1:1(质量比),水玻璃浓度为25~35°Bé′,水玻璃体积比可为1:1、1:0.8或1:0.6。改性水玻璃的模数在2.8~3.3之间,浓度40°Bé′以上,硫酸浓度98%以上;浆液配合比为水玻璃10~20°Bé′,稀硫酸为10%~20%。

## 5.3 城市地下工程监测技术

城市地下工程往往具有周边环境复杂、结构与既有构筑物相互影响以及围岩稳定性难以判定等特点,其施工过程是动态变化的,为了在保证施工安全的基础上尽可能控制成本,需要对施工过程中的地层应力以及支护工作状态进行准确的监测,从而依据这些信息对工程设计和施工方法进行及时且合理的调整,而保证监测结果及时准确是实现这一切的基本前提。

### 5.3.1 监测的目的

城市地下工程监测的目的如下:

①及时掌握开挖及支护施作过程中围岩的力学响应,对其后续变形和应力释放状态做出预测,从而保证施工安全。

②收集关于支护结构工作状态以及施工场地周边建筑因开挖产生的响应信息,确保支护合理、可靠,避免施工对既有建筑造成过大影响。

③以监测数据为依据评价现行施工方法的优劣性,对其不合理之处做出及时调整,确保施工扰动程度满足相关要求。

④获取实际工程中的数据,为后续相似工程提供指导和借鉴,同时作为制定相关规范的参考。

### 5.3.2 主要监测项目

城市地下工程监测项目有很多分类方式,按照测试对象可将其分为三类,分别为监测支护结构的内力和变形;监测施工地层的应力、位移及其与支护的相互作用情况;监测周边既有建筑的沉降变形等扰动响应指标。按照测试内容的重要程度可将其分为必测项目和选测项目。对于采用不同施工方法修建的城市地下工程,其监测内容见表5-1、表5-2。

浅埋暗挖法工程主要监测项目　　　　表5-1

| 类别 | 监测项目 | 监测仪器 | 测点布置 | 监测频率 |
| --- | --- | --- | --- | --- |
| 必测项目 | 围岩与支护结构状态 | 地质罗盘等 | 每一开挖环 | 开挖面距监测断面前后小于2D时1~2次/d;开挖面距监测断面前后小于5D时1次/2d;开挖面距监测断面前后大于5D时1次/周 |
| | 地表、地表建筑、地下管线及结构物沉降 | 水准仪和水准尺 | 每10~50m一个断面 | |
| | 拱顶下沉 | 水准仪和水准尺 | 每5~30m一个断面,每断面1~3对测点 | |
| | 周边净空收敛 | 收敛计 | 每5~100m一个断面,每断面2~3个测点 | |
| | 岩体爆破地表质点振动速度和噪声 | 声波仪及测振仪 | 质点振动速度根据结构要求设点,噪声根据规定的测距设置 | 随爆破随时进行 |

续上表

| 类别 | 监测项目 | 监测仪器 | 测点布置 | 监测频率 |
|---|---|---|---|---|
| 选测项目 | 围岩与结构内部位移 | 多点位移计、测斜仪等 | 选择代表性地段设监测断面,每断面2~3个测孔 | 开挖面距监测断面前后小于2D时1~2次/d;开挖面距监测断面前后小于5D时1次/2d;开挖面距监测断面前后大于5D时1次/周 |
| | 围岩与支护结构间压力 | 压力传感器 | 选择代表性地段设监测断面,每断面10~20个测点 | |
| | 钢筋格栅拱架内力 | 支柱压力或其他测力计 | 选择代表性地段设监测断面,每断面10~20个测点 | |
| | 初期支护、二次衬砌内力及表面应力 | 混凝土内的应变计或应力计 | 取代表性地段设监测断面,每断面10~20个测点 | |
| | 锚杆内力、抗拔力及表面应力 | 锚杆测力计及拉拔器 | 取代表性地段设置监测断面,每断面选3~7根锚杆(索) | 必要时进行 |

注:D为设计桩径。

**盾构法工程主要监测项目** 表 5-2

| 类别 | 监测项目 | 监测仪器 | 测点布置 | 监测频率 |
|---|---|---|---|---|
| 必测项目 | 地表隆沉 | 水准仪和水准尺 | 每30m一个断面,必要时加密 | 开挖面距监测断面前后小于20m时1~2次/d;开挖面距监测断面前后小于50m时1次/2d;开挖面距监测断面前后大于50m时1次/周 |
| | 隧道隆沉 | | 每5~10m一个断面 | |
| 选测项目 | 土体内部位移 | 水准仪、测斜仪、分层沉降仪 | 选择代表性地段设监测断面 | |
| | 衬砌环内力与变形 | 压力计和应变传感器 | 选择代表性地段设监测断面 | |
| | 土层应力 | 压力计和应变传感器 | 选择代表性地段设监测断面 | |

《建筑基坑支护技术规程》(JGJ 120—2012)规定的基坑侧壁安全等级及重要性系数,以及据此等级确定的基坑监测项目如表 5-3 所示。

**基坑工程主要监测项目** 表 5-3

| 安全等级 | 一级 | 二级 | 三级 |
|---|---|---|---|
| 破坏后果 | 很严重 | 一般 | 不严重 |
| 重要性系数 γ | 1.10 | 1.00 | 0.90 |
| 支护结构水平位移 | ○ | ○ | ○ |
| 周围建筑物、地下管线变形 | ○ | ○ | ※ |
| 地下水位 | ○ | ○ | ※ |
| 桩、墙内力 | ○ | ※ | ▲ |

续上表

| 安全等级 | 一级 | 二级 | 三级 |
|---|---|---|---|
| 锚杆拉力 | ○ | ※ | ▲ |
| 支撑轴力 | ○ | ※ | ▲ |
| 立柱变形 | ○ | ※ | ▲ |
| 土体分层竖向位移 | ○ | ※ | ▲ |
| 支护结构界面上侧向压力 | ※ | ▲ | ▲ |

注：1. 破坏后果系指支护结构破坏、土体失稳或过大变形对基坑周边环境和地下结构施工影响程度；
　　2. 有特殊要求的建筑基坑侧壁安全等级可根据具体情况另行确定；
　　3. ○表示应测，※表示宜测，▲表示可测。

### 5.3.3 监测资料的整理、分析与反馈

城市地下工程的复杂性和高风险性使得监测、分析和反馈成为施工过程中的必要步骤。这三个环节共同构建了一个信号反馈系统，旨在提升工程实施的效率和安全性。

(1) 数据收集与整理

地下工程的数据来源极为丰富，包括围岩应力、水平面位移、地层温度和周边构筑物稳定性等。各种传感器在地下工程场地不断获得数据，然后通过有线或无线方式将数据传输至数据收集中心，随后通过对数据进行清洗和分类等预处理，便于后续结果分析。

(2) 数据分析

数据分析环节的任务是从大量繁复的数据中判断出地层的稳定性，预估设计和建造过程可能遇到的困难或危险。同时结合计算顺序和历史数据库等参考信息，对施工方案提出优化建议，从而达到提前预防风险和降低施工成本的目的。现场量测资料存在一定的离散性和误差，对量测资料必须进行误差分析、回归分析和归纳整理，找出所测数据的内部规律，以便提供反馈和应用。

(3) 数据反馈

将这些经过初步处理和分析的数据及时反馈给现场工程师，工程师根据上述数据可以立即调整工作计划和施工操作，加强对必要区域的监控，随时做好应急准备。同时，根据上述数据也可编制详尽的后期报告，为上级管理人员和项目干系人就如何评价施工进度、效率和质量提供详细资料。

(4) 完善监测系统

对所有收集的监测数据进行深入分析，总结经验和教训，以便在未来类似的地下工程中，能够更好地预测可能发生的情况，提前做好准备，进行有效施工。在此过程中，不仅需要考虑怎么获取更为精确、全面的数据，还需要考虑如何高效地处理和管理大量数据和如何设计灵活有效的反馈机制等方面的问题。

### 5.3.4 新型监测技术

现代技术为提高城市地下工程监测的精确度和便捷性提供了很多新型方法，以下是一些常用的新型监测技术。

①地质雷达技术(Ground Penetrating Radar,GPR)。地质雷达通过感应地下的电磁波变化来判断地下物体,其可以快速、准确地检测到地下管线等隐蔽物,从而有效避免施工中的潜在风险,同时也能用于研究土层的分布特性和地基的稳定性。

②光纤感应技术。光纤感应技术通过光纤内传递的信号变化来监测其外部环境,例如剪切力变化和温度变化等。此外,在观察地下水位、土壤压强、沉降量等方面,光纤感应技术也有极好的效果。

③微电子机械系统(Micro-Electro-Mechanical Systems)。微电子机械系统的感应器体积小,成本低,灵活度高,能作为嵌入式设备安装在不易察觉的位置进行监测,其常用于监测构筑物或岩土体的小范围移动和挠曲。

④无人航空器(Unmanned Aircraft System,UAS)技术。无人机除了可以用于地表的拍摄和勘查,有些高端设备还配备了多波段雷达和红外传感器等,赋予其地下扫描能力,从而辅助完成地下结构及地质的监测。

⑤合成孔径雷达干涉测量技术(Interferometric Synthetic Aperture Radar,InSAR)。合成孔径雷达干涉测量技术是一种通过比较两个或更多由卫星采集的合成孔径雷达图像来监测地球表面微小位移的技术,借此可以远程、持续、精确监测城市内大面积区域的地表沉降情况。

⑥智能水准仪。智能水准仪具有良好的自动调平功能,且能自动存储每次观测的历史记录,并可直接将观测数据传输到计算机,确保测量准确性并显著提升了作业效率。

以上是目前在我国城市地下工程领域运用的一些新型监测技术,此外还有材料监测、空气质量监测等各类监测手段,其核心都是提高监测效率、精确度与自动化程度。

## 5.4 典型城市地下工程应用案例分析

城市地下空间施工条件复杂,建设过程中不仅要克服施工技术难题,还要解决施工所诱发的包括地面变形、地下水环境变异与生态环境恶化等环境工程地质问题。本节结合深圳、佛山和西安三个城市典型地下工程的施工流程介绍,详尽说明特殊地质条件下,不同地下工程施工方法在施工参数优化、施工机械配置、施工质量保障以及生态环境保护方面的重要举措。

### 5.4.1 某枢纽超大规模深基坑施工

1)工程概况

深圳市某枢纽工程施工环境复杂,周边建(构)筑物较多,管线错综复杂,10kV电缆、军用光缆、中压燃气管与市政主要给水管纵穿基坑,需多次进行迁改。

2)工程及水文地质条件

明挖区间从上往下为素填土、粉质黏土和微风化灰岩,基底位于微风化灰岩中,车站和交通核从上往下为素填土、杂填土、粉质黏土、强风化岩、中风化砂岩、微风化灰岩,基底位于粉质黏土、强风化岩、中风化岩中。折返线从上往下为素填土、粉质黏土,基底位于粉质黏土中。场地内不良地质主要为岩溶,其位于大里程明挖区间区域内。施工场地的地下水位较高,在地下4.6m 左右,包括松散岩类孔隙水以及基岩裂隙水和岩溶水。

3)施工方案制定

该枢纽工程采用多基坑、多工序、多工法平行交叉作业,施工组织难度大,在设计方案确定后,该施工方找出施工关键线路,逐条梳理施工的前置条件,制订了科学合理的总体和分部施工组织,有序推进了各区块围护结构、基坑开挖和主体结构施工。

(1)车站与交通核增加中隔桩

在车站与交通核相接部位设置中间隔断桩(简称中隔桩),先采用明挖法施工车站,待车站主体结构完成后,再采用盖挖逆作法施工交通核,如图5-10 所示。

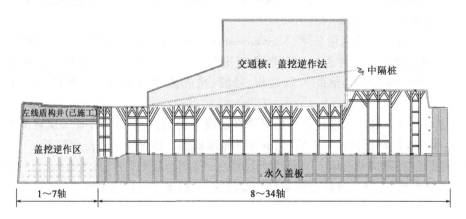

图5-10　车站与交通核中隔桩方案平面设计图

(2)盾构始发方案

在盾构始发井基坑左线距西侧围护结构11m 左右位置增加65m 纵向钻孔灌注桩($\phi$1500mm×1800mm)+旋喷桩止水隔墙,左线主体结构采用明挖顺作法施工。盾构始发井右线基坑与2 条地铁车站大基坑一起开挖,主体结构采用盖挖逆作法施工。

(3)围护结构选型

根据该枢纽地质情况、周边环境、施工机械及工效以及施工成本等情况,确定枢纽围护结构为荤素咬合桩、全荤咬合桩、钻孔排桩和地下连续墙四种形式。表5-4 是该枢纽工程围护结构选型。

围护结构选型表　　　　表5-4

| 序号 | 部位 | 设计围护结构形式 | 围护结构选型原因 |
|---|---|---|---|
| 1 | 紧邻既有3 号线围护结构 | 1500mm×1150mm 全荤咬合桩(全套管全回旋工艺) | (1)与既有线桥墩净距为2.1~6.8m,采用全套管全荤咬合桩,一方面全套管跟进可以有效控制成孔过程对既有线的影响,另一方面1.5m 全套管咬合桩强度等效于1.35m 厚地连墙,可以保障后期开挖过程对既有线的影响。<br>(2)钻机成孔净高仅有6.8~13m,采用全套管设备可以解决钻机成孔问题 |

续上表

| 序号 | 部位 | 设计围护结构形式 | 围护结构选型原因 |
|---|---|---|---|
| 2 | 明挖区间 | 1200mm×900mm 荤素咬合桩 | (1)地质为粉质黏土层,局部夹杂粉细砂层,采用荤素咬合桩可快速施工;<br>(2)小里程处于地势低洼段,地下水较为丰富,且为先开挖段,采用荤素咬合桩止水效果好 |
| 3 | 车站与交通核 | (1)西侧采用1m厚地下连续墙;<br>(2)中隔桩采用1500mm×1800mm钻孔桩 | (1)基坑西侧地质条件为全强风化砂岩,采用地下连续墙施工快、不易塌孔、成墙效果好;<br>(2)中隔桩采用钻孔桩,主要是为了节省投资,推进变更方案落定,同时交通核与车站基坑围护结构封闭,不需止水推进变更方案落定 |
| 4 | 明挖区间 | 1200mm×900mm 荤素咬合桩 | (1)灰岩溶洞区采用地连墙难度大、效果差;<br>(2)岩溶伴有丰富岩溶水,咬合桩止水效果好 |
| 5 | 下沉隧道 | 1000mm×750mm 荤素咬合桩 | 全强风化地质,基坑浅且小,咬合桩施工效率高 |

### 5.4.2 某地铁区间隧道盾构法施工

**1)工程概况**

佛山地铁某线路总长为32.4km,其中地下段长25.3km,高架段长6.4km,过渡段长0.7km,停车场1座、车辆综合基地1座、主变电所2座、线网控制中心1座。

**2)工程及水文地质条件**

根据勘察结果,在勘探深度范围内拟建轨道交通建设工程地层主要由4个单元层组成:①人工填土($Q_4ml$)层;②第四系陆成和海成混合沉积的黏性土、砂卵砾石层($Q_4al+mc$);③第四系残积黏性土层($Q_4el$);④白垩系至第三系砂岩、砾岩、泥岩等基岩层。

根据各岩土层的物理力学性质的不同又可分为若干亚层。线路区域内的主要不良地质为砂土液化,特殊性岩土为软土等。其中软土以淤泥、淤泥质土等为主,沿线广泛分布,多隐伏于地下,厚度不均匀,目前钻探揭露最大厚度达20.7m。线路附近河网密集,地表河水发育,水量丰富。线路附近地下水主要为松散岩类孔隙水和层状岩类裂隙水两类。松散岩类孔隙水广泛赋存于区内第四系土层中,主要含水层为砂层和圆砾层;层状岩类裂隙水赋存于第三系的泥岩、粉砂岩、砂岩及砾岩中。

线路场区总体地势较低洼,且其周围河网密集,故丰水季节第四系松散岩类孔隙水含水层也会得到周围河水的补给,旱季则以潜流的方式向附近河道排泄;此外本区地下水径流具有强度弱和途径短的特点。层状岩类裂隙水主要受同一含水层渗透补给,同时也得到松散岩类孔隙水的越流补给。

**3)盾构施工关键技术**

南庄—湖涌区间,盾构机均采用泥水平衡盾构;湖涌—绿岛湖区间,盾构机均采用土压平衡盾构,其余区间盾构机均采用复合土压平衡盾构。

(1) 始发施工

①洞门密封安装。

选取折叶式密封压板作为洞门密封结构,该结构的安装主要包括两个步骤:一是将后续工程需要用到的预埋部件埋置在端墙内部并确保其与端墙内钢筋连接;二是安装密封板并清理始发洞口,之后开始掘进,密封原理如图 5-11 所示。

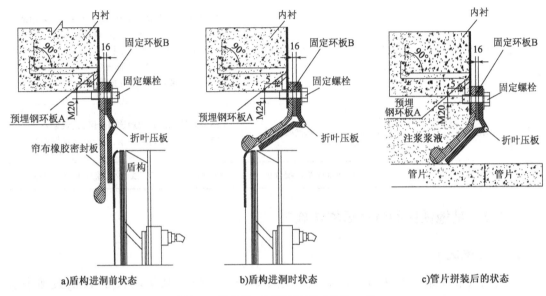

图 5-11 始发洞口密封原理(尺寸单位:mm)

②盾构各系统联动调试。

为了确保掘进过程中盾构机能正常运行,需要在设备组装完成后对其配电、液压、润滑、冷却、控制、注浆、管线、密封、仪表等设备以及盾构机的负载能力进行测试。测试工作主要包含空载和负载两种,空载主要检查各系统的基本运行情况,负载则主要补充测试空载不便于测试的内容。通常试掘进时间即为负载调试时间,负载调试时将采取严格技术和管理措施保证工程安全、工程质量和线形精度。

(2) 复合土压盾构掘进

①掘进模式选择。

本工程区间在复合地层中采用复合土压盾构掘进。复合土压平衡盾构机有敞开式、半敞开式及闭胸式三种掘进模式。应当合理选择掘进模式以确保围岩、支护以及周边既有建筑的安全稳定。

②掘进土压力控制。

对于采用土压平衡法的隧道,需要合理控制螺旋输送机的排土量以保证舱室土压力与掌子面水、土压力平衡,从而维持开挖面的稳定,若实际排土量与理论计算值出现较大差异,应当立即分析原因并进行调整。泥岩地层虚实方量比一般控制在 1.5 左右,砂层和软土层虚实方量比一般控制在 1.3~1.4 之间。

③渣土改良。

若施工地层条件较为复杂,则为了避免渣土流动性差或含水率太高从而对掌子面稳定性或出土排渣造成不良影响,应当向土舱内加入添加剂对渣土进行改良。现代盾构机的刀盘、土舱以及螺旋输送机上都装备有注射装置,渣土改良正是利用这些装置将改良剂(用水、泡沫、浆液以及高分子溶液等配制而成)注入渣土中,再通过刀盘、螺旋输送机自身的旋转以及土舱内的搅拌装置使其混合均匀,从而消除渣土的不良性质,使其流塑性、稠度和含水率等指标更合理,以便于提升施工质量和效率。

根据佛山市城市轨道交通该线路一期工程的地质条件和以往盾构施工的经验,可以对施工方法进行以下改良:富水地层隧道开挖不建议采用土压平衡方式,若要采用则需要在渣土改良剂中加入膨润土溶液,这是为了借助土塞效应来避免地下水喷涌;在黏性土地层中掘进时,需在刀盘前部中心部位注入泡沫和水以减少渣土的黏附性,降低泥饼产生的概率;在中风化岩层段掘进时,需向刀盘面、土舱内注入泡沫或膨润土浆液来改良渣土,增加渣土流动性并减少摩擦力,以利于渣土排出。

④管片拼装。

隧道衬砌的平整度和防水防渗能力都取决于管片拼装质量。管片拼装时应根据盾构机姿态、设计轴线、盾尾间隙和千斤顶行程差选择管片类型和管片的拼装点位。

⑤二次注浆。

由于初次注浆后浆液需要时间凝固,此时若地层中存在裂隙,浆液可能会流失从而导致注浆填充区与围岩间存在空洞,因此若发现同步注浆未能达到预期效果,应当采取二次补注措施以填补注浆区空洞,消除地层沉降和衬砌漏水的隐患。具体注浆时机为每五环进行一次二次注浆,甚至间隔更短,二次注浆原则上在管片退出台车前进行。盾构机一般配有二次注浆专用的注浆泵,需要注意二次注浆不能与初次注浆共用注浆孔,而应该在管片吊装孔位置安装专用注浆头。二次注浆采用水泥-水玻璃双液浆(特殊情况可考虑其他配方),注浆压力一般控制在 200~400kPa。

⑥渣土、管片、砂浆运输。

施工中每环开挖量为 $46.1m^3$,按 1.5 的虚方系数计算,虚方量约为 $69.2m^3$。施工中每环需要注浆量为 $4~6m^3$。洞内运输采用电瓶车,列车编组为 45t 变频电机车牵引 5 节 $17m^3$ 渣车、1 节 $6m^3$ 砂浆车和 2 节管片车。渣土垂直运输采用 45t 门式起重机完成,管片的垂直运输采用 16t 门式起重机完成,砂浆的垂直运输采用管道完成。

(3)泥水盾构掘进

①施工控制标准。

隧道质量控制标准参照《盾构法隧道施工及验收规范》(GB 50446—2017)。

在正常推进条件下,沉降值控制范围在 -30~10mm 内。由盾构推进引起的地面沉降不能影响周围建筑物和地下管线的安全和正常使用。

②掘进参数管理。

盾构机在完成前 100m 的试掘进后,根据试掘进段的施工参数分析总结,确定正常掘进施工参数。为保证工程施工的顺利进行,应加强盾构在正常段的掘进管理,主要内容如下:

盾构机的运行参数要严格按照设计以及值班工程师的设定来执行,掘进过程中需对盾构机前进方向进行实时监测,确保设备按照预定方向前进,一旦发现掘进轴线与隧道设计轴线产生较大偏差,需立刻进行纠偏,按照以往施工经验,隧道掘进时产生的折角偏差值不得超过0.4%。推进时的轴线误差小于或等于50mm;整环拼装的允许误差如下:相邻环的环面间隙小于或等于0.8mm,纵缝相邻块的间隙小于或等于0.8mm。掘进时需要根据监测数据调整盾构机运行参数,施工参与人员需各司其职,技术人员负责根据监测数据合理下达指令,操作人员需依据指令严格遵循安全条例操作盾构机运行,整个过程要保持跟踪监控,一旦发现异常,应立刻上报调整。掘进时需遵守以下规定:单次纠偏量不得超过4mm/环;除非迫不得已,否则不能沿蛇形开挖;掘进时对前进速度、推力、刀盘压力、转速、土舱压力、注浆压力等关键运行参数需实时记录。

(4)盾构机接收

在盾构机到达接收井之前50m时需完成接收准备工作,包括围岩预加固、洞门位置校核、洞门密封以及接收装置安装等工作,准备完成后可让盾构机驶入接收托架。

### 5.4.3 某大跨径双连拱隧道暗挖施工

1)工程概况

西安市某下穿通道市政工程下穿地铁某线路"U"形槽某路交叉口。下穿通道采用暗挖法施工,双连拱隧道总跨度为34.94m,两侧单洞跨度为16.01m,中洞跨度为6.46m,开挖高度为10.23m。拟建项目与地铁某线路U形槽最小净距2.5m。

2)基本施工方案

对下穿区域地铁某线路周围进行垂直方向高压旋喷桩加固,通过高压浆液填充原有土体空隙对周围土体进行初次加固,且旋喷桩桩体边缘部分形成高强度致密土体,起到了很好的防水作用。下穿通道水平方向采用管幕法进行地层预加固,锁扣与钢管采用双面焊,并对管间锁扣进行充填注浆,使整个管幕形成一道屏障,同时对拱部松散土体进行二次加固,极大地减小后续开挖土层损失所产生的沉降。开挖采用"中洞法+双侧壁导坑+临时仰拱+台阶法开挖支护"的方法,先进行小直径中洞施工,然后进行左、右两侧导坑施工,并设立临时仰拱,最后分台阶挖去核心土,由小到大,由中间向两边开挖施工,从而极大地减小土体扰动。施工中以既有线路运营安全为第一,施工服从运营,随时监测U形槽基础沉降及U形槽的位移情况,确保既有线路行车安全。通过全过程的施工监控量测监视土体及结构稳定性,及时掌握地表下沉、轨道位移和衬砌变形等情况,在出现异常情况时及时反馈,并采用必要的应急措施,确保本工程结构及周边环境安全。

3)施工工艺流程及要点

(1)施工工艺流程

在进行通道开挖前先采用旋喷桩对地铁某线路周围土体进行加固,加固范围为通道外轮廓每侧各加固3m,竖向到暗挖通道仰拱底5m,如图5-12所示,旋喷桩采用$\phi 0.8m \times 1.6m$,桩长为20m,桩间咬合距离为30cm。水平方向采用管幕进行地层预加固,管幕采用直径为

402mm 的 Q235 螺旋焊接钢管,壁厚为 10mm,并沿暗挖隧道外轮廓线布设,共设置 107 根,如图 5-13 所示。钢管两侧设 6.3/4 不等边角钢锁口,管幕钢管内灌注 C30 无收缩免振捣混凝土,并利用在距离端头 2m 的管幕处设置的回浆孔对管间锁口进行充填注浆,注浆量按 20% 填充率计算,设计水灰比 1∶1,注浆压力和配合比通过现场试验确定。如图 5-14 所示,最后采用中洞法 + 双侧壁导坑 + 临时仰拱 + 台阶法开挖支护。

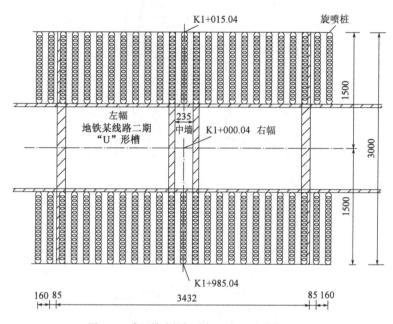

图 5-12　高压旋喷桩加固布置图(尺寸单位:mm)

具体的施工工艺流程为:施工准备→高压旋喷桩施工→管幕施工→中导洞开挖及中墙施工→左洞左导洞开挖初支及临时支撑支护→左洞右导洞开挖初支及临时支撑施作→左洞中部上台阶开挖及初支施作→左洞中部下台阶开挖施作临时仰拱→左洞中部仰拱开挖及初支施作→左洞拆除临时仰拱→左洞二衬施工→右洞右导洞开挖→重复左导洞工序。

(2)施工要点
①高压旋喷桩。
根据以往施工经验及《建筑地基处理技术规范》(JGJ 79—2012)确定合适的水泥浆浓度、喷浆量、喷浆压力和喷浆提升速度等施工工艺参数,试桩数量不得少于 5 根。施工完成后待桩体达到一定强度后(3~7d),开挖检查成桩直径及搭接长度等,根据检测结果实时调整施工等相关工艺参数。

竖向旋喷桩桩位放样时,放测桩位控制点(角桩外延 2m)桩位测放完成后,复核无误之后,用长 500mm、φ18mm 的钢钎打成深 300mm 的钎孔,并灌白灰粉定位。其余桩位根据已有控制点采用钢卷尺按照距离依次定位,设计竖向加固高压旋喷桩,东西向水平间距 1.6m,设计桩径 0.8m,桩间咬合距离 0.3m,无搭接;南北向间距 0.5m,咬合 0.3m。

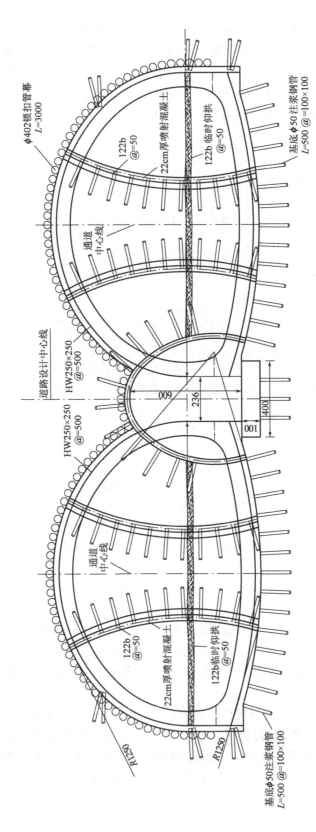

图 5-13 管幕连拱布置图（尺寸单位：mm）

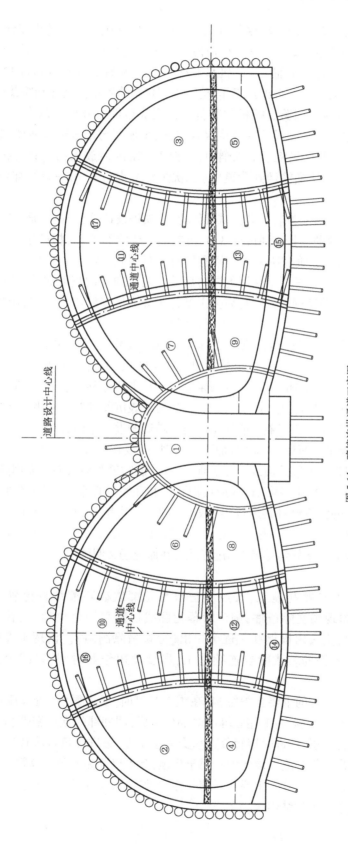

图 5-14 暗挖连拱通道工序图
①~⑰—施工工序

施工正式开始前,需要按照设计结合施工场地情况修建施工所用的泥浆池、排浆沟、截水沟以及其他施工辅助设施。旋喷桩施作前需使用汽车钻进行钻前引孔,再将旋喷桩机调整到钻孔位置进行钻孔。钻孔开始前确保钻机水平对准孔心,钻杆偏移不得超过1%~1.5%。定位完成后需先检查旋喷桩机能否正常工作,检查内容包括喷嘴堵塞情况和喷浆压力,检查方法一般为低压(0.5MPa)射水试验。桩机的准备工作完成后即可开始配制水泥浆,采用42.5R普通硅酸盐水泥和水玻璃配制成的双液型混合浆液,水泥浆与水玻璃浆液体积比为1:1。采用二次搅拌配制浆液,即首先将水加入桶中,搅拌3~5min后放入第二只搅拌桶中使用(一次过滤),通过第二只搅拌桶输送到管道中(二次过滤),禁止采用一只搅拌桶,一边配浆一边抽浆。

竖向旋喷桩场地基本平整后再进行试桩作业,旋喷桩设计桩长20m,通过试桩确定水泥用量及地下围岩。根据地勘报告描述可知3.9~15.7m(高低不等)为粗砂层,岩层发育比较密实,为原沣河老河道底,经研究决定采用潜孔钻机先行钻孔,成孔后再进行高压旋喷桩施工。钻孔与注浆需同时进行,钻杆振动下沉的同时启动泥浆泵向孔内喷射泥浆。若采用的施工方法为二重管法,则施工顺序调整为钻孔后拔出钻杆再插入旋喷管喷射浆液,旋喷管入孔时,需要不断喷射低压(0.5~1.0MPa)水来防止喷口堵塞。

当旋喷管进至设计孔深时,增大泥浆泵压力至20~30MPa,喷浆30s后喷管开始旋转进入旋喷阶段,提升速度为7~20cm/min,旋转速度为5~16转/min,使土体被充分切割进而搅拌成桩。浆液凝固的时效性和析水性,导致喷浆完成后可能因浆液流动或回缩造成灌浆部分体积减小,从而在孔内产生空洞或凹陷。由于本工程对地表沉降控制要求极为严格,因此必须对其进行二次补灌,补灌采用的浆液一般为水泥与水玻璃的混合浆液,水灰比设置为0.8~1.0。当旋喷管拔出至距停浆液面仅剩1m(液面下1m)时,应该暂停拔出,使其在原位旋喷数秒,后继续缓慢拔出,直到超过停浆液面或设计桩顶0.5m。旋喷管脱离液面后需用高压清水将管壁及喷头上的浆液和渣土清理干净。现场应设泥浆池和泥浆处理系统,对废弃的泥浆不得任其随意漫流,应设专门的泥浆池对其进行集中处理,泥浆池周围应设不低于1.2m的坚实围栏,围栏上设夜间示警灯和安全警示标志,设专人看管,以防止人员不慎掉入泥浆池造成安全事故,对现场的废浆采取脱水外运等措施防止污染,确保现场文明施工。

②管幕施工。

开挖前为保证管幕顺利施工,按照隧道管幕轮廓线破除灌注桩比管幕设计外围大15cm的区域。根据现场实际条件,洞口管幕轮廓线切割采用分块切割,首先采用水钻对右侧主洞进行切割,割去内排钢筋并逐个拉出(分块凿除洞门)。清理干净位于洞圈底部区域的混凝土碎块及钢筋。凿除要连续施工,尽量缩短作业时间,以减少正面土体的流失量。

管幕是维持地层稳定的重要支护结构,在施作管幕时,要遵循"钢管液压顶进,管内螺旋出土"的原则,具体施工原理为:专用管幕由两部分组成,即外部的支撑钢管和内部的钻进杆,支撑钢管套在钻进杆外层,钻进时钢管负责承受地层压力,钻进杆负责旋转切削地层,土渣从钢管内部的孔隙排出。管幕施工设备为专用千斤顶,其不仅要为外部支撑管提供顶推力,还要为内部钻进杆提供扭矩。管幕施工要与开挖一样分段进行,先顶进再开挖,开挖完成后管幕也完全贯穿地层形成连续支护结构。

本工程设置多排钢管构成管幕,各排管幕同时顶进,多排管幕的抗扭刚度更大,因此不容易产生偏移,从而保证管幕按照设计轨迹顶进;结合已施工孔位对施工管排的限位作用,最大限度地限制了施工管排的偏转和偏移,从而不必频繁地在顶进过程中进行纠偏,提高了施工效率。多排管幕同时顶进的另一大优点在于不必反复拆卸钻进杆,大大降低了施工难度,显著缩短了工期。

由于基坑地层为砂岩,围岩自稳能力差,顶管施工最大顶进推力为5448kN,因此反力墙修建难度系数极大。为了保证顶管施工顺利进行,满足反力、工程质量及施工安全需求,需有针对性地进行反力墙承载力、侧压力验算,并对反力墙墙体进行深化设计。

③暗挖隧道开挖施工。

开挖采用人工和小型机械配合,减少围护结构及支护体系对施工的影响,优先施工中导洞,中导洞支护紧跟开挖。在中导洞支护、开挖完成贯通后,即可进行中隔桩衬砌施工准备。中隔桩采用6m模板台车进行浇筑,中墙混凝土施工后,中墙基坑应及时回填密实,回填至距基坑顶1.5m处,采用夯实填土,在顶部1.5m范围内采用C10混凝土回填。回填前应采用土工布包裹回填范围,中隔墙浇筑一段后,边施工中隔桩边回填中导洞两侧导洞,直至中隔桩洞口段衬砌混凝土强度达到70%以上,才能进行左右侧导洞的开挖支护,左、右洞不应同时施工,中央断面可采用上下台阶法开挖,每台阶步距控制在3~5m,可根据监测数据调整。左右侧导洞开挖要错开。主洞衬砌按6m每段用模板台车分段施工衬砌。模板台车就位前,测量人员要先定出中线及高程,施工班组根据中线高程,依据设计图绑扎焊接钢筋,依据防排水设计图预埋好防水板、土工布、各种止水带和排水管,经检查无误后,模板台车就位,泵送混凝土入模进而浇筑衬砌混凝土。

施工中可根据监测结果调整开挖方式、施工步序和支护参数,确保施工安全,隧道开挖施工简图如图5-15所示。左、右洞不应同时施工。由于暗挖段仅有30m,原则上单向掘进,但两侧超前支护需在开挖前进行。

为了及时控制围岩变形,应当缩短单次开挖距离并在开挖完成后马上施作封闭的初期支护,特别是采用台阶法等分部开挖方法时,在开挖下部地层后应立即安装钢架并封闭初期支护,避免上部初期支护长距离或长时间悬空,钢架架立时间要控制在2h以内。隧道内的超前支护和注浆锚杆在加固围岩的同时也在一定程度上起到了堵水的作用。在实际开挖过程中应加强对上覆地铁U形槽及地表的沉降观测,如发现异常,应立即反馈给设计单位,及时调整施工工艺和支护参数。中隔桩混凝土强度达到设计强度的70%以上时方可进行主洞开挖。左、右主洞开挖采用双侧壁导洞法开挖,每个主洞分6个小导洞进行开挖支护,上断面开挖高度为6.5m,下断面开挖高度为3.9m,开挖宽度为6m,主洞开挖时先开挖左洞,开挖主要采用人工配合小型机械,出土采用小型三轮车运至洞口外50~100m,采用50t起重机及吊斗吊至基坑外堆土场,采用装载机装车运至指定弃土场。在开挖下一循环之前,必须及时完成上一循环初期支护,同时需要对拱顶下沉和拱脚收敛位移进行监测,当发现现有初期支护无法对围岩起有效限制作用后,应立即加强支护并封闭仰拱围岩。开挖以人工风镐开挖为主,尽量减少对围岩的扰动,开挖后及时喷混凝土封闭岩面,注浆时可适当增加注浆压力,确保浆液充满围岩缝隙以形成连续的承载圈,从而提高围岩的稳定性。主洞初期支护由上而下,采用先拱后墙法施工。在施作主洞初期支护时,要严格按设计操作并严格控制拱架间距、长度和角度等,保证初期支护的准确性。

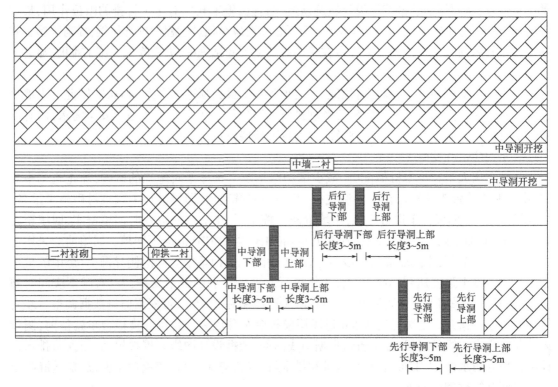

图 5-15　隧道开挖施工简图

④钢筋网加工。

钢筋经试验合格、除锈和除油渍后,在洞外固定作业平台上分片制作,钢筋规格为 Φ8 光圆钢筋,网格间距为 20cm×20cm,网片铺设时与锚杆及钢支撑连接牢固,其搭接长度不得小于一个网格尺寸,随岩面起伏铺贴,达到喷混凝土时钢筋网不晃动的基本要求,喷混凝土保护层厚度不得小于 2cm。

⑤钢拱架施工。

施工顺序为洞外钢筋加工厂分节加工→洞外试拼→运至开挖面→洞内测量及开挖面处理→人工架立就位→螺栓连接→焊接钢筋→加设垫块→打锁脚锚杆(导管)固定。

由于钢支撑是预制结构,施工现场无法对其尺寸和具体结构进行大幅度调整,因此必须在具有可靠资质的加工厂预制钢支撑,对于运至现场的钢支撑,在正式使用前应当进行测试,拼装完整的钢支撑构件应校核各误差数值,尤其需要对拱架各连接处进行精确检查,确保质量达标后再使用。每个拱架安装前,需要用全站仪准确测量并定出钢支撑安装的中线、高程及拱脚设计位置,修凿局部欠挖部分;钢支撑纵向及高程允许偏差为 ±50mm,垂直度允许偏差为 2%。拱架由人工安装并确保安装就位,拱脚支垫采用 30a 槽钢进行支垫,长为 50cm,防止钢支撑阀门盘受力面积小而下沉;并通过焊接纵向连接筋将钢支撑焊接成整体。

⑥注浆锚管施工方法及工艺。

根据设计图纸,导洞及仰拱底部设 φ50mm×4mm 注浆导管,间距 1.0m×1.0m,管长 5m,

与拱架形成90°夹角。注浆导管施工采用钻机钻孔,沿孔打入注浆导管(钢花管),拌和机拌制水泥浆,注浆泵小导管注浆。导管布置采用单排管沿拱架轮廓线环向布置,导管选用φ50mm×4mm焊接钢管,尾端用Φ25mm钢筋加工成L弯钩与钢管焊接,另一端与钢拱架焊接,钢管尾端加工止浆阀,管壁交错钻渗浆孔,渗浆孔直径为8mm,间距为25cm。注浆浆液选用水泥砂浆,水灰比分为1∶1和0.8∶1两个等级,施工时实际配合比经现场试验确定,水泥采用42.5号普通硅酸盐水泥,拌浆时掺入速凝剂。渗入性浆液按试验确定的注浆压力和注浆量施工。注浆顺序由下向上,浆液采用拌和机拌制。注浆时选取最佳注浆压力和注浆量,注浆压力为0.5~1.0MPa,必要时可在孔口处设置止浆塞。止浆塞应能承受规定的最大注浆压力。注完浆的钢管要立即堵塞孔口,防止浆液外流。

⑦喷射混凝土施工方法。

喷射混凝土选用的石料粒径不宜大于15mm,砂选用细度模数大于2.5的中粗砂。喷射口水压为0.15~0.2MPa;风压略低于水压,为0.1~0.15MPa;喷射头与受喷面距离为0.8~1.2m。喷射混凝土前应用水或高压风吹干净受喷面。送料连续均匀,喷射混凝土面做到平整、无干斑或滑移流淌现象。喷射混凝土从下向上分段、分片、分层进行,如有凹处应先填平。喷射时喷头应缓慢呈螺旋形均匀移动,一圈压半圈,绕圈直径30cm左右。喷射混凝土表面应密实平整,无裂缝、脱落、漏喷、空鼓和渗漏水等现象。表面不平整度允许偏差为±5cm。为了避免初期支护背后脱空,在下一循环段开挖之后,对已经施喷完成段的端头用喷射混凝土进行回喷,以弥补端部钢架背后混凝土喷射不到位而形成的空洞。

⑧仰拱、填充、整平层施工。

在仰拱区域地层开挖及底部辅助支护装置安装完成后,进行仰拱浇筑和隧道底部回填工作,为保证洞内交通不受影响,对于未施作仰拱的地段应当架设栈桥。拱墙二次衬砌采用液压衬砌台车及时进行跟进。

⑨二次衬砌施工。

隧道二次衬砌为C40混凝土,其抗渗等级为P8。二次衬砌前应严格检查排水系统施工质量,检查范围包括环向排水半管、防水层和纵向排水盲管。模板衬砌台车按照图纸设计要求进行厂家定制,钢结构及钢模必须具有足够的强度、刚度和稳定性。二衬台车进场前应进行严格的验收,进场后立即组织人员进行安装调试和验收(尤其应对门架的支撑强度、面板的厚度、板面的光洁度和几何尺寸进行检验)。模板台车一台,长度应根据沉降缝、预留洞室和预埋管线位置综合确定。模板台车侧壁作业窗宜分层布置,层高为1.5m,每层设置4~5个窗口,其净空不宜小于45cm×45cm。拱顶部位应预留2~4个注浆孔。模板安装必须稳固牢靠,接缝严密,不得漏浆。模板台车的行走系统宜铺设在填充混凝土面上。台车就位后,应采取可靠措施防止拱脚和拱顶走模。下一循环灌筑时,台车应伸入已浇筑混凝土内壁不少于20cm,并采取措施防止漏浆。隧道二次衬砌应采用泵送混凝土灌筑,灌筑至拱顶时宜采取加压的方法使拱顶密实无空洞。台车拆模时间应通过试验确定,如二次衬砌仅作为保护防水层的不承重结构,可待混凝土强度达到15MPa时进行拆模。但必须采取措施防止下一循环台车掺入已浇筑混凝土段时压坏混凝土。二次衬砌养护时间一般不少于7d,掺有外加剂或有抗渗要求的混凝土应按照设计要求适当延长养护时间。隧道二次衬砌完成后,及时浇筑混凝土电缆槽和污水排水边沟,电缆槽盖板在通道洞口外拌和场预制,由汽车运入现场,人工进行安装抹缝。

### 5.4.4 某电缆工程隧道泥水平衡顶管施工

1) 工程概况

西安西郊某地下电缆隧道设计总长大约2.229km。本工程段电缆隧道上跨地铁结构,该段电缆隧道与地铁区间基本正交,该段电缆隧道与左线区间隧道最小净距约3.825m,与右线区间隧道最小净距约3.892m,如图5-16所示。

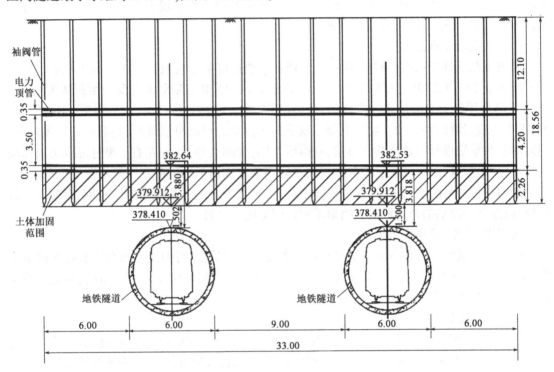

图5-16 电缆隧道与地铁隧道剖面位置关系图(尺寸单位:m,高程单位:m)

2) 工程地质与水文条件

根据外业钻探、原位测试及室内土工试验,在勘察深度35.00m范围内,场地土主要由填土、黄土状土、粉质黏土、砂类土等构成。场地地下水属孔潜水类型。勘察期间属高水位期,测得地下水稳定水位埋深13.28~15.18m,相应高程为385.21~385.79m。

3) 顶管施工方案

(1) 袖管阀注浆加固施工工艺

①施工准备。

钻孔与注浆所用机械设备分别为100型工程地质钻机和HFV15D单液注浆泵。袖阀注浆管选用钙塑聚丙烯材料的硬质塑料管,该管单节长度333mm、内径56mm、壁厚12mm,具有内壁光滑、连接紧密、抗弯强度高等优点。除了常规注浆管,还准备了一种特制注浆管,该管管壁上设有溢浆孔,每个溢浆孔都用单向橡胶套保护,从而保证注浆时浆液能从孔中溢出而地层中的水分和砂石无法从孔中进入管内,溢浆孔的直径为8mm,每节注浆管布置6个。

②确定施工参数。

正式注浆前需要选择合理测试位置进行预注浆试验以确定注浆参数,通过注浆加固试验确定满足设计文件中"注浆扩散半径1.0m,顶管隧道3m范围内注浆压力0.5MPa,其他部分注浆压力1.0MPa"的施工参数。通过注浆试验确定浆液配合比、浆液流速、注浆量等,并对注浆效果进行检验和评价,合格后确定其为施工中的注浆参数。注浆试验不能仅做一组,而应当按照不同的浆液配合比设置多组,从而确定最合理的浆液成分。

③施工工艺。

确定钻孔位置时需先用全站仪确定最外侧的控制点,再通过卷尺等非电子测量设备确定控制点中间的其他空位并做好标注。桩位布置与既有地下管线冲突时,应做局部调整加固桩位,避开地下管线。

定位完成后即可安装钻机并准备开始钻孔,需要注意钻头保持平整以避免斜孔,为保证按照设计钻孔路径钻孔,需要在最开始钻进2m及每次接长钻杆时对钻杆角度进行测量纠偏,保证倾斜度小于或等于0.5%。为了保证顺利穿过混凝土块和地层中强度较大的部分,应当使用高强度金刚钻头。注浆完成后对袖阀注浆管进行填充,对于一般袖阀注浆管可采用水泥土填充,对于布设溢浆孔的袖阀注浆管应采用碎石填充。注浆时遵循从外到内的顺序,确保外侧形成高强度浆墙并对内部浆液起到挤压作用。注浆时通过对声音、注浆压力和注浆量的监测来确定是否达到预计的注浆效果。注浆压力一般呈现先上升出现峰值,后下降趋于平缓,再上升出现峰值的变化趋势。第一次峰值是由套管被浆液挤碎而产生的,因此不会持续太长时间便消散,第二次峰值则是因为浆液已填满孔隙,此时应当将注浆管提高再继续注浆。当在注浆压力恒定条件下注浆量小于1~2L/min且20min内不增长,则认为浆液已基本充满缝隙,此时停止注浆。除注浆压力外,还可通过注浆时相邻注浆孔的反应来判断注浆效果,若观察到冒浆现象,则证明注浆效果较为理想。同时注意注浆过程中的所有注浆参数都应当完整记录。

(2) 顶管施工方案

①安装洞门止水装置。

由于注浆管和洞口之间存在空隙,若地层中地下水富集,则水流可能携带泥沙从这些空隙流入工作井,给施工带来很大的不便,渗水严重时还可能导致地层因排水过大发生沉陷甚至坍塌,从而给周边既有建筑造成重大损失。因此,正式顶进前需对洞门进行防水处理,杜绝此类情况出现。

②顶管前技术措施。

顶管前,应根据管棚长度对钢管进行下料,保证钢管接入后接头不在同一断面上。为接管施工方便应搭设施工台架。钢管顶入时利用手动液压千斤顶、凿岩机、液压钻等机具辅助进行顶入施工。注意顶进速度不要过快,掌握好机械输出功率,避免遇到障碍物时顶推力过大导致顶管弯曲。采用焊接连管时,应将第二根管固定在施工台架上,并保证两根管中心在同一直线上,接口处应严密,并检查钢管仰角与设计是否相同。

③触变泥浆的配制及注浆方案。

为了避免顶进时出现顶进困难、偏移和弯管等工程问题,需要尽可能减小顶进时围岩产生的阻力。在实际工程中,一般采用减阻注浆的方式实现。该方法的原理是通过注浆在管道外壁形成能减小阻力的泥浆润滑套,具体实施方法如下:以膨润土作为触变泥浆的主要成分,通过试验确定其造浆率、失水量和动塑比并进行合理储藏,结合试验结果以及供货方提供的参数确定浆液配合比和搅拌膨胀时间。选择合理的位置布置注浆孔,使浆液流出管道后能快速覆盖外壁形成润滑套。注浆时尽量通过同步注浆一次完成,减少补注频率,同时加强对浆液成套效果的监测,对于浆液不足或泥浆套缺口严重的区域进行补浆。选择合适的注浆设备,确保整个注浆系统无密封性和耐久性方面的缺陷。通过单向阀控制注浆孔,确保浆液从孔中流出而外部的砂土无法从孔口灌入。建议选择控制性更好的小脉动液压泵作为注浆泵,严格控制注浆压力和浆液流速,为保证整个顶进过程中各注浆孔注浆压力均匀恒定,可以增设压力储浆罐作为辅助装置。顶进过程中泥浆润滑套仅存在于管侧壁,因此需避免注浆压力过大导致浆液涌入顶进掌子面,回流进管内,从而增大顶进阻力。由于地层间存在缝隙且地下水流动会造成泥浆损失,实际的泥浆用量一般为理论计算值的4~5倍,因此灌浆开始前应做好准备,确保泥浆储备充足。

注浆时要从隧道两侧逐渐向拱顶靠拢,要注意开始注浆时浆液浓度较低,随后浓度缓慢增加,直到达到设计浓度。注浆时采用先外围后内部的注浆顺序。为防止窜浆,提高钻孔利用率,施工时采用跳孔间隔注浆。有流动地下水时从水头高的一端开始注浆。压注浆液时应缓慢均匀连续加压,直至压力达到设计值。确保浆液的流动性和黏稠度满足设计要求后再开始注浆。如要求掺入水玻璃,应先将水泥浆拌制好,按配合比称量出水玻璃的质量,缓慢加入并不断搅拌,直至注浆完毕为止。注浆前必须先进行试注浆试验,依据试验结果对注浆孔布置、注浆参数以及浆液成分进行优化后再正式开始注浆。注浆时要保证注浆质量,要求注浆孔口止浆率和每次循环的浆液扩散半径合格率都不得小于90%。注浆开始前需确定合理的浆液凝结时间,注浆时要实时监控,及时提升注浆管,以避免浆液凝固导致堵管,拖慢工程进度。

④顶进过程中线形控制。

顶管隧道顶进过程中面临的最大问题是顶进路径偏离设计路径,因此在施工过程中需要时刻监测偏移量并及时纠偏。顶进机前进方向的精度取决于纠偏的准确度,纠偏的准确度又取决于测量的精度,因此还需对测量仪器的位置进行监测,务必保证施工过程中测量设备位置固定。纠偏时需要坚持少量多次的原则,单次纠偏角度不得大于1°,规定好偏差警戒线,一旦偏移量超限,就立刻开始纠偏。顶进开始前需做好详细的路线规划,确定单位顶进长度的位置和高程,顶进时要严格按照设计路线和高程前进,保持对前进路线的监控量测,发现偏移应及时调整,使隧道始终按照设定方向和坡度前进,实现施工的精细化和标准化。顶进刚开始时,可以通过调整不同油缸的输出功率来控制前进方向从而实现纠偏。

⑤顶管出洞技术措施。

本工程顶管主要穿越古土壤沙层及粉质黏土,为防止出洞口洞门开启时大量沙泥土涌入井内,同时考虑进洞上部有民房,在结构施工时工作井顶管出洞口外侧5m范围内采用水平方式压注42.5号水泥浆加固土体,洞口上部采用管棚加固以防止地面塌陷。

顶管机出洞前需要做一系列准备工作以保证出洞顺利。首先需要对出洞口的围岩条件进行检查和加固,保证不会因破洞造成严重地层沉陷。此外,需要提前布置好接收井并安装好接收装置,避免出洞时因准备不足导致顶管机撞坏管线。同时,为了避免顶管机出洞时偏离预定出洞位置,需要在出洞前30m就加强对前进方向的监控量测,及时纠偏以确保顶管机沿着预定方向前进。出洞前需放缓顶管机前进速度,避免围岩应力过大产生突然破坏。预估好出洞时间后预先凿除接收井洞口的灌注桩以避免出洞时产生碰撞。出洞后完成顶进机与顶管和其他电线管线的分离工作并封堵管道和预留孔之间的空隙,需注意保留 8~10 个压浆孔用于后期加固。拆除接收井内基架,并在钢筋混凝土管道端部及时浇筑钢筋混凝土基础。

为了防止出洞时的磕头现象,可采用以下措施:出洞前预抬高机头,在洞内安装延伸导轨,确保延伸导轨的位置与隧道内部导轨完美对接,同时需保证导轨强度和刚度;出洞时降低千斤顶合理作用点或减少千斤顶工作个数;接长导轨至洞外并安装托块以增强其抗弯能力;增加机头长度并加固出洞口地层。

⑥减摩泥浆的固化及洞口接头处理。

当顶进工作完成后,需要排出减摩泥浆(触变泥浆)以防止其对结构强度造成不良影响。常用的排浆方法是置换法,即通过注入能有效填充管壁与围岩间缝隙,提高地层强度的水泥砂浆,从而将减摩泥浆挤出。置换工作完成后,清理并回收注浆设备,封堵注浆孔以避免未完全凝结的浆液漏出。此时还需对各段管节接口处的缝隙进行填缝,封堵材料可以使用石棉水泥、弹性密封膏或水泥砂浆,注意将挤出缝隙的填缝物清理干净。同时需使用合理方法填补工作井洞口接头处的空隙,目前常用的方法是先灌注混凝土并焊接止水环,再用密封膏彻底封闭,根据工程实际经验,混凝土建议采用 C30 细石混凝土,止水环的厚度不应小于 20mm,密封膏可以采用聚硫密封膏。

⑦顶管施工期间的其他技术控制措施。

由于在顶进机上安装第一节管节时需要暂时撤回千斤顶,因此应当将顶进机与导轨临时焊接在一起,这么做是为了避免顶进机失去千斤顶的支撑后被土压力顶回。顶进期间要一直对减阻泥浆进行质量测试,确保其不失水、不沉淀、不固结。为了保证减阻泥浆的注浆工作顺利进行,需要在注浆孔上安装压力表以监测注浆压力。同时,除了布置在管壁上的注浆孔外,还需要在顶进机后端沿环向布置 4 个注浆孔,通过布置在管壁上的注浆孔注浆的同时,还需要使用顶进机后端沿环向布置的 4 个注浆孔进行跟踪注浆,以确保泥浆润滑套的快速形成。一般注浆总管为 6.67cm 长的钢制硬管,各注浆孔连接的支管为橡胶软管。压浆顺序为地面拌浆→总管阀门打开→启动压浆泵→管节阀门打开→送浆(顶进开始)→管节阀门关闭(顶进停止)→停泵→总管阀门关闭→井内快速接头拆开→下管节→接 6.67cm 长总管→循环复始。

**本章思考题**

1. 地下连续墙中护壁泥浆的作用有哪些?
2. 超前小导管与管棚法的应用条件是什么?简述其设计要点与施工顺序。
3. 土压平衡盾构与泥水加压盾构的特点和应用条件是什么?开挖面的稳定性如何分析?

# 第6章
# 城市地下工程施工机械

城市地下工程所处的环境不同,所采用的施工工法、技术和施工机械也存在显著差异。在城市地下工程施工过程中,常见的开挖方法有明挖法、暗挖法以及一些针对特殊工况的特殊施工方法。为更好地提高施工效率并保证施工过程的安全性及可靠性,在施工过程中还需要一些衔接性的水平或者竖直方向的施工作业的介入,尤其是在水文和地质条件较为特殊的施工环境中。此外,地下建筑空间的埋深及建筑场地环境也会制约施工设备的选择和使用。可见,认识城市地下工程施工机械的种类、特点及基本工作原理,对于城市地下工程的设计、施工、管理及后期运行维护都具有非常重要的价值。

## 6.1 竖向开挖机械

### 6.1.1 成槽机

地下连续墙在建筑深基坑施工、地铁施工中被经常使用,而成槽机是地下连续墙施工的主要设备。目前使用的成槽机,按成槽机理可分为抓斗式、冲击式、回转式、旋铣式和双轮铣式5种。

1) 抓斗式成槽机

抓斗式成槽机,以其斗齿切削土体,将土渣收容在斗内,开斗放出土渣,再返回到挖土位置,重复往返动作,即可完成挖槽作业,这种机械是最简单的成槽机。

(1) 机械抓斗成槽机

机械抓斗成槽机是地下连续墙成槽施工过程中常见工程设备之一,抓斗的升降和开闭采用两条钢丝绳来分别操纵。使用机械抓斗上的钢丝绳来控制开合,能够有效开展比较深的成槽施工,具有结构简单、操作方便的优势,适用于硬地层的冲击作业。但是,机械抓斗成槽机的工作条件受其设备性能限制严重,闭斗力很小,因此很难适用于超深基坑的地下连续墙成槽工作。

(2) 液压抓斗成槽机

液压抓斗成槽机是借助液压缸完成抓斗体的升降与开闭。目前我国建筑工程行业较为常见的液压抓斗成槽机主要有如下 3 种。

① 半导杆液压抓斗成槽机。

半导杆液压抓斗成槽机的特点是导杆由"导向架+导杆"组成,且由旋转装置实现 360° 旋转,具有可操作性强、适用性强等优势。

② 全导杆液压抓斗成槽机。

全导杆液压抓斗成槽机的方形截面导杆可作 90° 旋转,设备能在较小的工作范围内进行成槽施工。并且,由于该设备的高度较小,所以适合在存在限高要求的工地进行施工,运输成本也较低,但全导杆液压抓斗成槽机垂直施工效果较差。

③ 钢丝绳悬吊液压抓斗成槽机。

钢丝绳悬吊液压抓斗成槽机是利用钢丝绳卷扬机对抓斗进行控制,当需要打开或闭合抓斗时,需要先使用液压缸控制滑块在滑轨上运动。当滑块向上运动时,带动连杆上移打开斗瓣,反之则关闭斗瓣。钢丝绳悬吊液压抓斗成槽机设备尺寸相对较小,运输方便,且成槽深度较大。

地下连续墙的成槽施工多采用液压抓斗成槽机。液压抓斗成槽机适用于较松软土层,具有结构简单、易于操作、施工速度快和成本低等优点。液压抓斗成槽机属于新型成槽设备,施工效率高,工效约 100 延米/d,但在施工过程中,往往需要其他钻机来引孔、配合成槽。在地质条件较好的工程段,可直接采用抓取法进行施工;但在有孤石和基岩存在的强度较高的地层段中,则会由于工效低而无法应用。

使用抓斗式成槽机时应注意:①开挖较硬土体时,应放慢抓斗的抓挖速度,以免应力过度集中造成斗齿损坏;②切入深度和切入角应尽量增大,从而降低斗体的抓挖阻力;③液压抓斗在升降过程中需控制好卷扬机的绞盘速度,严禁急升或急停;④施工时需要密切注意槽壁稳定性,发现卡斗、埋斗情况,切勿硬拉、硬拽抓斗,避免损坏抓斗内部元件。

2) 冲击式成槽机

冲击式成槽机是在兼有排土功能的钻筒端部安装冲击钻机,用以操作各种形状的冲击钻头。冲击式成槽机通过上下纵向运动或左右横向运动,冲击破碎地基,借助泥浆循环把土渣带出槽外,适用于中等规模地下连续墙的施工。设备简单,操作容易,对地质条件适应性良好,可用于大部分地质条件下的地下连续墙施工。但是其工效低,成槽质量差,应用已越来越少。其原理是利用重锤冲击破坏地层,采用较浓的浆液悬浮抓渣保证重锤能够接触新鲜的地层来加快进度。冲击式成槽机一般采用抽筒除渣的方式,渣浆易混合在一起而导致其回收较困难,泥浆的浪费较大,只在地质情况复杂或场地狭小的情形下才会采用,否则一般不予采用。冲击钻一般配有管钻、平底钻及方锤等钻头。但在处理复杂地层,如遇到孤石、探头石等特殊情况时又具有一定的不可替代性。冲击式成槽机的构造如图6-1所示。

3) 回转式成槽机

回转式成槽机的动力来源于潜水电动机。转式成槽机前端的钻机无须安装钻杆,有多个旋转钻头,因而效率高。且动力靠近钻头位置,所以功率消耗小,并且其是利用重力来定向,所以钻孔的垂直精度高。

回转式成槽机的排土方式一般均为反循环形式,排泥泵为潜水式,功率较高,钻机用钢索吊住,边排泥边下放,泵的能力可以选择,大的可以将卵石、漂石吸出,其挖槽的速度极快。与其他成槽机相比,这类设备的机械化程度较高,维修保养要求比较高。

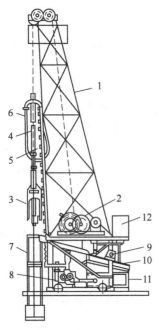

图6-1 冲击式成槽机
1-机架;2-卷扬机;3-钻头;4-钻杆;5-中间输浆管;6-输浆软管;7-导向软管;8-泥浆循环泵;9-振动筛电动机;10-振动筛;11-泥浆槽;12-泥浆搅拌机

4) 旋铣式成槽机

旋铣式成槽机是一种创新型地下连续防渗墙开槽设备,主要用于江河、大坝、病险水库等水利工程基础渗漏处理。

它的工作原理是成槽机构(锯条)上主电机通过减速机减速驱动(锯条内)传动轴,带动成槽机构(锯条)上的刀排做正、反两方向旋转,从而实现对地层进行水平方向切削,副电机带动曲柄升降机构,使成槽机构(锯条)上、下运动,从而实现对地层进行垂直方向切削,通过反循环排渣系统将切削掉的泥渣随泥浆水由槽底(经管道)排出槽孔,通过旋转牵引使成槽机沿钢轨水平前进,在轴线位旋铣成连续的矩形槽。

5) 双轮铣成槽机

双轮铣成槽机冲击碎岩是利用双轮铣冲击设备间接或直接经由钻头刃给岩石以一个集中的冲击载荷,从而使刃尖垂直侵入岩石,形成破碎坑,是一种典型的脆性破碎过程。双轮铣成槽机主要结构如图6-2所示(图中结构位置仅供参考)。

双轮铣成槽机冲击碎岩过程分为以下步骤:

图6-2 双轮铣槽机主要结构
1-底盘;2-上车;3-软管随动系统;4-卷扬机;5-臂架;6-铣刀架;7-液压箱;8-泥浆泵;9-减速箱;10-铣轮;11-电控箱;12-压力补偿器;13-滑轮组

①初期接触破碎。
②钻头刃冲击破碎岩石并将其压实。
③张开裂缝形成,且随载荷的增加向下延伸。
④应力不断增长,在压实体两侧的开裂点上出现剪断裂纹。裂纹先沿着一定的轨迹稳定扩展,然后突然转为失稳扩展,此时应力增加很少或者不增加,但裂纹迅速扩展至自由面,产生崩裂,形成破碎坑。在剩余的冲击能作用下,重复上述破碎过程,完成更多的破碎。

双轮铣成槽机的施工特点如下:

①施工工效高。双轮铣适应各种地层或岩层,甚至是抗压强度超100MPa的硬岩层。通过连续的切削、泥浆泵水下连续排渣,使得在软土层和硬岩层的施工速度均优于当前连续墙抓斗和冲击钻。

②成槽质量好。双轮铣具有数/模显示的可视化操控系统,工作参数及工作装置的位置和倾角能够做到实时监测;且刀架上所配备的12组纠偏装置也能对刀架体的垂直度偏差进行及时修正,以确保成槽精度在0.2%以上。

③对周围环境影响小。破岩成槽时振动冲击小,能紧贴既有建筑物施工;且通过泥浆泵,铣削的岩渣借由大直径橡胶软管输送至地面,经除砂机筛分过滤,分离后的泥浆再经橡胶软管或钢管返回槽孔,使得整个过程无地面泥浆污染。

④独有的套铣施工。二期槽开挖过程中,通过铣轮对两侧已浇筑的一期槽段混凝土进行少量(10~30cm)铣削,铣削完成后浇筑混凝土形成优质接头。该接头被称为套铣接头。其具有应力传递好,接缝防渗性好,夹带泥沙少,混凝土绕流影响小等优点。

### 6.1.2 挖土机

挖土设备是施工中常见的工具,其中单斗挖土机是一种常用的挖土机械,常用于基坑开挖。

**1) 正向铲挖土机**

正向铲挖土机是指铲斗和斗杆向机器前上方运动并进行挖掘的单斗挖掘机。主要用于露天采矿和剥离作业,适用于开挖含水率不大于27%的一至四类的土以及已爆破后的岩石和冻土。由于正向铲挖土机开挖的是停机平面以上的土,在开挖基坑时要通过坡道下坑开挖,停机平面要求干燥,故要求挖土前做好基坑排水工作。

正向铲挖土机的主要组成有工作装置、回转装置和履带行走装置三大部分。

(1) 工作装置

根据动臂与斗柄的相互连接关系以及推压斗柄的方式,正向铲挖土机工作装置大致可以分为三种形式:双梁动臂内斗柄齿条推压式、双梁动臂内斗柄钢绳推压式和单梁动臂双斗柄齿条推压式。这里主要介绍单梁动臂双斗柄齿条推压式和双梁动臂内斗柄钢绳推压式两种。正向铲挖土机工作装置与工作参数如图6-3所示。

(2) 回转装置

单斗挖土机的回转装置是用来使回转平台旋转的装置。实践证明,正向铲挖土机回转的时间占工作循环时间的65%~75%。因此,回转装置对单斗挖土机的生产效率有着较大的影响。

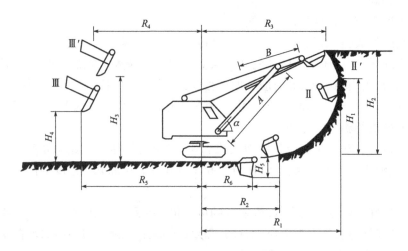

图 6-3　正向铲挖土机工作装置与工作参数

$R_1$-最大挖土半径；$R_2$-停机平面上最大挖土半径；$R_3$-最大挖土高度的挖土半径；$R_4$-最大卸土高度的卸土半径；$R_5$-最大卸土半径；$R_6$-停机平面以下切土半径；$H_1$-最大挖土半径的挖土高度；$H_2$-最大挖土高度；$H_3$-最大卸土高度；$H_4$-最大卸土半径的卸土高度；$H_5$-停机平面以下挖土高度；$A$-支杆长度；$B$-斗柄长度；$\alpha$-支杆倾角

(3) 履带行走装置

履带行走装置是挖土机上部重量的支承基础。行走装置的主要优点是：对土体的接地比压小，附着力大，可适用于道路凹凸不平的场地，如浅滩、沟或有其他障碍物的场地；具有一定的机动性，能通过陡坡和急弯而不需要太多时间。其缺点是：运行和转弯功耗大，效率低；构造复杂，造价高；零件易磨损，常需要更换等。

正向铲挖土机的主要特点是：

①正向铲挖土时，动臂倾斜角不变，斗柄和铲斗做转动和推压运动，形成复杂的运动轨迹，满足工作要求；

②动臂和斗柄的布置和连接的结构特点，使得正向铲挖土机不宜挖掘低于停机面以下的工作面，而适用于挖掘高出停机平面的工作面；

③有足够大的提升力和推压力，进行推压强制运动，可用于各级土体。

2) 反向铲挖土机

反向铲挖土机是我们最常见的挖土设备，主要用于作业面以下的基坑(槽)或管沟、独立基坑及边坡的开挖；直线、曲线挖掘，保持一定角度挖掘，超深沟挖掘，沟坡挖掘等。适用于开挖一至三类的砂土或黏土。最大挖土深度为 4~6m，经济合理的挖土深度为 1.5~3.0m。挖出的土方卸在基坑(槽)、管沟的两边堆放或用推土机推到远处堆放，或配备自卸汽车运走。反向铲挖土机工作装置与工作参数如图 6-4 所示。

反向铲挖土机是应用最为广泛的土方挖掘机械，具有操作灵活、回转速度快等特点。基坑开挖可根据实际需要，选择普通挖掘深度的挖掘机，也可以选择较大挖掘深度的接长臂、加长臂或伸缩臂挖掘机等。

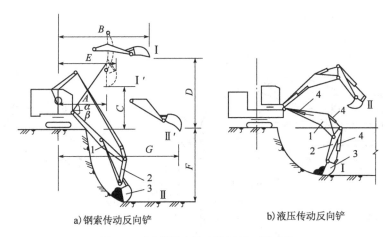

图 6-4 反向铲挖土机工作装置与工作参数

a) 钢索传动反向铲　　b) 液压传动反向铲

1-支杆;2-斗杆;3-土斗;4-液压缸;A-开始卸土半径;B-最终卸土半径;C-开始卸土高度;D-最终卸土高度;E-往运输工具卸土半径;F-最大挖土深度;G-最大挖土半径;α-支杆倾斜度($\alpha = 45°$ 或 $60°$);β-支杆倾斜度($\beta = 45°$ 或 $30°$)

反向铲挖土机由反铲铲斗、铲斗油缸、斗杆、斗杆油缸、动臂、动臂油缸、连杆机构等构成,各部件间全部采用铰接,挖掘过程中的各种动作通过油缸的伸缩来实现。动臂趾部与动臂油缸下支点均铰接在转台上,动臂油缸的伸缩可使动臂绕下铰点转动而升降。斗杆铰于动臂的上端,斗杆与动臂的相对位置由斗杆油缸控制,动臂升降靠动臂油缸控制,铲斗相对于斗杆的转动靠铲斗油缸控制。反向铲挖土机作业时,可根据需要在放下动臂的同时转动斗杆或铲斗。

反向铲挖土机的工作特点为:

①斗柄固定在动臂端部,斗杆只能相对于铰接点做旋转运动。

②挖土工作依靠斗杆做朝向机身的向下运动和不断地改变动臂倾角来实现。

3) 索铲挖土机

索铲挖土机是指铲斗与动臂通过钢索连接,依靠铲斗自重和钢索的牵引力挖取土石料的挖掘机械。由于索铲挖土机土斗工作时强制力较差,故适于挖掘较松散的土料。在水利工程施工中常用于开挖河道、清淤、采集天然砂石料等。如在附近没有弃料场,索铲挖掘的土料如不需转运,其效率较高,并可进行水下挖掘。

索铲挖土机由动臂、铲斗、牵引绳导向装置及滑轮组组成。铲斗分斗体和吊具两部分,斗体为焊接件,前端装有可更换的斗齿;吊具由提升链、牵引链、卸载滑轮与卸载钢丝绳组成。调整牵引链的悬挂高度可以改变铲斗作业时的挖掘深度。索铲挖土机工作装置与工作参数如图 6-5 所示。

索铲挖土机挖土工作是靠钢索来操纵的,其工作特点为:

①支杆轻便,没有斗柄。

②土斗用钢索悬挂在动臂上,挖土时,土斗做朝向机身的运动,在工作循环中支杆的倾斜角不变。

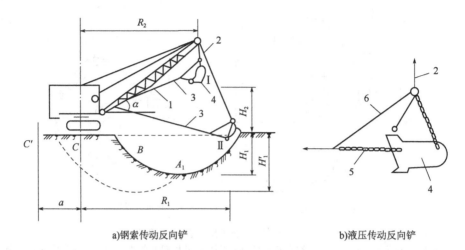

a)钢索传动反向铲　　　　　　　　b)液压传动反向铲

图 6-5　索铲挖土机工作装置与工作参数

1-支杆;2-起重索;3-牵引索;4-土斗;5-链条;6-卸载索;$R_1$-最大切土半径;$R_2$-最大卸土半径;$H_1$-土斗落点在地面的挖掘深度;$H_2$-最大卸土高度;$H_1'$-挖土机后移距离;$a$-土斗落点在 $A$ 点时的挖土高度;$\alpha$-支杆倾角

4) 合瓣式挖土机

合瓣式挖土机又称蟹斗或抓斗挖土机,由抓斗、工作钢索与支杆组成,如图 6-6 所示。

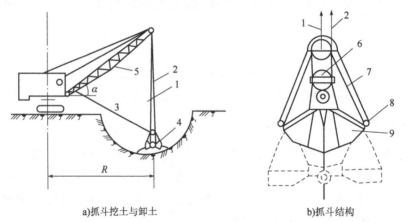

a)抓斗挖土与卸土　　　　　b)抓斗结构

图 6-6　合瓣式挖土机工作装置

1-起升索;2-闭合索;3-稳定索;4-土斗;5-支杆;6-滑轮;7-拉杆;8-绞;9-合瓣

① 抓斗由两个夹板组成,它靠起升索和闭合索悬在支杆上,抓斗可在起升高度范围中的任何位置开闭其颚板。

② 工作钢索由起升索、闭合索和稳定索组成,稳定索是用来稳定土斗不移动的。

③ 支杆铰接于转台。

抓斗挖土机的特点是:抓斗起升索和闭合索可以独立工作,也可以同步工作。抓斗可以在基坑内任何位置挖掘土方,并可以在任何高度卸土。在工作循环中,支杆的倾斜角不变。抓斗挖土机能用于开挖土坡较陡的基坑,也可以适应基坑水下开挖作业。

### 6.1.3 旋挖钻机

旋挖钻机是大口径桩基础工程的高端成孔设备,由于该设备具有机、电、液一体化,装机功率大,输出扭矩大,轴向压力大,机动灵活,施工效率高,成孔质量好,地层适应性强,以及环保性能好等特点,其在灌注桩、连续墙、基础加固等市政建设、公路桥梁、高层建筑的基础施工工程的钻孔灌注桩工程中得到了广泛应用,成为建筑基础工程中进行成孔作业最理想的施工设备。旋挖钻机结构部件组成如图6-7所示。

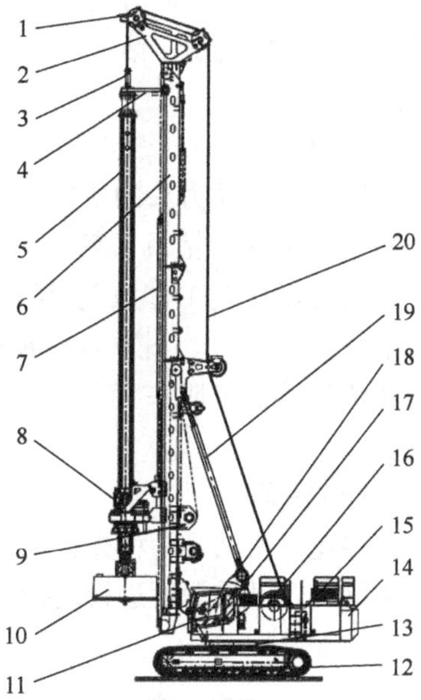

在成孔过程中,旋挖钻机主要利用动力传递系统控制动力头转动,进而通过钻杆驱动钻斗进行取土,利用加压油缸提供钻进压力,实现钻进,之后利用卷扬系统完成满土钻斗的提升,再利用回转系统,将转斗调整至指定位置,进行卸土作业,钻斗旋转→挖土→提升→卸土,如此循环作业,以达到施工要求。

1)旋挖钻机组成部分及其作用

(1)行走机构

行走机构主要功能是实现主机的移动,利用驱动电动机正反转,实现行走履带的前进、后退及转弯,同时履带配置张紧机构用于调节履带的松紧度。除张紧机构,底盘配置展宽油缸,可根据需要调节履带间距。

图6-7 旋挖钻机结构部件组成
1-主副卷滑轮;2-钻桅鹅头;3-提引器;4-钻杆托架;5-钻杆;6-钻桅;7-加压油缸;8-动力头;9-副卷扬;10-钻头;11-驾驶室;12-底盘;13-回转支撑;14-配重;15-发动机;16-主卷扬;17-变幅缸;18-变幅机构;19-倾斜油缸;20-主卷钢丝绳

(2)车架

车架主要作用是支撑,置于履带之上,车架内部包含主泵、主阀等液压系统关键元件以及中央控制箱。钻机工作时液压油被送往各个执行机构。

(3)回转平台

回转平台置于履带底盘与车架之间,回转平台主体支撑整个上车平台,回转电动机经减速器实现整个上车平台的转动。工作时可根据实际需要调整上车角度。

(4)变幅机构

变幅机构可调整桅杆与车身间距,根据打孔位置与驻车距离,通过调整变幅机构可实现钻斗的精准施工。变幅机构主要为三角变幅与平行四边形变幅,国内多用小三角变幅,便于运输与工作的切换,国外多用大三角变幅,保证复杂地质施工的稳定性。

(5)桅杆总成

桅杆主要分为上、中、下三节,是钻机主执行机构的重要支撑及工作进尺的导向元件。中桅杆最长,一般放置加压油缸。上桅杆安装主副卷扬滑轮,用于支撑钢丝绳悬挂钻杆。桅杆由吊锚架、滑轮、上桅杆、下桅杆、加压油缸等部件组成,是旋挖钻机的回转机构,是加压给进机构、升降机构等旋挖钻机主执行机构的重要支撑和受力部件,也是主动钻杆、动力头安装及钻杆钻进的导向构件。桅杆一侧焊接导轨,动力头在桅杆上下滑动实现位置变化。

(6) 动力头

动力头是钻机最为关键的传动元件,利用动力头电动机经减速器及齿轮箱驱动套筒转动,进而驱动钻杆转动。钻进工作时,实现钻具的进给与回退;甩土时,可实现钻具的高速正反转切换。

(7) 钻杆

钻杆既是动力头的执行机构也是动力头与钻斗之间的传动机构。动力头的转速与转矩经钻杆传递给钻具。钻杆一般为四极杆或五级杆,工作时可根据钻孔深度调整伸出长度。根据结构及工作原理,钻杆可分为摩阻杆和机锁杆。摩阻杆依托杆级之间的摩擦力来施加加压力,加压力较小;机锁杆杆身配置加压点,正转时即可实现加压,可完全把加压力传递给钻斗。摩阻杆无须制动与解锁,上体下钻速度快;机锁杆利用机锁点可把每节钻杆锁住。

(8) 钻具

旋挖钻机钻具的种类较多,有螺旋钻、筒钻、捞砂斗等,如图6-8所示,通常根据施工土质的不同以及钻进深度进行选择。

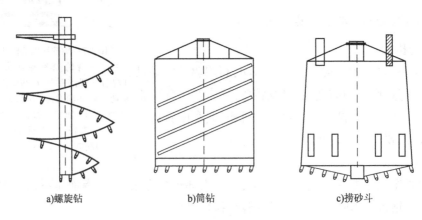

a) 螺旋钻　　b) 筒钻　　c) 捞砂斗

图6-8 不同旋挖钻具

① 螺旋钻。

根据形态,螺旋钻头还可分为直螺旋钻头和锥螺旋钻头,螺旋钻头主要适用于地下水位以上地层。直螺旋钻斗适用诸如砂土层、黏塑性土层、硬胶泥层和卵石层等土层环境;而锥螺旋钻头适用于岩石层中的钻进,因此其适用的范围更加广泛。螺旋钻具成孔原理:首先,通过其钻头前的截齿将岩石破碎后,再由螺旋叶片将岩屑带出孔外,最后由特殊的钻杆直接将混凝土输送到钻孔底部,进而实现一次成孔的目的。

② 筒钻。

筒钻在钻孔过程中形成环形切槽,再将岩芯扭断,带出孔外。这种钻头主要适用于基岩及卵石层的钻进,且对于已经偏孔的桩孔可以进行纠偏,常配备捞砂斗进行施工。目前常见的筒钻根据安装齿的类型不同可分为两种:一种是适用于岩层的截齿型筒钻,另一种是适用于强度大的岩层的牙轮型筒钻。

③捞砂斗。

捞砂斗结构复杂,主要由解锁结构压杆、扩孔器、流水通道、底板链接铰链等组成。捞砂斗根据适用的地层不同可分为土层捞砂斗和嵌岩捞砂斗,根据筒体形状不同可分为锥筒捞砂斗和直筒捞砂斗,根据底盘结构不同可分为单底捞砂斗和双底捞砂斗。捞砂斗主要工作原理是:首先将破碎后的岩屑通过钻斗携带出孔外,其次通过卸土机构将钻屑排出。该钻具使用的范围十分广泛,从土层到低强度的中风化岩层,都可以使用。

2) 旋挖钻机工作原理

旋挖钻机钻孔作业时,钻进的动力传输主要依靠旋挖钻机动力头系统,该系统包括动力头、发动机、液压泵、电动机、钻杆和钻头等,其构成和传动关系如图 6-9 所示。发动机带动液压泵旋转,液压泵驱动液压电动机,而电动机又通过减速机增大扭矩进而带动钻杆驱动钻头工作,其中动力头系统原动机采用经济性较好的柴油发动机。

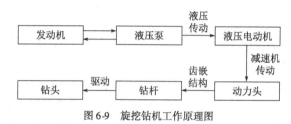

图 6-9 旋挖钻机工作原理图

钻头与岩石直接接触,作为承担破岩功能的重要部件;动力头安装在钻杆上并产生载荷和扭矩,通过钻杆传递至钻头从而实现旋挖破岩。可以通过变幅机构调整钻桅的位置来改变旋挖方位,提引器可以避免钢丝绳因为互相缠绕而影响正常工作。旋挖钻机工作时,钻杆的高度通过主副卷扬调整,钻桅的角度通过变幅机构调整,动力头电动机操控钻头的扭矩大小,从而实现加压钻进破岩作业。当钻头内土方数量达到定值时需进行提钻卸土,将钻头内的土方倾倒后重复上述步骤直到满足工程要求。

旋挖钻机在挖孔作业中能通过更换钻头适应不同的地质要求,达到不同的施工目的,这也是其最主要的特点。其能适应多种岩层,尤其适用于硬质地层。

3) 旋挖钻机优点

旋挖钻机是一种以柴油发动机为动力的自带履带行走底盘的大功率机械设备,特点为能够进行多速度调节、液压驱动、电子信号传输,且施工效率高、污染小,已逐渐取代传统的冲击钻机和循环钻机等。其主要优点分析如下:

(1) 施工效率高且绿色环保

旋挖钻机通过机身的发动机,将机械能被转化为液压能,再通过液压阀装置,动力头带动驱动钻杆,进而带动钻具进行岩土切削。旋挖钻机施工具有成孔速度快,桩孔质量优异,施工过程低污染,对施工场地周围环境影响小等优点。在做出信息化、智能化、自动化改进后旋挖钻机还可以实现自动成桩、无循环旋挖等功能,充分体现了现阶段的绿色施工、智能施工的理念。旋挖钻机成孔过程中所需泥浆较少,降低了工人的劳动强度,施工环境可以得到很好的控制,贯彻了以人为本、绿色发展的理念。

(2)适应性强

通过更换不同规格的钻具,配合不同的工艺,旋挖钻机可以在各种复杂的地层条件下进行施工,且自带行走装置系统,基本不受地域限制。旋挖钻机在一定改装下,可配备护筒驱动装置,进行地下连续墙的施工,大大增加了适用范围。就目前而言,旋挖钻机适用于多种基础桩工程。

### 6.1.4 沉管法施工机械

沉管法施工用于修建水下隧道,是重要的越江手段之一。所谓沉管法,就是先在船坞中预制大型混凝土管段或混凝土和钢的组合管段,并在两端用临时隔墙封闭,舾装好拖运、定位、沉放等设备,然后将管段浮运沉放到江中预先浚挖好的沟槽中,并连接起来,最后回填砂石将管段埋入原河床中。

1) 土方机械

(1) 挖泥船

对于选址在江滩、港口等地的工程,土体大多为河沙淤泥,含水率高、孔隙比大、强度差,水深较小,一般选择绞吸式挖泥船,如图6-10所示。

图6-10 绞吸式挖泥船

绞吸式挖泥船是用船体前部的绞刀将泥沙绞松,同时使用泥浆泵把泥浆通过排泥管输送到卸泥区。绞吸式挖泥船的挖泥、运泥及卸泥等过程均由自身及附属装置完成,一般不自航,对于卸泥区不远、配套设备相对简单的工程而言效率较高且使用经济。挖泥船的绞刀类型分为开式、闭式和齿型。

(2) 铲土运输机械

在使用干挖法或是先湿后干等方法施工时,选取铲土运输机械就可以满足施工要求,比如铲运机、推土机等。铲运机是土方工程中常用的设备之一,它功能全面,有挖、装、运、卸及摊铺等诸多功能,生产效率高。对于干坞工程,选用链板装斗式铲运机最为合适。推土机是干坞工程的常用设备之一,常被用于基坑、边坡、排水通道等施工。

(3) 混凝土输送设备

泵送、皮带运输和混凝土输送车是目前常用的混凝土输送设备。泵送具有设备投资低、占用场地少、环境污染小的优点,但也有重度控制难度大、对水泥用量需严格控制的缺点。采用皮带运输可避免泵送缺陷,但存在设备庞大等缺点。所以,一般采用混凝土输送车为混凝土输送设备。

2)基槽浚挖设备

基槽的浚挖方法及使用设备由土体和水工条件决定。常用的设备有链斗式挖泥船、带切削头式挖泥船和单斗式挖泥船三种。

(1)链斗式挖泥船

链斗式挖泥船(图6-11)是用挖斗在链轮上连续运转,同时船体前移和横移从而完成挖泥动作。这种挖泥船对土体具有很好的适应性能,通过船体移动速度与链斗转动速度的合理组合,可达到较高的生产率。此外,用链斗式挖泥船施工后基槽的平整度比其他设备好,非常适合软塑性土体的施工。链斗式挖泥船的挖掘深度由斗桥控制,作业水深一般在20m以内,泥斗挖取的泥砂一般直接由泥阱经卸泥槽卸入泥驳,由泥驳拖运到卸泥区。在泥斗上装上斗齿,便可用于石质土的切削。链斗式挖泥船具有斗链易磨损和易出轨的缺点。

图6-11 链斗式挖泥船

(2)带切削头式挖泥船

带切削头式挖泥船的切削头分为绞刀式和铣刀式。这种挖泥船是利用船体前端的松土装置将泥土绞松或铣削,同时泥浆泵将泥浆吸入,再通过排泥管输送到卸泥区。生产效率很高,可达到 $350\sim500\mathrm{m}^3/\mathrm{h}$,适合于砂质、淤泥质等土质,一般用于浅水区及船坞施工。相比其他设备,此类挖泥船的附属设备较多,对于离岸较远的作业区,泥浆要经水上浮筒排泥管、泥浆池、接力泵站、陆上排泥管等渠道才能到达卸泥区,比其他作业复杂。

(3)单斗式挖泥船

单斗式挖泥船(图6-12)包括抓斗、戽斗、哈斗及反铲铲斗等形式的挖泥船,国外早期的沉管隧道多采用小容量(2.5m³)戽斗挖泥船,以后浚挖方式逐渐多样化,各种斗式设备被普遍运用。单斗式挖泥船的工作机构如抓斗、戽斗和哈斗等都是通过钢丝绳与斗桥相连,因而挖泥深度容易增加。单斗式挖泥船适合处理深槽区,比利时的安特卫普隧道下部硬黏土部分用铲斗式挖泥船浚挖,基槽深度达到30m。

图 6-12 单斗式挖泥船

上述设备较适合内陆江河、湖泊且水深在 30m 以内的基槽开挖,而对于水深在 50~70m 乃至更深的水域,则需专用设备方可实现。

3) 浮放设备

管段的浮放十分复杂,因而关键不在设备。通常的浮运与沉放大多是利用一系列的拖轮、方驳及浮式起重机等水上设备合作完成。以下是两个应用实例。

(1) 涌江隧道沉放船

涌江隧道沉放船如图 6-13 所示。

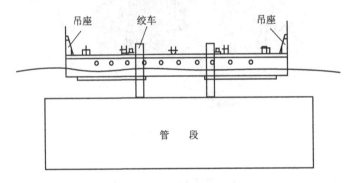

图 6-13 涌江隧道沉放船

该工程由于水工情况特殊,一般施工设备难以使用,因此专门设计了骑吊式工作船。该工作船有非自航、四吊点、八点定位、组合受力的特点,相当于是一座吊运浮箱,它的设计原则是:

① 与管段连接后的组合体满足起浮、拖运及沉放的技术和施工要求;
② 吊点设计必须满足不同质量及尺寸管段的受力要求;
③ 各工作装置必须保证既能同步又能单调。

(2) 日本东京港沉管隧道作业船

日本东京港沉管隧道作业船如图 6-14 所示。该工程采用双体驳船沉放作业,其中一艘设指挥室,工作船之间用两根专用起重大梁连接,两大梁之间设置四个吊点,同步起吊及沉放管段,工作船不自航,组合体由四艘拖轮拖运。

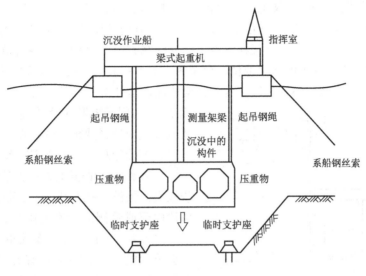

图 6-14　东京港沉管隧道作业船

4）水下基础处理方法及设备

在实际工程中，基槽开挖后的槽底不平整，这对矩形管段的影响很大，因此目前一般使用三种处理方法，即刮铺法、喷砂法、压注法。

(1) 刮铺法——刮平船

刮铺法又名先铺法，是利用刮平船将材料均匀铺设并刮平的方法。刮平船（图 6-15）为桥式结构，两桁梁两端与浮筒相连，下部装有刮平器的吊车在两桁梁上轨道上行走，调节轨道的位置即可控制刮刀的工作位置从而控制基础坡度。吊车上设有一只漏斗，通过导管将所需砾石送到刮刀前部，刮刀后部装有探头以监控施工过程。这种设备自动化程度高，不受水流影响，但缺点是体积庞大，占用航道，设备投资高，此外对矩形管段效果不好。

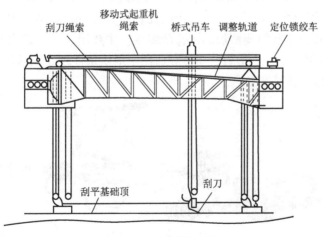

图 6-15　刮平船纵剖面图

(2) 喷砂法——喷砂台架

喷砂法又称后铺法，其施工目的是在管段与基础之间建造一层砂基础。喷砂台架是喷砂法专用的可移动式钢桁架,台架上有三根管道(一根喷管、两根吸管),这三根管道均随同台架移动。台架借助管段外壁安装,管段上预装沿隧道线方向的轨道,台架可沿轨道纵移,塔架可沿台架横移,喷、吸管则既可随塔架在垂直于隧道轴线方向上移动也可绕管道垂直方向旋转,因此,喷头可到达管段基础的任何部位。台架的主动力一般由浮式起重机或其他动力船提供,喷管的旋转及平移由液压系统控制。这种台架的优点是可用于清淤等工作,作业效率高,施工面积大,适用于矩形管段;但它也有设备体积大、投资高且对砂径要求严的缺点。

(3)压注法——压砂(浆)系统

压砂和压浆的施工方法大致相同,都是先在管段底板预设砂孔及压力阀,沉放后通过管道从管段内部或管侧向管底空隙压注干砂或混合砂浆。这种方法的优点是设备简单,投资少,压力便于调节,对管段的沉降量可有效控制,但需要注意的是不论是压砂还是压浆,都要重视输砂管道及球阀的位置设计,避免球阀磨损和管道故障导致阀门失灵而引发管段浸水。压砂系统如图 6-16 所示。

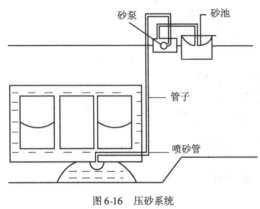

图 6-16 压砂系统

## 6.2 水平掘进机械

### 6.2.1 凿岩台车

1)概述

凿岩台车(图 6-17)是一种采用钻爆法施工的凿岩设备,可支持多台凿岩机同时进行钻眼作业并依靠自身动力移动。凿岩台车由一台或几台凿岩机、钻臂、钻车架、行走机构以及其他必要的附属设备和根据工程需要添加的设备所组成。主要用于地下矿山巷道、铁路与公路隧道、水电涵洞等地下掘进工程。凿岩台车一般适用于地质条件较好,不需要临时支护的大断面(开挖面积 17m² 以上)隧道施工。

图 6-17 凿岩台车示意图

凿岩台车的施工工序为:测量放样及炮眼标记定位→台车就位→凿岩机钻眼及装药→台车退出掌子面→爆破→通风排险→装渣出渣,如此循环作业。

凿岩台车进场施工前，应清除周围及顶部松动破碎岩石，清除完毕方可进入施工现场；凿岩台车就位后，由专人立即安装高压水管、供电线缆，同时由操作人员在确认水电安装到位后启动台车电气系统，利用液压系统将台车整体调整至水平。之后操作人员根据测量人员在掌子面标记的钻孔布局位置，利用凿岩台车进行钻孔，在退钻的同时将钻杆多次正反转，并利用高压水管彻底清理孔内杂物，为下一步孔内填充爆破炸药提供便利。台车钻眼成孔后爆破员随时装药，实现钻孔、装药同步进行，大大缩短开挖循环周期。

凿岩台车是钻爆法施工中最先进的开挖设备，凿岩台车使用液压为动力，钻孔过程中使用大量的水冲洗残渣，不产生粉尘，清洁无污染。此外，操作人员在固定的平台上操作钻机，距离掌子面10m以上，操作平台上还设有安全顶棚，可防止落石伤人和其他突发性危险，更能有效地保证现场操作人员的人身安全。每位操作手都配有专用耳塞，降低了噪声伤害。随着劳动力成本节节攀升，以及业界对工程质量、工期，尤其是安全的高度重视，凿岩台车的应用越来越广泛。但凿岩台车也有成本高、施工具有局限性（适用于全断面开挖施工）以及目前操作人员对凿岩台车操作技术水平不高导致机械利用率低等问题。

2) 构造及原理

凿岩台车的基本结构包括车体、行走机构、钻进机构、钻臂以及控制系统。

车体是凿岩台车的主要承载部件，通常采用钢板焊接成形。车体上还设有驾驶室、燃料箱、水箱等设施。

行走机构是凿岩台车的移动装置，通常由履带、轮胎和悬挂系统组成。其中，履带式凿岩台车使用的履带是由橡胶和钢丝绳等材料组成的，具有良好的强度和耐磨性。轮胎式凿岩台车则采用大型轮胎，以适应不同的路面条件。

钻进机构是凿岩台车的核心部件，其直接作用于岩石，完成岩石的冲击破碎并形成孔眼。钻进机构主要由凿岩机、推进器、钻头等部分组成。凿岩机是一种专门用于开采或破碎岩石的机械设备，通常采用液压驱动系统，完成钻进过程的冲击和回转动作。推进器不仅能在凿岩时给凿岩机以一定的轴推力，使钻头与岩石贴紧并使钻眼深度不断增加，还能在准备开孔时使凿岩机迅速地驶向（或退离）工作面。推进器产生的轴推力和推进速度能任意调节，以便使凿岩机在最优轴推力状态下工作。

钻臂是支撑凿岩机的工作臂，其工作方位可调整，能在断面不同位置和角度钻凿炮孔。按照钻臂的动作原理，其可分为直角坐标钻臂、极坐标钻臂以及复合坐标钻臂三种。

直角坐标钻臂是利用支臂液压缸和摆臂液压缸，使支臂按直角坐标上、下、左、右移动来确定孔位，又称摆动式钻臂。钻臂的前部可绕自身轴线旋转，使推进器可绕支臂轴线旋转180°、270°或360°，便于钻凿底孔和周边孔。直角坐标钻臂结构简单、通用性强、定位直观，适合钻凿不同排列方式并有各种角度的炮孔。但其使用的液压缸较多，在确定孔位时的操作程序较复杂。

极坐标钻臂又称旋转钻臂，炮孔位置按极坐标运动的原理，由钻臂根部的旋转角度与钻臂升降角度来确定。极坐标钻臂与直角坐标钻臂相比减少了液压缸数量，在确定孔位时的操作程序少、时间短。但它不能钻凿楔形、锥形掏槽孔等倾斜炮孔，同时操作杆移位的直观性差，对于在回转中心线以下的炮孔，需将推进器翻转后凿岩。

复合坐标钻臂综合了直角坐标钻臂和极坐标钻臂的特点，能钻凿任意方向的炮孔，消除了凿岩盲区。它既能钻正面孔,又能钻两侧任意方向的炮孔及垂直方向上的锚杆孔。

凿岩台车的控制系统包括电控箱、传感器、液压阀等,主要用于控制凿岩机构的运行和调节功率等参数。此外,还可以通过远程控制、自动化控制等方式实现更加便捷的操作。

### 6.2.2 顶管施工机械

1) 概述

采用顶管法施工时,需在管线的始发端建造一个工作井。在井内的顶进轴线后方布置一组行程较长的油缸,管道设在主油缸前面的导轨上,管道的最前端安装顶管机。主油缸顶进时,顶管机推动管道并把管道顶入土中。同时将进入顶管机的泥土通过管道内设置的排泥管外排。当主油缸达到最大行程后缩回,放入顶铁填充缩回行程,主油缸继续顶进。如此不断加入顶铁,管道不断向土中延伸。当井内导轨上的管道几乎全部顶入土中后,缩回主油缸,吊去全部顶铁,将下一节管段吊下工作井,安装在前节管道的后面,接着继续顶进,如此循环施工。图 6-18 为顶管法施工的示意图。

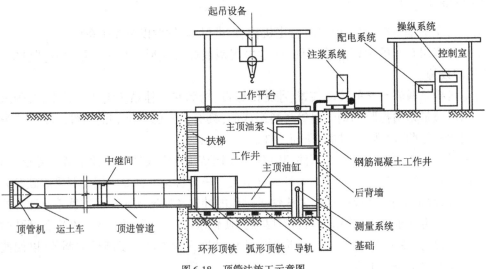

图 6-18 顶管法施工示意图

顶管施工根据一次顶进距离的长短可分为短距离、长距离和超长距离三种。短距离顶管是指不需要采用中继间的顶管,一般距离不大于 100m。长距离顶管是指顶进长度大于 400m 的顶管,开始考虑设置通风、变电和中继间。超长距离顶管是指顶进长度在 1000m 以上的顶管。

顶管施工相较于盾构法造价更低,适用于市政工程。此外,顶管施工还具有对周围环境、建筑物、地下管线和道路交通影响小,施工时无噪声和振动,不必进行大范围开挖,不影响城市道路正常交通,无须加固房屋地基和桩基等优点。但顶管施工内部尺寸较盾构法更小,需要工作井并且长距离顶进需设置中继间。

2) 施工机械

完整的顶管施工机械大体包括工作井、推进系统、注浆系统、定位纠偏系统及辅助系统五个部分。

工作井,亦称为基坑,指的是在顶管施工中,需要进行管道推进的一端所挖掘的竖直井。按其用途划分,工作井可分为顶管工作井和接收工作井。顶管工作井主要作用是提供安放顶进设备和拼接顶管的场所,也作为顶管顶进的始发点,并且为工作人员和顶进设备提供上下通道。顶管工作井须承受主油缸顶进施工的作用力,要求强度能满足顶力需要,同时刚度还应满足顶进时井体不变形,它的尺寸应能容纳必需的顶管顶进设施。接收工作井仅是接收顶管机的场所,它不受顶力作用。接收井的尺寸要求能够接收顶管机出洞,以及满足顶管的管道与不同高程开挖施工的管道相连接的尺寸要求,结构相对简单。土质较好、无地下水的地区,可以挖一个土坑作为接收井。在顶管工程中,管节通常会从工作井开始,逐节推进。当推进至接收工作井时,操作人员会将顶管机悬吊起来。整个顶管工程直到首节管节成功进入接收工作井时才宣告完成。工作井中常需要设置各种配套装置,包括扶梯、集水井、工作平台、洞口止水圈、后背墙以及基础与导轨等。

推进系统由主顶装置、顶铁、顶管机、顶管以及中继间组成。主顶装置主要包括主顶油缸、主顶液压泵站、操纵系统以及油管等,是管节推进的动力。顶铁是顶进过程中的传力构件,其主要功能是将顶力传递给管节,并增加管节端面的承压面积,其通常由钢板焊接制成。顶铁应满足施工要求的强度和刚度。顶管机是在一个护盾的保护下完成隧道开挖的机器,顶管机安放在所顶管节的最前端,在开挖正面土体的同时通过纠偏装置控制顶管机的姿态,确保管节按照设计的轴线方向顶进。根据顶进的管道口径大小,可将顶管分为大口径、中口径、小口径和微型顶管四种。大口径多指直径 2m 以上的顶管,中口径顶管直径多为 1.2~1.8m,小口径顶管直径为 0.5~1m,微型顶管的直径通常在 0.4m 以下。常见的顶管主要为钢筋混凝土顶管、钢管顶管、玻璃钢顶管和其他管材的顶管。在进行长距离顶管作业时,中继间是必不可少的设施,当需要的顶进力超出主顶工作站的最大顶推能力,或者超过施工管道或后座装置所能承受的最大荷载时,需要在施工管道中安装一个或多个中继间,以便进行接力式的推进施工。

注浆系统由注浆设备、拌浆设备和管道三部分组成。注浆是通过注浆泵来进行的,注浆泵可以控制注浆压力和注浆量。拌浆是把注浆材料加水以后再搅拌成所需的浆液。管道分为总管和支管,总管安装在管道内的一侧,支管则把总管内压送过来的浆液输送到每个注浆孔去。

定位纠偏系统主要由测量设备及纠偏装置组成。常用的测量设备就是置于基坑后部的经纬仪和水准仪。经纬仪用来测量管道的水平偏差,水准仪用来测量管道的垂直偏差。纠偏装置是纠正顶进姿态偏差的设备,主要包括纠偏油缸、纠偏液压动力机组和控制台。

辅助系统主要包括输土设备、起吊设备、供电照明以及通风换气设备等,用来确保顶管施工的顺利进行。

### 6.2.3 全断面隧道掘进机

全断面隧道掘进机(TBM)是一种在岩层中挖掘隧道的机械,是大于 20km 特长铁路、水工、山岭隧道高度机械化的开挖设备,与钻爆法配合进行快速安全施工是最好的组合方法。其特点是用机械法破碎切削岩石(刀头直径与开挖隧道的直径大小一致,故称全断面开挖),挖掘与出渣同时进行。掘进机的直径一般为 2~11m,最大可达 15m。可挖掘的岩石的单轴抗压强度为 20~200MPa,最大强度近 300MPa。TBM 主机结构如图 6-19 所示。

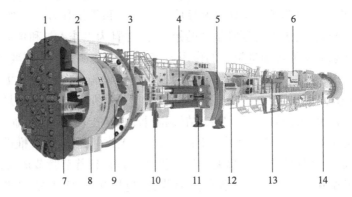

图 6-19 TBM 主机结构

1-刀盘；2-主机皮带机；3-拱架安装器；4-推进油缸；5-撑靴；6-控制室；7-接渣斗；8-护盾；9-主驱动；10-锚杆钻机；11-后支撑；12-链接桥；13-物料提升系统；14-喷混系统

### 1) 特点及适用范围

全断面隧道掘进机安全可靠。每月最快可以掘进 1000m，而传统的打眼放炮的钻爆法每月开挖距离在 100m 左右。打眼放炮的施工方法又有极大的危险性，采用掘进机施工则相对安全、高效。全断面隧道掘进机适用于在公路工程、铁路工程、水电工程、排污工程、军事工程及其他地下工程中开挖岩土隧道。因此，其在公路山岭隧道和海底隧道工程中被广泛采用。

### 2) 分类及工作原理

（1）敞开式掘进机

敞开式掘进机的核心部分是主机系统，主机系统主要由带刀具的刀盘、刀盘驱动和推进系统组成，如图 6-20 所示。该型 TBM 专用于硬质岩石的挖掘，能够依靠自身的支撑体系稳固洞壁，足以承受向前推动的反作用力以及扭曲力矩。在开挖较完整且有一定自稳性的围岩时，能充分发挥出优势，特别是在硬岩、中硬岩掘进中，强大的支撑系统为刀盘提供了足够的推力。

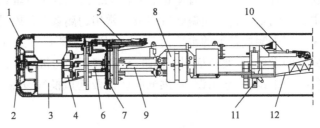

图 6-20 敞开式掘进机结构

1-刀盘；2-盘型滚刀；3-机头架；4-驱动组件；5-超前钻机；6-主梁；7-锚杆钻机；8-撑靴；9-推进油缸；10-主机皮带机；11-后下支撑；12-设备桥

敞开式 TBM 的优点：

① 不仅灵敏度较高，且其长度/直径小于或等于 1，便于精准转向，转向精度的控制能稳定在 ±30 mm 之内；

② 能及时处理不良地质，避免塌方事故；

③衬砌结构根据荷载需要灵活调整,整体造价比较低;

④内置有多种设备,如锚杆机、混凝土喷射机、钢拱架安装机和超前钻机,同时还支持调整刀间距、推力、扭矩以及撑靴支撑力等参数,从而适配软岩或硬岩的切割特点。

敞开式全断面掘进机工作原理是在推力作用下,安装在刀盘上的盘形滚刀紧压岩面,伴随着刀盘的旋转,盘形滚刀不仅围绕刀盘中心轴公转,同时也绕其自身轴线自转,在刀盘强大的推力及扭矩作用下,滚刀在掌子面固定的同心圆切缝上滚动。当推力超过岩石的抗压强度时,盘形滚刀下方的岩石会遭到直接破碎,盘形滚刀钻入岩石之中。掌子面则因盘形滚刀挤压碎裂,形成多条同心圆沟槽,随着沟槽深度的增加,岩体表面裂纹逐渐加深并扩大,当超出岩石的剪切和拉伸强度时,相邻同心圆沟槽间的岩石将成片脱落。掘进机支撑板提供牢固的支撑,抵抗刀具旋转时所产生的反作用、反向扭矩;在推进油缸的推动下,刀盘连续运转,形成一组盘式滚刀在石料表面做同心圆切割,产生的岩渣自然坠入底部,随后被铲斗铲起并通过溜槽送入皮带传输装置,从而实现连续开采作业,成功形成洞穴。

(2)护盾式掘进机

在地质环境较差的隧道挖掘中,如穿过较长的断层带、岩溶地形丰富且溶洞数量繁多的区域,或是面临岩爆、大规模涌水以及膨胀岩等不利地质条件,传统的隧道开挖方法无法进行,需依赖护盾式掘进机以确保隧道的开挖顺利实施。这类机械设备拥有良好的地质适应性,能够有效预防各种不良地质现象导致的安全事故,例如设备卡滞、埋没,甚至偏离挖掘路径等问题,从而全力保障作业的安全性和稳定性。同时,借助管片衬砌和砾石回填灌浆技术的配合,护盾式 TBM 能够一次完成所有的掘进、排渣、衬砌及回填灌浆等工序,大幅简化了施工流程,提升了工作效率。然而,由于护盾式 TBM 是依靠推动衬砌管片对土体或岩石产生反向推力,因此衬砌管片的铺设必须保持连续性。此外,配套的衬砌管片成本相对较高,更重要的是,若隧道的围岩地质条件相对稳定,无须大面积衬砌,或仅需少量柔性支护即可确保结构稳定性,那么使用护盾式 TMB 及其辅助设施可能会导致投资增加,则采用双护盾掘进机。例如,若遇到质地较软的岩石,无法承受支撑板的负荷,此时,利用盾尾液压缸在预制的衬砌块或钢环梁上提供支撑,进而驱动刀盘前移并进行破岩作业;若遇到质地坚硬的岩石,则可依赖支撑板与洞壁的紧密接触,由前部液压缸带动刀盘进行破岩前进。护盾式掘进机一般分为单护盾(图 6-21)和双护盾(图 6-22)两种形式。

图 6-21 单护盾 TBM

图 6-22 双护盾 TBM

单护盾掘进机主要由护盾、刀盘部件及驱动机构、刀盘支承壳体、刀盘轴承、密封系统、推进系统、激光导向机构、出渣系统、通风除尘系统和衬砌管片安装系统等组成。单护盾掘进机只有一个护盾,大多用于软岩和破碎地层,由于没有撑靴支撑,掘进时掘进机的前推力是靠护盾获得的,由于单护盾的掘进需靠衬砌管片来承受后坐力,因此推力由推进油缸支撑在管片上获得,即掘进机的前进要靠管片作为"后座"以获得前进的推力。机器的作业和管片的安装是在护盾的保护下进行的。安装管片时必须停止掘进,掘进和安装管片不能同步进行,因而掘进速度受到了限制。单护盾掘进示意图如图6-23所示。

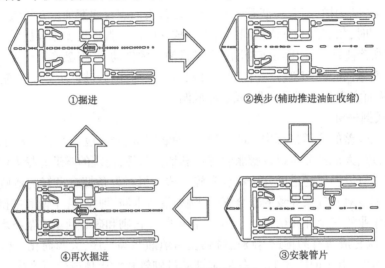

图 6-23 单护盾掘进示意图

双护盾TBM可以同时进行隧道掘进与安装管片的工作。由于掘进机在硬岩地段进行掘进,双护盾TBM可以根据自身结构特点,用撑靴紧撑洞壁,为刀盘掘进提供反向推力,并依靠撑靴和主推油缸的作用力,驱使双护盾TBM向前推进,在掘进的同时可以完成管片安装工作。双护盾掘进示意图如图6-24所示。

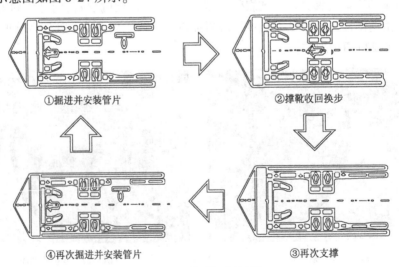

图 6-24 双护盾掘进示意图

在大量工程实践中,不断创新了单护盾 TBM 和敞开式 TBM 技术,解决了 TBM 在软弱地层掘进脱困中的难题,形成了超浅埋、大宽度、小净距矩形顶管技术与盾构始发、到达零覆土技术。

### 6.2.4 盾构机

1) 概述

盾构机是一种集开挖、支护、衬砌等多种作业于一体的大型隧道施工机械,是用钢板做成圆筒形的结构物,在开挖隧道时,作为临时支护,并在筒形结构内安装开挖、运渣、拼装、隧道衬砌的机械手及动力站等装置,以便安全地作业。用盾构机进行隧洞施工具有自动化程度高、节省人力、施工速度快、一次成洞、不受气候影响、有利于环境保护和降低劳动强度、开挖时可控制地面沉降、减少对地面建筑物的影响和在水下开挖时不影响地面交通等特点,而且盾构机适用范围广,从软土、淤泥到硬岩都可应用,施工质量高,与传统的隧道工程相比,具有明显的优势,可广泛用于地铁隧道、铁路隧道、公路隧道、越江隧道、矿山巷道、市政隧道等各种隧道工程的施工。在隧洞洞线较长、埋深较大的情况下,用盾构机施工更为经济合理。盾构机结构如图 6-25 所示。

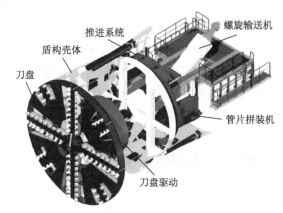

图 6-25 盾构机结构

2) 工作原理

盾构机的基本工作原理就是一个圆柱体的钢组件沿隧洞轴线边向前推进边对土体进行挖掘。该圆柱体钢组件的壳体即护盾,它对挖掘出的还未衬砌的隧洞段起着临时支撑的作用,承受周围土层的压力,有时还承受地下水压以及将地下水挡在外面。挖掘、排土、衬砌等作业在护盾的掩护下进行。盾构机的主要优点在于其以对周围土层的潜在影响最小化的方式进行土体开挖,从而最大限度地减小对地面建筑物、城市交通以及地下管道等的干扰。通过对盾构施工经验进行总结,对最佳的盾构机掘进流程进行探究,得出以下结论:盾构机的刀盘在强大的推进体系压力下,向前切削土体,从而开挖地下隧道。被切削下来的土体进入密封土舱内,再通过螺旋式输送机械送至外部。推进体系不断为盾构机提供动力支持,确保其能够顺利完成前进、转向、姿态调整等作业。在盾构掘进量足够完成一段隧道的管片拼接后,便可利用管片拼装机完成管片拼装,继而继续前进。盾构机的施工过程为"蠕动"式前进,从工程控制的角度来看,盾构机实际是由多台平行推进机构组成的并联式冗余驱动机器人系统,其能高效地执行土方切割等多项任务。盾构机的掘进流程具有周期性特征,需在完成一轮挖掘工作后方能启动下一环节。作为盾构机掘进的主要驱动力来源,推进系统是盾构机的核心部分。由于盾构机施工的土体往往呈现出松散的特性且自身缺乏稳定性,所以在实际操作过程中必须增设一层盾壳以确保对盾构机进行保护。盾构机在地下施工通常承受着较大的土体压力和摩擦力,因此,需要推进系统能够提供充足而强大的推进力来克服土体压力和摩擦力。

土压平衡盾构机(图6-26)是一种全封闭式盾构机,也被称为削土封闭式或者泥土加压式盾构机。此类盾构机的刀盘断面形状众多,不局限于圆形、矩形以及半圆形等形式,这些独特设计旨在适应各类盾构隧道掘进面的不同需求。相比其他类型的盾构机,土压平衡盾构机独特的地方在于如下三方面:

首先,土压平衡盾构机的工作原理在于通过改善土体特性来实现高效的地下掘进。在掘进过程中,盾构机会对前方的土体进行压力平衡,通过调整土仓内的土压与地下水压相平衡,来防止掘进面的坍塌和地层的变形。同时,盾构机还会对土体进行改良,增加其流动性和稳定性,使得掘进过程更加顺畅。

其次,土压平衡盾构机省略了在密封舱中区分砂土的步骤。传统的盾构机在掘进过程中,需要在密封舱内对砂土进行区分和处理,这一过程既烦琐又耗时。而土压平衡盾构机则通过改善土体特性,使得不同类型的土体在掘进过程中能够自然分离,从而省略了这一步骤。这不仅提高了掘进效率,还降低了施工成本。

最后,土压平衡盾构机在地质状况较为稳固的软性黏土或砂砾土质地层中得到了广泛应用。这是因为这些地层中的土体具有较好的流动性和稳定性,适合土压平衡盾构机的工作特性。在这些地层中,土压平衡盾构机可以发挥最大的掘进效率,实现快速、安全、经济的地下工程建设。

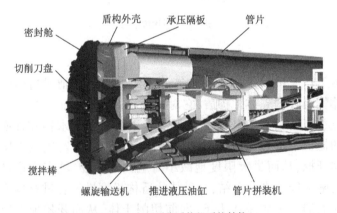

图6-26　土压平衡盾构机系统结构

土压平衡盾构机可分为以下两类:一类为泥土加压式盾构机,该设备能够向密封舱注入改良土的添加剂,同时配备有搅拌装置。利用流塑性土体填充密封舱后,再通过螺旋输送机将物料运至盾体外。泥土加压式盾构机又可细分为两种类型,分别为搅拌全部切削土体与搅拌部分切削土体。另一类为土压式盾构机,该机型加入了刀盘切削系统,以此提升掘进的效率。其缺点在于,仅能适应具有塑性和流动性的地层。当塑性黏土进入密封舱后,通过操控螺旋输送机予以排出。总的来说,土压平衡盾构机适用于黏结流动性、含石的砂砾土壤,在施工阶段能够有效地维持开挖面的稳定性,并且降低地表沉降。该盾构机具备根据各种地质条件调节进土量和出土量的能力,能自动化控制,安全性高,可靠性高,适宜在市区建筑物密集区域施工使用。

土压平衡盾构机主要由盾构外壳、切削刀盘、密封舱、承压隔板、螺旋输送机、推进系统、管片拼装机、液压控制系统、搅拌棒以及掘进参数监测系统等部件组成。

土压平衡盾构机对外壳制作有严格要求,选用的材料需有足够的强度和刚度。同时,为增强稳定性,盾构壳体会采用环形梁进行加固,以稳固承受地下土层压力。盾构外壳的主要功能在于在掘进中支撑地下土体,不仅可保证盾构机的切削、注浆、排渣及管片衬砌拼装等顺利完成,而且能有效防止地下水从外部浸入盾构体内。

切削刀盘作为关键部件,由液压或电机驱动,能够实现旋转。具体来讲,切削刀盘为圆形切割器具,由面板、槽口和刀具等组成,主要功能为切削掘进面上的地层土体,并且支撑开挖面,防止土体塌陷至盾构体内。图 6-27 展示了刀盘的整体外观。

推进系统作为盾构机前行的动力来源和稳定装置,通常由数十个安装于盾构外壳的环形推进液压油缸构成。该设备的主要功能是通过内侧配备的液压油缸推送管片,进而产生反作用力实现机器掘进。在盾构作业过程中,由于刀具切割土体时土体水土压力以及密封舱内土压力会发生变化,该系统还需要依据这些因素调整推进速度等参数,以确保密封舱土压力维持在适当水平,使得掘进过程严格遵照隧道设计轴线进行,将控制偏差保持在许可范围之内。

管片拼装系统的主体装置大多位于盾构机尾部推进液压油缸撑压板区域附近,主要由钳夹组件和拼装装置两大部分构成,其中前者负责管片运输,而后者则负责管片的整合组装。此外,操作设备还包括管片拼装机械手臂及真圆保持器。盾构机管片是实现盾构施工隧道内部永久性衬砌结构的关键部件,承担控制隧道周边水土压力的重任,发挥着有效隔离外部土体的作用。管片拼装(图 6-28)是盾构机施工过程的重要一环,管片拼装效果对隧道结构的安全与整体施工水平有着至关重要的影响。

图 6-27　切削刀盘外形

图 6-28　管片拼装

排土系统主要由螺旋输送机、出土控制器等关键部件构成。其功能在于控制密封舱内土压力,即通过精确调整进土量与出土量实现平衡。在此过程中,排土系统的功能是将密封舱中的渣土运出,进而实现在出土量方面的准确调控。

盾构机具体的操作步骤如下:首先,盾构推进液压控制系统通过调整各个液压千斤顶的伸缩度,使盾体产生向前推力,同时协作导向纠偏机制以确保盾体始终沿预定轨道推进;其次,螺旋输送机通过旋转将渣土从盾体内排出,并在此过程中,管片拼装机将预先备好的管片逐个组装至对应的管环内壁,并对管片与隧道缝隙区域进行注浆衬砌作业,以确保隧道稳定性。待该管环隧道固定完成后,重复下一个隧道管环的上述操作过程,直至全部完成整条隧道的挖掘与衬砌加固工作。

### 6.2.5 悬臂式隧道掘进机

1) 概述

悬臂式隧道掘进机是一种能够实现截割、装载运输、自行走及喷雾除尘的联合机组,是一种分断面掘进机。它主要由截割部、装载部、运输部、行走部、机架部、液压系统、电气系统、冷却灭尘供水系统以及操作控制系统等组成。

悬臂式隧道掘进机的分类方法有多种:

①按质量分:有特轻型、轻型、中型和重型四种。

②按工作机构切割方式分:有纵轴式悬臂掘进机和横轴式悬臂掘进机,如图 6-29 所示。

a) 横轴式悬臂掘进机　　　　　　　　b) 纵轴式悬臂掘进机

图 6-29 悬臂式掘进机

悬臂式隧道掘进机运行期间,截割头可高精度切割岩体,产生的碎状渣土经前推板转移至机械两侧,挖机装车,由自卸车外运至指定堆放场所。切割臂灵活性强,可实现各方向的自由摆动,经切割处理后的围岩平整度较好。悬臂式掘进机配置了履带式行走机构,其工作能力强且便捷性较好,在隧道复杂地质条件中具有可行性。

2) 工作原理

(1) 截割部结构

截割部主要由截割头组件、悬臂段、截割减速器、截割电动机组成,如图 6-30 所示。截割减速器两端的法兰盘分别与电动机和悬臂段连为一体,悬臂段中的传动轴通过花键及螺钉与截割头组件相连接。电动机经截割减速器、悬臂段中的传动轴驱动截割头组件旋转截割土体。截割部靠销轴与截割头升降油缸相连接,靠销轴与截割头回转台相连接。截割部在截割头升降油缸推动下,可绕销轴上下摆动;在截割头回转油缸推动下,可随截割头回转台左、右摆动。

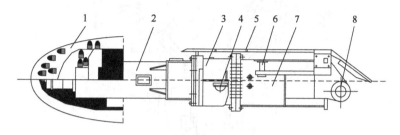

图 6-30　截割部结构
1-截割头组件;2-悬臂段;3-截割减速器;4、6、8-销轴;5-盖板;7-截割电动机

(2)装运部结构

装运部的作用是将截割头破碎下来的煤和岩石装运到配套的转运设备上去。它由装载部(铲板部)和运输部(第一运输机)两部分组成。装载部(铲板部)的结构如图 6-31 所示,它由主铲板、侧铲板、星轮驱动装置、弧形三齿星轮等组成,两台低速大转矩电动机直接驱动两个弧形三齿星轮旋转,将截割头破碎下来的煤和岩石装运到运输部(第一运输机,图 6-32)的机尾溜槽中。铲板通过耳座与铲板升降油缸连接,通过支点耳座与本体部连接;铲板升降油缸可推动铲板绕支点耳座上下摆动。

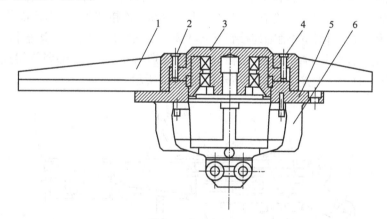

图 6-31　铲板部结构
1-侧铲板;2-主铲板;3-运输机尾链轮;4-星轮驱动装置;5-三齿星轮;6-耳座

第一运输机采用的是中双链刮板式运输机,位于机体中部。前溜槽和后溜槽为运输机的两个部分,高强度螺栓将前、后溜槽连接。通过插口,运输机前端插入铲板部和本体部连接的销轴上,后端固定在本体上。运输机的物料运输是通过采用 2 个液压电动机直接驱动链轮,从而带动刮板链实现的。紧链装置用来对刮板链的松紧程度进行调整,采用丝杠螺母机构,弹簧座起缓冲的作用。

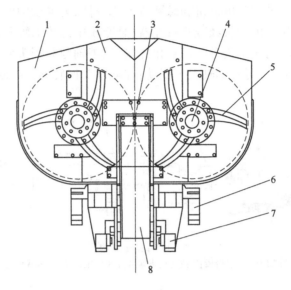

图 6-32　第一运输机结构
1-左侧铲板;2-主铲板;3-前刮泥板;4-转盘;5-右侧星轮驱动装置;6-右侧软管支架;7-右侧支点耳座;8-后侧溜槽

(3) 机架

机架部由回转台、回转轴承、本体架等组成,本体架采用整体箱形焊接结构,主要结构件为加厚钢板。机架的右侧上部通过高强度螺栓连接液压系统的泵站,左侧上部装有液压系统的操纵台。前面上部有连接截割部升降油缸的销轴和连接截割部的销轴,通过回转台和截割部升降油缸与截割部连接,回转台在安装于连接截割部回转油缸销轴之间的截割回转油缸推动下,可绕回转轴承摆动。前面下部有连接铲板部的销轴和连接铲板部升降油缸的销轴,通过铲板部升降油缸和连接铲板部的销轴连接铲板部及第一运输机机尾,第一运输机从本体部中间穿过。本体部左、右侧下部通过高强度螺栓(8 处)分别与左、右行走部履带架连接,后支承部通过高强度螺栓(11 处)连接。机架部结构如图 6-33 所示。

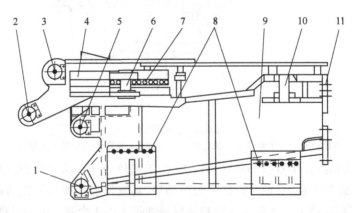

图 6-33　机架部结构
1-连接铲板部的销轴;2-连接截割部升降油缸的销轴;3-连接截割部的销轴;4-回转台;5-连接铲板部升降油缸的销轴;6、10-连接截割部回转油缸的销轴;7-回转轴承;8-连接行走部的螺栓;9-本体架;11-连接后支承部的螺栓

(4)后支承

截割时机体可以通过后支承减少振动,从而提高工作稳定性并防止机体横向滑动。如图6-34所示,升降支承器分别装于后支承架的两边,并利用油缸实现支承。后支承架通过M24的高强度连接螺栓与本体部相连,后支承的后支架与第二运输机回转台连接。在后支承架上还固定了电控箱、泵站。

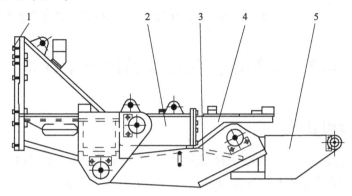

图6-34 后支承结构
1-连接螺栓;2-后支承架;3-升降支承器;4-后支架;5-第二运输机回转台

3)特点

(1)横轴式掘进机的特点
①工作时切割头截齿做螺旋式运动;
②一次进尺不能超过120mm;
③耐冲击,对半煤岩和岩巷的掘进比较适宜;
④横向切割较硬矸石的振动较小,稳定性能好;
⑤切割由上而下,一个循环的时间可以进行延长;
⑥切割后在巷道两旁出现弧形台阶;
⑦切割头是圆的。

(2)纵轴式掘进机的特点
①工作时切割头齿尖做摆线轨迹运动;
②钻井效率高;
③切割坚硬的岩石时,振动较大,稳定性差,为了提高掘进机的工作稳定性,一般采用增加机体质量的方法;
④纵轴式掘进机在煤巷中使用较为经济;
⑤切割头呈锥形。

4)目前存在的问题

①悬臂式隧道掘进机作业时工况比较恶劣,负荷较大,体积、质量庞大,运输困难,一旦出现故障,维修比较麻烦。
②悬臂式隧道掘进机在采掘巷道中,由于巷道断面具有复杂性,掘进机截割部在掘进过程中所受截割载荷不断变化,截割臂截齿、油缸、截割电动机等结构部件和电气部件易产生疲劳

损害和冲击性损伤,从而对掘进机的运行稳定性、截割效率产生严重影响。

③悬臂式隧道掘进机截割头位于掘进机的正前部,驾驶员操作隧道掘进机进行截割工作时,断面成形的边界控制很大程度上依赖于驾驶员的个人操作经验和手感,边界控制随机性大,断面成形质量差,截割效率低,影响施工进度及施工成本。另外,隧道施工时伴有大量呼吸性粉尘产生,空气含氧量低,且隧道内部湿气较大,温度较高,能见度较低,驾驶员操作环境十分恶劣。掘进一段距离后,掘进工作面与已支护区间有一段未支护的裸露顶板,也存在安全隐患。

## 6.3 支护维护机械及通风防尘设备

### 6.3.1 衬砌模板台车

隧道衬砌模板台车是指一种由钢材制造的,具有一定形状、一定强度和刚度的,用于隧道混凝土二次衬砌作业,使隧道的表面形状和尺寸达到要求的隧道施工机械,如图6-35所示。它是隧道二次衬砌施工中必要的非标产品,隧道二次衬砌施工作业主要经过人工立模阶段、简易模板台架阶段、网架式衬砌台车作业阶段、全液压自动行走衬砌台车阶段等。为了实现隧道工程全面机械化衬砌施工作业,使之达到真正意义上的轻型化、装配化施工,国内外设计人员以及施工人员在实际工程中,通过反复摸索,制造出了各种形式的隧道衬砌模板台车。

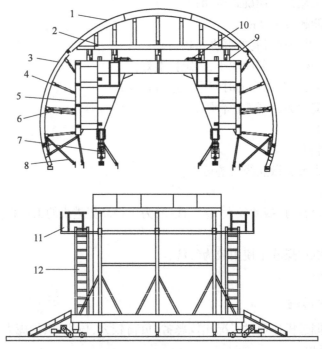

图6-35 衬砌模板台车

1-顶模;2-托架总成;3-边模;4-支撑机构;5-门架体;6-边模液压缸;7-行走系统;8-对地支撑;9-升降机构;10-平移装置;11-工作平台;12-梯子

1) 结构组成

(1) 模板及托架总成

模板由两块顶模和每边一块边模组成横断面,顶模与顶模之间由螺栓连接成整体,顶模与边模间采用铰接机构,通过铰接轴相连。钢模板上开有品字形排列的观察工作窗,顶部安装了与输送泵接口的注浆装置。顶模下托架承受主要上部混凝土及模板的自重,下部通过液压油缸和支撑千斤顶传力于门架体。边模有以槽钢对焊的边模通梁,搭配侧模丝杠与门架相连来保证边模的整体刚度;在边模的下边设有对地丝杠,可以有效防止边模底部跑模现象的发生。

(2) 门架总成

门架是整个台车的主要承重构件,它由底纵梁、上纵梁、立柱、横梁、横向斜拉杆等构件通过螺栓连接而成,各横梁及立柱间通过连接梁及斜拉杆连接。底纵梁用钢板焊成箱形梁,立柱、横梁用钢板焊成工字形钢梁。为了保证整个门架的强度、刚度和稳定性,在门架的主横梁下增加了一根辅助横梁,主横梁和辅助横梁间由钢梁连接成框架,在保证立柱的压杆稳定性的前提下,又可以在侧向压力的作用下使门架有足够的刚度。

(3) 行走系统

行走机构安装在门架的底纵梁下部,采用电机减速器直连驱动系统,保证行走平稳、可靠。

(4) 支承系统

支承系统包括侧向螺旋丝杆、托架支承千斤和门架支承千斤。安装在门架和模板之间的侧向螺旋丝杆用来调节模板的位置和起支撑模板的作用,并且承受灌注混凝土时产生的压力,保证衬砌时模板的整体刚度;托架支承千斤主要用于提高灌注混凝土时的托梁纵梁的受力能力,保证托架的可靠和稳定;门架支承千斤连接在门架纵梁下面,台车工作时,它顶在轨道面上,承受台车和混凝土的自重,改善门架纵梁的受力条件,保证台车工作时门架的稳定。

(5) 工作平台、梯子

工作平台是站人和放机具的地方,设有护栏,上、下台车安全可靠。梯子用于供人作业时上、下。

(6) 电气系统

电气系统为两个同步电机的行走机构和台车的液压系统提供动力。

(7) 液压系统

台车的液压系统由泵站和液压缸组成,液压缸分为侧模缸、升降缸和平移缸,所有缸的动作可实现钢模板台车的立模、定位和收模。

2) 分类

(1) 按使用场合分类

按模板台车的使用场合可分如下几种:

①单线铁路隧道衬砌模板台车;

②双线铁路隧道衬砌模板台车;

③公路隧道衬砌模板台车;

④大型水电站引水洞圆形断面衬砌模板台车;

⑤水电站通风洞小型断面衬砌模板台车。

(2)按结构形式分类

按模板台车的结构形式可分为如下几种：

①边顶拱轨行式衬砌模板台车。

②针梁式底部衬砌模板台车(拖模)。

③针梁式全断面衬砌模板台车。

④穿行式全断面衬砌模板台车。

⑤滑臂式小型断面衬砌模板台车。

⑥网架式衬砌模板台车。

(3)按行走方式分类

按模板台车的行走方式可分为如下几种：

①自行式。

②外牵引式衬砌模板台车。

(4)按传动方式分类

按模板台车的传动方式可分为如下几种：

①液压传动式衬砌模板台车。

②机械传动式衬砌模板台车。

3)工作原理

衬砌模板台车外轮廓与隧道衬砌理论内轮廓面一致，通过封堵模板两端的开挖舱面，与已开挖面形成封闭的环形舱，然后浇筑混凝土而实现隧道的衬砌。模板台车可完成立模、脱模及模板中心偏差的调整等动作；在台车立模之后，需要利用丝杠把模板与架体连成整体，以承受混凝土浇筑过程中产生的施工荷载。

4)衬砌模板台车的优缺点及使用条件

目前，施工使用的衬砌模板台车大多为简易衬砌台车和全液压自动行走衬砌台车两大类，其中全液压衬砌台车按用途又可分为针梁式、边顶拱式、全圆穿行式等。

简易衬砌台车：一般为针梁式结构，适用于短隧道施工，特别是隧道几何形状复杂、工序转换频繁、工艺要求严格的工况。该台车的工作效率较低是因为没有自动行走功能，浇筑窗口较小，工人施工动作受限，对振捣作业有很大的影响，脱模、立模、灌注全部为人工操作。

针梁式衬砌台车：该台车与传统模板台车相比具有以下特点：①模板安装便捷，安装速度快；②衬砌浇筑段内无纵向水平施工缝，衬砌混凝土整体性良好；③隧道衬砌表面平整光滑，衬砌与衬砌之间接缝处错台小。针梁式台车一次性投入较大，适用于洞线长、洞径一致的工程，对于洞线较短、洞径变化较大的工程，因其利用率低、成本摊销大而不适用。

边顶拱式衬砌台车：运用领域比较多，例如公路隧道、铁路隧道、水电站引水隧洞、导流隧洞等。其优点主要包括：安装速度快，具有全液压立模、脱模功能，操作简便，衬砌完成质量高，表面光洁度好。该类型台车一般由模板总成、平移机构总成、门架总成、主从行走机构、丝杠千斤顶、液压系统、电气系统等组成。

全圆穿行式衬砌台车：该类型台车多用于水工隧洞的施工，可解决由于水工隧道在施工中需要尽量减少衬砌施工带来的接缝问题，以及满足使用过程中必须防止渗漏的要求。穿行式衬砌台车主要由模板系统、行走系统、支撑系统、液压系统、上部起吊走行小车、工作平台等系统构成。

网架式衬砌台车：网架式衬砌台车为了保证拱顶模板的强度，控制模板结构的变形，保证顶模板在衬砌过程中不会发生大变形和移位，因此上部多数情况下设计成空间网架式的形式，使得顶模板受力均匀。网架式衬砌台车因为其自身结构的稳定性，所以适合用于大跨度隧道施工、地下洞室施工等。

### 6.3.2 混凝土喷射机

混凝土喷射机是一种广泛应用于地下工程、岩土工程、市政工程等领域的施工设备。它利用压缩空气或其他动力，将按一定比例配合的拌和料通过管道输送并高速喷射到受喷面上凝结硬化，从而形成混凝土支护层。由于混凝土喷射技术具有节省混凝土、钢材、木材、劳动力，提高施工效率，降低工程成本等特点，因此混凝土喷射机的应用越来越普遍。目前，混凝土喷射机已广泛应用于铁路、公路、水利、建筑、煤炭等建筑工程，已成为隧道支护、道路护坡、建筑基坑和地下工程的理想施工机械。

目前，混凝土喷射机主要包括干混凝土喷射机、潮混凝土喷射机以及湿混凝土喷射机三种。下面对各类混凝土喷射机进行介绍，由于干混凝土喷射机和潮混凝土喷射机在工作性能、结构类型以及自身缺陷上存在很多相似之处，因此将这两种混凝土喷射机归并介绍。

(1) 干(潮)混凝土喷射机

干(潮)混凝土喷射机的工作原理：利用混凝土搅拌机将集料和水泥均匀搅拌，将搅拌后的混合物同速凝剂一起放入喷射机料斗中，利用压缩空气将混合物输送到喷头，然后向喷头中加入水，通过喷嘴喷洒在岩石表面。目前，干(潮)混凝土喷射机主要有转子式混凝土喷射机、罐缸式混凝土喷射机、转盘式混凝土喷射机、螺旋式混凝土喷射机几种。

①转子式混凝土喷射机：设备简单，体积适中，生产能力较好，能远距离输送；

②罐缸式混凝土喷射机：体积较大，质量大，灵活性差，结构简单，维护起来相对方便；

③转盘式混凝土喷射机：操作简便，结构比较稳定，体积较小，消耗功率小，综合性能较好，应用广泛；

④螺旋式混凝土喷射机：结构简单可靠，效率高，上料方便，体积小，质量小，运输距离短。

我国目前混凝土喷射机以干混凝土喷射机为主。干混凝土喷射机的主要优点包括设备结构简单、操作简便、输送距离较远、设备耐用时间长，生产效率高等。但同时干混凝土喷射机工作环境干燥，施工环境粉尘浓度高，吸入过多的粉尘会严重危害工人的身体健康。

另外，我国在综合考虑到干混凝土喷射机的一些缺点后，基于干混凝土喷射机开发研制了不同类型潮混凝土喷射机，潮混凝土喷射机喷射混凝土前预先在集料中加入微量的水，使集料湿润，接着与水泥混合，从而减少装料、混合和喷射过程中的粉尘，但是在喷嘴中添加和喷射大量的水，喷射过程类似于干混凝土喷射机工艺过程。虽然潮混凝土喷射机弥补了干混凝土喷射机的一些缺点，但仍有一些不足的地方仍需要改进，整体仍然达不到当前预想的效果。

(2) 湿混凝土喷射机

湿混凝土喷射机工作原理：将砂、石、水泥通过上料机构输送到搅拌机构中，水直接加入搅拌机构，搅拌机构搅拌好混凝土，翻转倒入混凝土泵料斗中，混凝土泵将料斗中的混凝土泵出，通过混气装置加入高压空气和速凝剂，在高压空气的带动下将混凝土从喷头喷出，喷射到巷道表面。湿混凝土喷射机结构如图 6-36 所示。湿混凝土喷射机可分为以下几种类型：

①柱塞泵式湿混凝土喷射机：该湿混凝土喷射机具有运输距离远，结构稳定较好，生产效率较高，耗能小等优点。但同时该机体相对笨重，经济效益相对较低，因此应用范围较小。

②挤压泵式湿混凝土喷射机：设备结构简单，操作方便，但耐用性较低，使用寿命短，工作稳定性欠佳，目前工程中使用较少。

③螺杆泵式湿混凝土喷射机：该湿混凝土喷射机是以螺杆与定子套相互啮合时接触角空间容积的变化来输送物料的。具有输送距离长、工作性能稳定的优点，但其有生产效率太低，螺杆和定子套的磨损较严重等缺点，故而该湿混凝土喷射机应用范围不大。

④转子活塞式湿混凝土喷射机：它具有成本低、操作简便、工艺设备简单等优点。但是耗能较大，回弹率大，维护困难且费用较高。

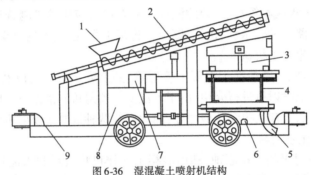

图 6-36 湿混凝土喷射机结构
1-料斗；2-搅拌机；3-喷射机；4-气路装置；5-出料弯头；6-加水装置；7-速凝剂泵箱；8-速凝剂箱；9-机架

### 6.3.3 锚杆台车

锚杆台车是在隧道施工中用于围岩支护的专用设备。锚杆台车可以在矿山、地铁、水利等工程中使用，用于支护结构的固定及钢筋焊接，可以在垂直和水平的夹角范围内移动和转动，同时可以在现场快速更换设备。它可以支持多种工作模式，包括常规施工、爆破支护等作业。尤其适合于高危岩壁、高速公路、隧道等地下空间内的坑道作业。

锚杆台车具有快速、高效、便捷的优点，具有钻孔、锚杆施作、注浆、地质探测等功能。锚杆台车由底盘前车架、钻臂和三工位组成，如图 6-37 所示。其中，底盘前车架作为主体结构，在底盘前车架的基础上安装固定钻臂，通过旋转油缸将三工位和钻臂相连。通过钻臂精准定位可实现不同工位的切换，从而进行钻孔、注浆和锚护等工作。

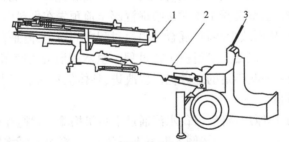

图 6-37 锚杆台车整体结构
1-三工位；2-钻臂；3-底盘前车架

锚杆台车钻臂主要由钻臂安装座、旋转油缸安装座、外臂、内臂等结构组成,如图 6-38 所示。其中用十字铰座将外臂与钻臂安装座相连,通过下俯仰油缸实现钻臂的上下俯仰运动,通过下摆动油缸实现钻臂的左右摆动;将内臂嵌入外臂,内臂前端通过十字铰座与旋转油缸安装座相连,并通过上俯仰油缸实现旋转油缸安装座的上下俯仰,通过上摆动油缸实现旋转油缸安装座的左右摆动。其中,锚杆台车钻臂的主要技术参数如表 6-1 所示。

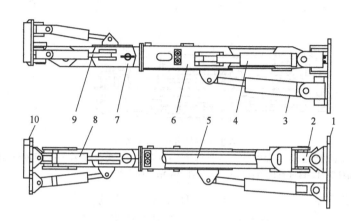

图 6-38 锚杆台车钻臂结构
1-钻臂安装座;2-十字铰座;3-下俯仰油缸;4-下摆动油缸;5-伸缩油缸;6-外臂;7-内臂;8-上俯仰油缸;9-上摆动油缸;10-旋转油缸安装座

钻臂主要技术参数  表 6-1

| 项目名称 | 技术参数 | 项目名称 | 技术参数 |
| --- | --- | --- | --- |
| 钻臂下俯仰/(°) | -30~60 | 钻臂上俯仰/(°) | -30~60 |
| 钻臂下摆动/(°) | -45~45 | 钻臂下摆动/(°) | -45~45 |
| 钻臂伸缩/mm | 0~2200 | | |

锚杆台车的三工位主要包括旋转油缸、钻孔推进器、锚杆推进器、注浆推进器、中托架、锚杆机械手和锚杆舱等部件,如图 6-39 所示。通过钻臂的旋转油缸安装座和旋转油缸实现三工位整体连接,转动旋转油缸可带动三工位整体进行旋转。中托架连接在旋转油缸的前端,通过偏角油缸可使中托架进行摆动,钻孔推进器、锚杆推进器和注浆推进器 3 个工位安装在中托架上的一个同心圆上的 3 个不同的位置,通过偏转油缸实现不同工位的切换,从而进行钻孔、注浆和锚护等相关作业。锚杆台车在工作时,首先伸出顶紧油缸初次顶紧岩壁,钻孔推进器通过钻孔补偿油缸向前推进,并二次顶紧岩壁;然后向前推进凿岩机进行打孔,完成打孔后退回,从而完成了 1 工位的钻孔工作;之后通过偏转油缸实现 2 工位与 1 工位的切换,完成 2 工位的注浆工作;接着偏转油缸实现 3 工位与 1 工位的切换,锚杆推进器由锚杆补偿油缸带动向前推进,并二次顶紧岩壁,接着锚杆机械手将锚杆舱内的锚杆抓取,并将其传送到锚杆推进器上的动力头外部;最后,通过动力头向前推动锚杆,使其插入已经钻好的 1 工位孔内,最终将锚杆锁紧并退还,以完成整个锚杆的施工过程。

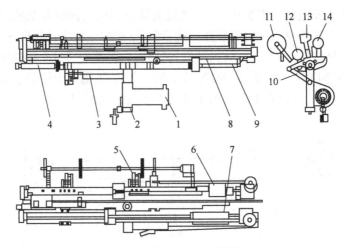

图 6-39 锚杆台车三工位结构

1-旋转油缸;2-中托架;3-偏角油缸;4-顶紧油缸;5-锚杆机械手;6-锚杆动力头;7-凿岩机;8-旋转补偿油缸;9-锚杆补偿油缸;10-偏转油缸;11-锚杆舱;12-锚杆推进器;13-注浆推进器;14-钻孔推进器

锚杆台车相较于人工手持锚杆锚索钻机有着诸多显著的优势:

①人力资源配置更优化。相较于传统的人工锚杆锚索钻机,锚杆台车的操作人力资源配置更为精简和高效。一般来说,一台锚杆台车仅需配备一名驾驶员。此外,左右液压钻机各需一名支护工进行操作,再配备一名钻杆安装人员负责左右钻机的钻杆换装。这样的配置方式极大地减少了人员需求,从而实现了人力资源的有效节约。

②工作效率显著提高。锚杆台车的设计使其能够更快速地进入工作面,从而减少了不必要的等待和准备时间。相比之下,传统的支护工具通常需要工作人员肩扛人抬,这不仅消耗了大量的人力,还增加了工作面的进入时间。锚杆台车的引入,无疑极大地提高了工程的整体效率。

③劳动强度大幅降低。锚杆台车的机械化操作,使工作人员的劳动强度得到了显著的降低。他们不再需要手动搬运和操作重型的支护工具,而是可以通过锚杆台车轻松完成工作。这样不仅节省了人力,更减轻了工作人员的身体负担,使工作变得更加轻松和高效。

锚杆台车也存在一些缺点:

①对工人操作技能要求较高,钻机操作工和钻杆安装工配合要熟练。这主要是因为锚杆台车的操作较为复杂,需要工人具备一定的技能和经验且配合默契,否则可能影响工作效率和安全。对于新手或不熟练的工人来说,需要花费更多的时间和精力来掌握设备的操作技巧。

②钻臂行程短,打设 2.4m 锚杆眼要安装三次钻杆。这使得锚杆台车的效率相对较低,因为在打设长锚杆眼时需要多次安装钻杆,这不仅增加了操作时间,也容易使钻杆连接处出现漏水等问题。

③安装锚杆过程困难,安装角度不容易控制。地下工程环境的复杂性和不确定性,使锚杆安装过程中常常遇到困难,如锚杆长度和直径不一致,孔壁不垂直等,这些因素都会导致安装角度难以控制,影响锚杆的支护效果。

④推进系统易损件使用寿命较短,且备件价格整体高。

⑤设备国内保有量少,导致国内核心部件缺货,一旦损坏,将造成较长的设备停机时间。

### 6.3.4 通风防尘设备

合理的通风系统和理想的通风效果是改善洞内施工环境,保证施工正常进行,提高工作效率,保障施工人员身心健康的重要保证。通风防尘主要解决三方面的问题:一是有毒气体,主要来源于爆破炮烟和内燃机械废气;二是粉尘,主要来源于洞内开挖爆破和机械作业扬起的灰尘等;三是为洞内作业人员和施工机械提供足够的新鲜空气。

掘进机抽出式通风装置(图6-40)的通风原理:借助布置在掘进机身上的大功率除尘风机产生的大风量和高速气流,形成对掘进机切割面粉尘的有效控制,将粉尘控制在狭小的空间内,并与除尘风机形成循环通风,使进入机器的高粉尘浓度风流得以净化,排出相对洁净的空气,与进入掘进面的新鲜风流一道,对工作面进行清洗。

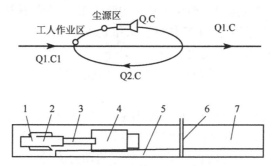

图6-40 掘进机抽出式通风装置
1-EBZ160TY掘进机;2-湿式除尘风机;3-转载皮带;4-解放卡车;5-抽出式风机;6-通风管;7-掘进巷道

KSC除尘风机的工作原理:含尘空气经风机动力吸(压)入捕尘器,通过振弦过滤器时,在来流方向上设置的水喷雾器向振弦滤清器上喷雾,附有水幕的纤维能使粉尘湿润增重,或凝并,或滞留。同时,由于通过的含尘气体使纤维在气流冲击下产生振动,强化了水雾粒与含尘气体中粉尘融合,提高了对微细粉尘的捕获能力。振弦滤清器自身纤维具有自净能力,且喷雾器不断向滤清器喷雾,使经过滤清器的含尘气体变成湿润含尘液气流,含尘液气流通过旋流器叶片形成高速旋转的液气流,在离心力的作用下将含尘水雾抛向脱水筒内壁形成污水流,通过脱水环下排污口流出机外,或进入循环过滤水箱,重新经喷雾泵站循环使用。KCS除尘风机主要由抽出式轴流防爆局部通风机、机架、捕尘器组成,如图6-41所示。

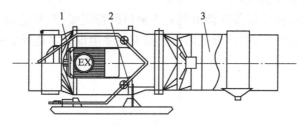

图6-41 KSC除尘风机外形结构
1-抽出式轴流式防爆局部通风机;2-机架;3-捕尘器

除尘器可通过对空气施加压力,形成局部负压,从而对粉尘产生源头的飘尘进行有效处理。除尘器主要由三部分组成:头部为过滤网,可捕捉飘浮在空气中的粉尘;中间为风机;后部是旋转离心脱污水部分。除尘器结构如图6-42所示。

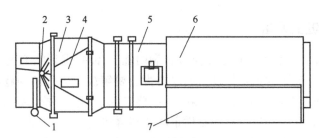

图 6-42 除尘器结构

1-进水接口;2-喷嘴;3-过滤除尘段;4-过滤网;5-风机;6-旋转离心脱污水部分;7-污水箱

与其他类似产品相比,除尘器在除尘原理、技术规格和结构设计等多个方面都实现了显著的优化和技术突破。下面是除尘器的各种优势:

①设计上的独特性:这款除尘器使用了特殊的卧式布局方式,这样的设计确保了其断面尺寸小、结构设计紧凑,并且具有很强的整体性。采用立式的布局方式可以有效地降低空间的占用,从而使得设备的安装和保养变得更为简单。另外,通过合理布置滤袋可以有效防止灰斗堵塞,从而延长滤袋使用寿命,降低维护费用。此外,其紧凑的构造设计增强了除尘器的稳固性,确保了它高效工作。

②安全性和可靠性:它是一种以机械过滤为主、化学除尘为辅的新型除尘器。该设备使用了安全且可靠的 FBDC 型抽出式轴流防爆局部通风机作为其动力源,这款通风机不仅效率高、噪声小,还具有防爆特性,为除尘器提供了持续稳定的动力支持。另外,它还能有效地过滤粉尘颗粒和细小尘粒。同时,采用水作为净化剂不仅降低了阻力和噪声,还增强了防爆安全性,从而显著提升了除尘器的整体安全性能。

③尖端的除尘技术:具有水浴、水滴和水膜这三种主要的除尘技术。其中,水膜是一种新型的物理除尘技术。其依赖于惯性碰撞、过滤、布朗扩散和凝聚等多种机制来捕获气流中的粉尘。这些尖端的除尘技术确保了除尘器能够高效地进行除尘。

④资源的节约使用。采用了高效且适应性强的湿式除尘方法,其水消耗较少,脱水效果显著,并能实现水资源的循环使用,从而达到节约水资源的目的。定期的排污和换水操作不会对工作环境产生污染。

⑤具有很高的除尘效率。通过使用长压短抽的通风除尘系统,可以在现场有效地净化粉尘,对于粉尘的除尘效果尤为显著。

需要注意的是,选择除尘设备应该根据施工项目的特定要求、粉尘特性、环境条件和可行性进行评估。有时候也可能需要结合使用两种类型的除尘设备以达到更好的除尘效果。

**本章思考题**

1. 在城市地下工程中,竖向开挖机械和水平掘进机械各自承担的主要任务是什么?
2. 列举几种常见城市地下工程支护维护机械和通风防尘设备,并说明它们的作用。

# 第 7 章
# 城市地下工程灾害与防灾减灾

城市地下空间的综合开发与利用是解决城市人口、环境、资源三大难题的重大举措,并能发挥地下空间良好的外部防灾作用,使之成为城市抵御自然灾害和战争灾害的重要场所。地下空间的外围是土壤或岩石,只有内部空间没有外部空间,导致地下空间具有隐蔽性和封闭性,使得地下空间内更容易出现某类灾害,并且地下空间内部灾害所造成的危害又将超过地面同类灾害。因此,地下空间内部灾害的防护问题更加复杂,所要求的防御能力更远高于地面建筑。

城市地下工程灾害防护应首先明确地下工程灾害的分类和特点,加深对地下工程灾害发展规律的认识。坚持"安全第一、预防为主"的方针,建立并完善管理机制,提高灾害防范意识和加强安全生产管理,采用先进的防灾减灾技术并配备先进的装备,共同将地下工程灾害损失减少到最小的程度。

## 7.1 灾害分类

灾害是指造成伤亡和损失的自然或社会事件。它们源于自然或人类自身的失误。城市地下工程在施工和运营期间可能发生的灾害分为自然灾害和人为灾害两大类。

### 7.1.1 自然灾害

自然灾害是指自然力的作用给人类造成的灾难。由于我国土地辽阔,人口众多,环境复杂,自然变异强烈,而经济基础和减灾能力又相对比较薄弱,所以我国的自然灾害强度大,分布广,种类多,是世界上自然灾害最严重的国家之一。我国城市地下工程常面临的自然灾害主要有洪涝、水灾、地震、台风、泥石流、滑坡等。

(1) 自然灾害的成因

①由大气圈变异活动引起的气象灾害和洪水;

②由水圈变异活动引起的海洋灾害及海岸带灾害;

③由岩石圈变异活动引起的地震及地质灾害;

④由生物圈变异活动引起的农、林、病虫、草、鼠害;

⑤由人类活动引起的自然灾害。

影响自然灾害灾情大小的因素有三个:一是孕育灾害的环境(孕灾环境);二是导致灾害发生的因子(致灾因子);三是承受灾害的客体(受灾体)。

(2) 自然灾害的特点

自然灾害的特点归结起来主要表现在以下6个方面:

①自然灾害具有广泛性与区域性;

②自然灾害具有频发性和不确定性;

③自然灾害有一定的周期性和不重复性;

④自然灾害具有联系性;

⑤自然灾害所造成的危害具有严重性;

⑥自然灾害具有不可避免性和不可减轻性。

### 7.1.2 人为灾害

人为灾害是指主要由人为因素引发的灾害。其种类很多,主要包括生态灾害(自然资源衰竭、环境污染、人口过剩),工程经济灾害(工程塌方、爆炸、有害物质失控),社会生活灾害(火灾、战争、社会暴力与恐怖袭击)。

### 7.1.3 城市地下工程常见灾害及防治对策

大的灾害往往同时伴随一种或几种次生灾害,如大地震过后自然以及社会原有的状态被破坏,紧随其后的常常有山体滑坡、泥石流、水灾、火灾、爆炸、毒气泄漏、放射性物质扩散、病疫等一系列对生命构成威胁的次生灾害。对地上地下资源的过度开采,使得"地陷"危机频频出现。地下工程四周为围岩介质包裹,虽然对来自外部的灾害防御能力好,但是对来自内部的灾害抵御能力则相对较差。在地下狭小的空间内,人员和设备高度密集,一旦发生灾害,疏散和抢救都会十分困难。城市地下工程常见灾害及防治对策见表7-1。

城市地下工程常见灾害及防治对策　　　　表 7-1

| 灾害分类 | | 破坏特点 | 灾害成因 | 防护策略 |
| --- | --- | --- | --- | --- |
| 自然灾害 | 气象灾害 | 暴雨、涝灾、海啸导致水体倒灌淹没车站、隧道设施，冲垮高架桥墩；台风卷走高架桥、接触网、供电设备；雷电击穿通信、信号、供电系统；雪掩埋地面高架轨道设施等 | 大气内部的动力和热力过程演变，温带和热带气旋，海洋低气压热带风暴，对流强烈的积雨云系 | 1. 有效排洪涝泵站设备；<br>2. 出入口、风口汛期封堵措施；<br>3. 增加高架桥系统的抗风安全 |
| | 地震灾害 | 强烈的垂直、水平震动，地面突然开裂，使高架桥墩台剪坏、梁板塌垮，隧道车站开裂、渗漏水，甚至倒塌，引起次生火灾等 | 地球板块挤压、运动 | 1. 按《建筑抗震设计标准（2024年版）》（GB/T 50011—2010）设计、施工；<br>2. 特殊重点部位做好基础隔震减震；<br>3. 增加结构抗震安全度 |
| | 地质灾害 | 泥石流、滑坡毁坏掩埋地铁车站、隧道、桥梁等 | 干旱、风化、不合理采伐 | 合理采伐，绿化护坡，对危险地段长期监控 |
| 人为灾害 | 战争灾害 | 炮、炸弹、核弹冲击、爆炸震塌地铁车站、隧道桥梁，地下设施中放毒气或其他生化武器，电子干扰通信、指挥、管理硬软件系统等 | 政治、经济、民族矛盾冲突激化 | 按人防工程要求等级设计，做好平战功能转换，预留技术储备 |
| | 运营事故 | 调度指挥失误、碰撞、追尾交通事故，设备老化引起火灾、停电、地面地下水渗漏、设备故障泄漏电等 | 管理、维修不合理，监控系统不完善 | 严格规章制度，加强管理，建立自动监测、报警系统，设置处理预案 |
| | 工程事故 | 打（压）桩，深大基坑开挖，大面积抽取地下水，采石、采矿，隧道平行交叉施工，已有地铁隧道车站、高架桥开裂、坍塌、轨道倾斜弯曲等 | 野蛮施工，缺少监督机制 | 制订地铁工程施工保护技术规程，加强施工监控 |

各类灾害表现形式不同，其共同的特点是空间分布具有有限性、潜在性、突发性，发生灾害的时间、空间及强度具有随机性。目前，人们对灾害发生的规律、机理缺少充分认识，同时灾害作用和相互关系极其复杂，导致我国抗灾减灾经验严重不足，特别是城市地下工程防灾方面技术相对落后，相关的研究远不适应我国迅速发展的城市地下空间开发规模。在今后相当长时间内应对城市地下工程的灾害防护予以足够重视。

## 7.2　城市地下工程灾害风险分析与评价

### 7.2.1　灾害风险分析的目的和意义

灾害风险是指灾害活动及其对人类生命与财产破坏的可能。风险由风险因素、灾害事故和风险损失等要素组成。

自然界的规律运动为人类的存在和发展提供了条件,然而它的不规律运动给人类带来了损失,即风险具有自然属性;随着人类对自然资源的需求,过度的开发与利用导致环境不断恶化,由此导致灾害风险增多,而风险的结果往往又要由整个社会来承担,这就是风险的社会属性;同时风险还会表现出经济属性,如灾害事故对人身安全和经济利益造成的损失。

地下工程在施工期间,塌方、瓦斯有毒可燃气体爆炸、地下水突然涌入等事故造成结构衬砌局部、大部坍塌,使部分完全失去使用功能,使硐室内的机器、人员被掩埋,造成人员伤亡和经济损失。在运营使用阶段,地下工程可能受地下水渗入或冻胀或高温燃烧的影响,使得隧道钢筋混凝土剥落,从而丧失耐久性;列车追尾造成机电设备损坏、人员伤亡,交通阻塞,使用功能丧失,并造成经济财产损失,引起社会及环境不良影响。

风险分析是对人类社会中存在的各种风险进行风险识别、风险估计、风险评价,并在此基础上优化组合各种风险技术,做出风险决策。对风险实施有效控制和妥善处理风险所致损失,期望以最小的成本获得最大的安全保障。

灾害风险分析的目的是确定潜在的灾害风险,并制订相应的风险管理措施,以减少灾害造成的损失。由于风险本身具有动态性,人们对风险的认识水平在不断变化且风险管理技术处于不断完善的过程中,因此灾害的风险分析是一个动态过程,管理者必须根据实际情况随时修改决策方案,才能达到以最小的成本实现最大安全保障的目的。

灾害事件是随机发生的,灾害的风险及损害也是不确定的,人们常以概率统计方法对灾害风险分析作出定量的判断。灾害对地下工程结构强度、刚度、耐久性产生影响,使其无法完成预定的设计基准期内应该达到的功能。将灾害风险分析与评价引入地下工程,可以对灾害引起的工程损伤进行定性和定量两方面的评估,对于揭示灾害的发生发展过程、灾害的预防机制等有十分重要的意义,同时有利于减少地下工程灾害事故的发生,帮助决策者进行科学化的灾害风险管理。

### 7.2.2 风险分析的内容

风险分析的一般程序是风险识别、风险估计与评价、风险处理和风险决策,风险分析的动态性决定其为一个周而复始的过程。

(1) 风险识别

风险识别是指在风险事故发生之前,人们运用各种方法系统地、连续地认识所面临的各种风险以及分析风险事故发生的潜在原因。通过搜集类似工程的历史经验及教训的数据资料,采用各类风险识别方法可将潜在的风险识别出来。

(2) 风险估计与评价

风险估计是指运用概率统计等方法对特定不利事件发生的概率以及风险事件发生所造成的损失作出定量估计。风险评价是指在风险识别和估计的基础上,综合考虑风险发生的概率、损失幅度以及其他因素。由于地下工程项目建设的不可逆性和不可重复性,施工所涉及的工程风险及其影响因素较多,只有建立起一整套科学、合理和完善的风险评估体系,才能全面系统地研究风险发生和变化规律。以便在施工过程中,做出科学合理的决策,采取切实可行的正确措施,防患于未然。

(3) 风险处理

风险处理是指针对不同类型、不同规模、不同概率的风险,采取相应的对策、措施或方法。风险处理技术分为控制型技术和财务型技术。前者是指避免、消除和减少意外事故发生的机会,限制已发生的损失继续扩大的一切措施,重点在于改变引起意外事故和扩大损失的各种条件,如回避风险、风险分散和采取工程措施等;后者则在实施控制技术后,对已发生的风险所做的财务安排,如对已发生的风险损失及时进行积极补偿。

(4) 风险决策

风险决策是风险分析的一个重要阶段。在对风险进行识别、做出风险估计与评价,并对其提出若干种可行的风险处理方案后,需要由决策者对各种处理方案可能导致的风险后果进行分析,做出决策,即决定采用哪一种风险处理的对策和方案。因此,风险决策从宏观上讲是对整个风险分析活动的计划和安排,从微观上讲是运用科学的决策理论和方法来选择风险处理的最佳手段。

## 7.3 城市地下工程地震灾害防护

地震是自然界常见的一种自然灾害。地震产生的地层震动不但给各类地下结构物的主体部分带来危害,导致结构出现裂缝、错位甚至引起坍塌,从而危及地下建筑物的安全和正常使用;同时也会导致附属设施及地下共同沟、地铁等生命线工程的损坏,给国计民生带来重大损失和人员伤亡。过去,由于地下工程规模小、形式简单及数量少等,其震害事故较少,同时周围地层对地下结构本身具有约束作用,即使发生地震其震害程度也相对较轻,在地震作用下不易遭受破坏,故地下结构的抗震长期未得到重视,导致地下结构的抗震设计和研究起步较晚。

随着地下空间的开发和地下建筑规模的不断扩大,地下结构也相继出现了各种震害。1923 年日本关东 7.9 级大地震,震区内 116 座铁路隧道,有 82 座受到破坏。此外,1964 年美国阿拉斯加 8.3 级地震、1970 年苏联达格斯坦地震、1971 年美国圣菲南多市 6.6 级地震和 1975 年我国海城地震中,地下工程(水工涵洞、交通隧道、矿山井巷、人防工程、煤气管道)也受到程度不同的损坏。1995 年日本阪神大地震中,神户市内 2 条地铁线路的 18 座车站中,有 6 个发生严重破坏。

城市地下结构不同于地面结构的抗震性能和破坏特征,在某些情形下,会发生严重的甚至强于地面结构的破坏。要想对地下工程地震灾害开展抗灾研究,必须把握其规律,才能有针对性地进行抗震救灾。

### 7.3.1 城市地下结构震害原因及特点

(1) 地下结构震害原因

对于地下工程而言,引起工程结构破坏的原因主要是地下岩层错动面产生的构造地震。地震发生时,地下介质中的巨大应变能会突然释放,给地下工程安全带来极大风险。目前大量国内外学者的研究表明,地下结构的震害类型主要分为以下四类:第一类由断层所引起,造成地层的错动和位移,致使地下结构遭到严重破坏;第二类是由地震引起的土体振动,使结构产生应力和变形;第三类是由结构本身的特性(如结构强度、材料性质等)导致其在地震力作用下的破坏;第四类是由地震引起的其他不稳定因素(如砂土液化、软化震陷等)造成的地下结构破坏。

最常见的地下工程震害有:洞口滑坡、崩塌、地基砂土液化、地面沉降等导致洞口或洞口附近浅埋地段损坏;地下工程扭曲变形、衬砌脱落、围岩松动以及由此导致的洞内崩塌、涌水、岩爆和诱发地震等次生灾害。

(2)地下结构地震反应的特点

地震主要引起地面建筑的动力反应,而受土体约束作用,地下结构会与周围的土地之间发生动态的相互作用。地震波传来时,地震波由基岩经软土层传至结构物,引起结构运动和变形,部分地震波经过反射传至土层,对土层产生反作用。

地下结构地震反应的特点如下:

①地下结构的振动变形受周围地基土体的约束作用显著,结构的动力反应一般不会明显表现出自振特性的影响。

②地下结构的存在对周围地基震动的影响一般很小(指地下结构的尺寸相对于地震波长的比例较小的情况)。

③地下结构的振动形态受地震波入射方向的影响很大,地震波的入射方向发生不大的变化,地下结构各点的变形的应力可以发生较大的变化。

④地下结构在振动中各点的相位差别十分明显,而地面结构各点在振动中的相位差不很明显。

⑤地下结构在振动中的应变一般与地震加速度的大小关系不大。

⑥由于土层构造不同,地下结构的地震反应随埋深发生的变化不很明显。

### 7.3.2 城市地下工程地震破坏主要特征

1)地下工程易遭地震破坏的部位

由于地下工程遭受地震破坏的事例少,故人们普遍存在着地下工程不需要防范地震破坏的错误观点。当发生地震时,由于地下工程的围护结构与周围岩土一起随地震波振动,某些部位和内部设施设备非常容易遭受破坏。

(1)地下工程出入口和防护门

地下工程出入口包括头颈部地段和出入口通道两部分,是地下工程的门户和咽喉。地下工程出入口一般处于不稳定的松散堆积体中,在地震力作用下易引起塌方。由于地下工程口部结构形式变化较多,刚度不一,在地震作用下,极易产生应力集中,从而遭受破坏。另外,地下工程的防护门在强震作用下也会发生变形或脱离轨道,影响正常开启。

(2)地下工程转弯处和拐角处

地下工程转弯处和拐角处的结构形状和刚度变化较大,在地震作用下,易出现应力聚集,从而导致破坏。其中,坑道转弯处、坑道横截面突变处、坑道与坑道相交处、坑道折角处等部位易遭受破坏。

(3) 地下工程内部设施设备

地震发生后一般会发生火灾、坍塌、电气短路等伴生灾害和次生灾害。油库和发电机房容易发生火灾,变压器房和各种配电房容易发生电气短路,物资器材储存间容易发生碰撞损坏。

2) 地下工程地震破坏主要特征

根据对已有震害的调查资料分析,地下结构的地震破坏特征主要体现在以下几方面:

① 在地质条件有较大变化的区域容易发生破坏。
② 软弱土层中的地下工程比坚硬围岩中的破坏大。
③ 地下结构上部覆盖土层越厚,破坏越轻。
④ 衬砌厚度较大的结构破坏的概率大于衬砌厚度较小的结构。
⑤ 变刚度和变截面部位容易遭到破坏,地面洞口也是经常受到地震破坏的部位。
⑥ 相同地震烈度作用下,地下结构的破坏程度小于地面建筑物。
⑦ 对称结构发生破坏的程度要比非对称结构发生破坏的程度轻。

### 7.3.3 城市地下工程地震灾害防护措施

(1) 重视勘测设计,提高地下工程的结构强度

查明地下工程所遇断层的近期活动性、活动方式与活动量等特征,推断工程使用期间断层是否有突发活动。对活动性较大的断层,应布置专门的监测系统。在地震发生前,对地下工程运行管理采取一定措施,以减轻或避免损失。

隧道等地下工程进出口段容易遭到破坏(图7-1),故应尽量将进出口段布置在地质条件较好的地段,避开断裂破碎带。风化卸荷带、滑坡体和饱和砂土地区,应采用钢筋混凝土衬砌、锚喷支护等加固措施。

傍山隧道等地下工程尽量靠向山体内部,保持较厚的外侧盖层,洞线应处于地下水位以上,尤其应回避大的阻水断裂带和饱和砂土区,洞线应避免与

图 7-1 地震滑坡破坏隧道进出口

最大土压力方向一致。预防地震时地下水压骤增和松散土层对地震效应的放大而导致的地震灾害加重。避免岩爆和诱发地震发生。

应力集中的部位应采取防震加固措施。在坑道转弯处和拐角处,易出现应力集中现象,可采用钢纤维混凝土等既有足够强度又有较高变形能力的材料,能较好地吸收地震能量,避免在地震荷载作用下在钢筋屈服之前发生脆性破坏。坑道的断面形状最好不发生变化,当需要变化时可缓慢过渡,不宜突然变大或缩小。两洞相交的交角不宜太小,尽量呈正交,并且避免三洞相交于同一位置或者交点相距太近。

地下工程的主体结构应尽量避开断层,也不要横跨断层。如无其他选择,亦须了解断层是否活动,并在设计中采取相应措施,保证结构的稳定性。由于节理及裂隙是地表水和地下水的通道,如构造岩石为石灰岩、石膏等,水沿裂隙流动,易发展成溶洞,如果地下工程的坑道顺着

岩层的节理或裂隙修筑,则形成的溶洞会使坑道结构应力重新分布,受力不均匀,出现不稳定现象。另外,对于节理和裂隙发达的地区,岩层整体性差,坑道周围所产生的地层压力较大,必须相应加强结构强度。

(2) 加强地震预报

地震预报是指对地震发生的时间、地点、震级进行超前预报。通常按预报的时间长短把地震预报分为长期(几十年到几年)、中期(几年到半年)、短期(半年到半个月)、临震(半个月到几天)预报四个阶段。国内外学者研究认为,大地震的发生是有一定的孕育过程的。

在地震孕育过程中,震源区及周围区域的介质和应力状态会发生明显的变化,通过在地面附近进行多种观测可能观测到这些变化。因此,有可能根据在地表观测到的前兆性异常来预报地震。从事地震预报和防震减灾的广大科技工作者,应充分利用丰富的信息资源和先进的科技手段,如地震预警系统(图7-2)等,做好地震的预报工作,可最大限度地降低地震灾害损失。

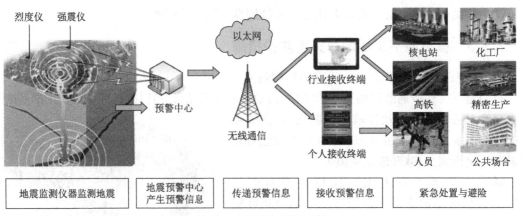

图 7-2 地震预警系统示意图

(3) 采取抗震减震措施

地震灾害造成损失的主要根源是建筑物的破坏与倒塌。因此,对于地下工程及其设施设备,应采取抗震加固措施,尽可能地减少地震灾害的损失。对于新建地下工程,要严格执行所在地区的抗震设防烈度标准,达到"小震不坏、中震可修、大震不倒"的设防目标。我国《建筑抗震设计标准(2024年版)》(GB/T 50011—2010)已增加了隔震和消能减震设计的有关内容。隔震和消能减震是建筑结构降低地震灾害的有效途径。

地下工程抗震减震应采取以下措施:一是地下工程建设时,应广泛采用钢纤维混凝土、智能材料、碳纤维布加固混凝土等新材料、新技术;二是对人员长期居住和存放重要物资器材的地下工程,应采用减震隔震地板和防碰撞墙衬等措施;三是对超长地下隧道,应修建辅助疏散通道和紧急避难场所。

### 7.3.4 城市地下工程震害案例

1995 年 1 月 17 日,日本阪神发生里氏 7.2 级大地震,造成了超过 5000 人丧生,至少 30000 人受伤,因为地震生活受到影响的人不计其数。据政府统计,该次地震造成 10 兆亿日元的直接经济损失,大量房屋建筑受损。阪神地震中大开地铁站严重破坏,是首例地震对地铁结构造成的严重破坏,这也引发了工程界对地下建筑结构抗震的研究潮(图7-3)。

(1)造成地铁严重破坏的原因

①地铁的埋深较小,在地震作用下结构上覆土体首先产生剪切破坏,丧失抗剪能力。上覆土体丧失抗剪能力后,与结构的相互作用表现为在水平方向剪切作用减弱,结构上的剪力主要由侧壁围岩土体产生;在竖直方向,有竖向地震作用时表现为一个附加质量的惯性力作用于结构上,在该惯性力与侧壁土体的剪切荷载耦合作用下,结构中的薄弱部位产生压剪破坏。

图7-3 1995年日本阪神地震中地下结构受损图

②地震震源较浅,震中离市区较近。本次地震发现竖直向地震的作用远远超过了水平向地震作用,地震纵波到达地表时,仍然具有较大的能量。在本次地震中,上下震动先于水平震动到达。

③抗震设计不足。大开地铁站的设计偏于保守,在设计时并没有考虑到抗震设计。破坏的中柱的箍筋间隔为350mm,这对于许多发达国家抗震标准来说是不满足要求的,因此,地震中大开地铁站大部分中柱完全倒塌,从而导致顶板无法承受竖向地震作用和覆盖土体重量而出现坍塌,使得整个结构完全破坏。

(2)大开地铁站破坏的主要特点

①不对称结构发生的破坏比对称结构严重。

②上层破坏比下层破坏严重。

③车站的破坏主要发生在中柱上,出现了大量裂缝,有斜向裂缝也有竖向裂缝;裂缝的位置有偏于上下端的也有位于中间的;柱表层混凝土发生不同程度的脱落,钢筋暴露,有的钢筋发生严重屈曲,且既有单向屈曲的也有对称屈曲的;大开地铁站有一大半中柱因断裂而倒塌。有横墙处中柱破坏较轻。

④地下结构上部土层厚度越大破坏越轻。

⑤站房上层中柱的中间部位几乎压碎而线路段中柱仅在中间位置出现竖向裂缝。

⑥纵墙和横墙均出现大量的斜向裂纹,特别是在角点部位。顶板、侧墙也受到不同程度的损害且其破坏程度与中柱密切相关,当中柱破坏较为严重时顶板和侧墙就会出现很多裂缝以致坍塌、断裂等。

⑦区间隧道的破坏形式主要是裂缝,其中多为侧墙中间的轴向弯曲裂缝。在接头处也有混凝土脱落、钢筋外露以及竖向的裂缝。在破坏较严重处中柱的上下端也有损坏。

日本阪神地震首次出现地铁主体结构的震害,使得人们意识到地下建筑在地震中不是完全安全的,必须重新评估地下结构的抗震性能,并应在设计时考虑相关抗震措施。每一条地铁对于城市来说都是非常重要的,若是受到巨大的破坏,对于经济和社会发展都会产生许多负面的影响。这次震害向现有抗震设计理论和方法提出了新的挑战,提出了软土地基的抗震、竖向地震力的影响以及抗震验算模型等待解决课题。

## 7.4 城市地下工程火灾防护

在各种灾害中,火灾是最经常发生且普遍威胁公众安全和社会发展的主要灾害之一。对地下空间来说,可燃物、适当的通风和供氧条件以及足以引起燃烧的火源构成了地下工程火灾的主要因素。随着地下工程的建设,一些可燃物品进入地下,加之20世纪70年代单独为战备而修建的地下工程一般都没有考虑消防问题,使地下工程存在火灾隐患。

### 7.4.1 城市地下工程火灾危害的特点

由于大多数地下工程都是用混凝土建造在土中或岩石中的,对外部发生的各种灾害具有较强的防护能力。因此,城市地下工程与地面建筑相比,不易受到火灾的危害。但地下工程是一种埋入地下的封闭式空间,人们的方向感往往较差。因此,当灾情发生后,混乱程度比在地面上严重得多,防护的难度也大得多。地下工程内部火灾的特性主要有以下几个方面:

(1) 氧含量急剧下降

火灾发生时,由于地下工程具有相对密闭性,大量的新鲜空气一时难以迅速补充,使空间内氧气含量急剧下降。研究表明,空气中氧气含量降至10%以下时,人易出现眩晕、休克等症状,失去逃生意识,因此应尽快疏散人员。

(2) 产生烟气量大

地下工程内发生火灾时,新鲜空气供给不足,气体交换不充分,燃烧不完全,导致一氧化碳等有毒烟气大量产生。

(3) 灭火救援难

地下工程发生火灾时,究竟发生在哪个部位难以判断,人们需要详细询问和研究工程图,分析可能发生火灾的部位和可能出现的危险情况,而后拿出灭火方案。由于出入口有限,消防人员在高温浓烟的情况下,难以接近火点,扑救工作面十分窄小。

(4) 排烟困难,散热慢

地上建筑着火时,可以开启门窗,进行散热和排烟。地下建筑为厚的钢筋混凝土衬砌和岩土介质包围,出入口较少且面积有限,有时人员出入口可能就是喷烟口。地下建筑通风条件不如地面建筑,对流条件很差,因而排烟、散热也不如地面建筑。

(5) 高温高热,全面燃烧

在地下建筑封闭空间内,一旦发生火灾,大量可燃物燃烧,室内温度升高很快,会较早地出现全面燃烧现象。

(6) 安全疏散困难

地下建筑内的安全疏散有以下3个方面的不利因素:

①有些地下建筑内的各种可燃物质,燃烧时会产生大量的烟气和有毒气体(如$CO$、$CO_2$及其他有毒气体),不仅严重遮挡视线,使能见度大大降低,还会使人中毒窒息,危害极大。

②地下建筑发生火灾时,室内由于正常的照明电源切断,变得一片漆黑。如地下工程内不装设事故照明和紧急疏散标志指示灯,工作人员根本无法逃离火场。地面建筑即使是月夜地

面照度也有 0.21m,地下建筑内无任何自然光源,加上浓烟滚滚,使疏散极为困难。

③地下工程洞口数量有限,发生火灾时,人员只能步行通过出入口或联络通道实现疏散,地面建筑发生火灾时使用的消防救助工具并不适用于地下人员的疏散。

(7) 扑救困难、危害大

地下建筑的火灾比地面建筑火灾扑救要困难得多。国外一个消防专家把扑救地下工程的火灾难度,看作与扑救超高层建筑最顶层火灾的难度相当。我国地下建筑发生的数起大的火灾,最长的燃烧时间为41d。与地面建筑相比,地下工程火灾扑救困难的原因是:

①探测火情困难。
②接近火场困难。
③通信指挥困难。
④缺少地下工程报警消防专门器材。

### 7.4.2 城市地下工程火灾原因

(1) 地下工程电气设备引发火灾

对于地下工程中的电气设备与线路,应注重安装和使用过程中的规范操作,当短路、电气线路过载、电气设备连接部分接触不良、电气设备散热措施受到破坏等引起电气设备过热时,都容易引发火灾。

(2) 焊割时电火花或电弧引发火灾

地下结构经常需要检修,检修中进行切割和焊接时,会产生电火花或电弧,电火花或电弧不仅能引起绝缘物质燃烧,而且可以引起金属熔化、飞溅,构成火灾、爆炸的火源。

(3) 生产、生活用火不慎

在地下工程中一般存在比较多的可燃物,而许多人没有安全意识,常常违反操作规程,在作业中或生活中用火不慎,从而引发火灾。

(4) 爆炸引发火灾

在地下隧道中,常有装有易燃易爆和一些特殊化学物质的车辆通过。这些物质在遇到高温、碰撞等条件时就会发生爆炸。爆炸后的次生灾害之一就是火灾,这种火灾的危害性往往是毁灭性的。

(5) 人为纵火或恐怖袭击

这类事故发生的概率虽然比较小,但是由于它是有预谋或有组织的人为破坏活动,所以一旦发生,后果将不堪设想。在韩国和俄罗斯的地铁都发生过此类事故。

### 7.4.3 城市地下工程火灾防护措施

(1) 合理规划布局

城市的地下铁道、公路隧道、地下商业街、地下停车场等地下建筑,应与城市地下总体布局规划相结合,增强城市总体防灾、抗灾能力。火灾发生时,地下铁道、地面建筑、其他地下通道之间要有可靠的防火分隔,有效地阻止火势蔓延扩大,减少火灾的损失。

(2) 选择钢筋混凝土结构

地下建筑长时间高温燃烧,会引起钢木结构大面积倒塌,基本上无法修复,但隧道内部钢筋混凝土保护层只是局部脱落,部分烧灼,大部分经检查修复后可以继续使用。高温下混凝土的性能很大程度上受含水率、所用填料类型、配筋率以及其他配料设计等因素的影响,如混凝土中加入聚丙烯纤维可能在火灾中形成膨胀空隙。

(3)合理选择装饰材料

地下工程的装饰材料应选择不燃、难燃材料和轻阻燃处理的材料,这样可以使装饰材料燃点增高,使其不易着火,即使着火,燃烧蔓延速度也较慢,以便为扑灭初期火灾及组织安全疏散赢得时间。

(4)合理选择出入口位置和数量

一个车站出入口通过能力总和,应大于该车站高峰时的客流量。鉴于目前我国地下铁道车站浅埋占多数,故要求浅埋车站出口数量不宜少于4个,小站出口可适当减少,但不能少于2个,并随客流量的增加,出口数量也要相应增加。

(5)防火分区划分及要求

地铁车站面积多在 5000~6000m² 之间,一旦发生火灾,如无严格的防火分隔设施,势必蔓延成大面积火灾,造成不应有的损失。站厅和站台是乘客进出站、上下车的场所,由于客流量大且进出频繁,在站厅和站台上采用防火大隔墙划分防火分区是不恰当的。这时可采取较灵活的防火处理设施,即用水幕保护的防火卷帘代替防火墙或防火门。

防火卷帘上留小门并采用两级向下滑落的金属门,目的是便于消防人员扑救以及乘客和工作人员安全撤离。防火门在关闭后能从任一侧手动开启,考虑到在防火门关闭后,要将个别未及时逃脱的人员疏散出去,以及外部人员进着火区进行扑救的需要,每一个防火分区安全出口不应少于两个。当其中一个出口被烟火堵住时,人员可由另一个出口疏散。竖井爬梯对妇孺老幼使用不便,且疏散人数有限,因此不能作为安全出口。

(6)联络通道的防火作用

根据国内外地下铁道运营中事故的灾害分析,列车在区间隧道发生火灾而又不能牵引到车站时,乘客必须在区间隧道下车。为了保证乘客安全疏散,两条隧道之间应设联络通道(图7-4),这样可使乘客通过另一条隧道疏散到安全出口。联络通道也可供消防人员扑救时使用。联络通道两端应设防火卷帘门,人员撤出着火隧道后,应及时落下防火卷帘,以免火焰向另一条隧道燃烧。

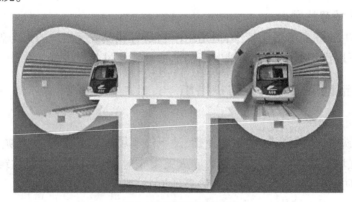

图 7-4 隧道间联络通道

(7) 设置火灾自动报警和自动喷水灭火系统

地下建筑发生火灾时,消防设施从外部进入难度大,需要依靠其自身的建筑消防设施控制并扑灭火灾。因此,大型地下仓库、地铁、隧道和地下公共活动场所等,都应设置火灾自动报警设备,以便及时发现火灾,并利用自动报警装置启动相应排烟设备,控制火势的蔓延和烟气的扩散,为迅速有效地扑灭火灾和疏散被困人员奠定基础。按同一时间内在同一处发生火灾的情况设置健全的消防系统,尽可能把火灾控制在最小范围内,并能及时扑灭。除设置火灾探测装置外,还应设有与火灾有关的手动报警按钮、紧急广播、警铃及给人员、车辆提示的警报装置等。

### 7.4.4 城市地下工程火灾案例

地下工程对安全的要求是极高的。地下工程的特殊性,使得地下工程火灾对人们的生命构成较大威胁,也使消防人员的救援难度上升。1995 年 10 月 28 日傍晚,在阿塞拜疆首府巴库的地铁内发生了一场火灾,造成至少 289 人死亡,265 人受伤。2003 年韩国大邱地铁纵火案,造成 192 人死亡,151 人受伤,21 人失踪,地铁站设施等遭到严重的破坏(图 7-5)。2020 年 3 月 27 日,美国纽约市中央公园以北的 110 街地铁站内的一辆地铁发生火灾,导致 1 人死亡,16 人受伤。在地铁火灾事故中,造成人员死亡的比率不是太大,但一旦成灾,可能会一次造成大量的人员伤亡。这是由地铁的特殊构造决定的,地铁建在地下空间,通风不好,疏散距离长且困难,不易逃生,容易造成群死群伤事故。

图 7-5 韩国大邱地铁纵火案

地铁列车一旦着火,地铁自身的防灾系统和控制指挥系统对于人员逃生、疏散起着至关重要的作用。大邱地铁站内的设备存在安全隐患,是 2003 年纵火案中大火无法得到及时扑灭的主要原因。地铁车站内虽然安装了火灾自动报警设备、自动淋水灭火装置、除烟设备和紧急照明灯,但是这些安全装置在应对严重火灾时仍明显不足,尤其是自动淋水灭火装置。大邱地铁发生大火时,车站断电,四周一片漆黑,紧急照明灯和出口引导灯均没有闪亮,导向灯的故障让乘客找不到出口,许多乘客在逃难路中窒息死亡。此外,该地铁站在设计时预期其通风设备可以用作火灾时的排烟系统,但是其负荷量不够,只能保障平时的空气流通,在这次大火中难以排除大量的浓烟。车厢内的座椅、地板等虽然采用耐燃材料,一旦燃烧起来仍会散发出大量有毒成分。据韩国媒体报道,火灾的死亡者中有许多是在跑出车厢后找不到出口而吸入了含有有毒成分的浓烟而死的。同时,运营员相关教育和培训不足,对安全教育流于形式等次要原因也造成了更多的人不幸遇难。

想要有效地预防地铁火灾事故的发生,减轻地铁火灾事故灾害,应重点加强地铁车站建筑、车厢不燃化设计,完善消防设施,健全消防安全管理制度,建立地铁火灾灭火救援体系和预案,即使地铁发生火灾事故,也能将火灾危害降低到最低水平。

## 7.5 城市地下工程中水灾防护

地下工程处于地面高程以下,一方面地面积水极易流入,另一方面时刻受到地下水的渗漏、浸泡危害。地下工程的结构渗水是一种较为常见的病害,在大规模的地下结构工程中更是常见。长期的渗漏会腐蚀建筑物混凝土中的钢筋结构,因此必然会影响到建筑混凝土结构的使用安全及使用寿命。所以,地下工程防水对于设计者和建造者来说就显得尤为重要。

### 7.5.1 城市地下工程水灾事故危害

我国城市地下工程的水患灾害每年都有发生:2005年11月29日上午9时许,兰州市博物馆的工作人员突然发现馆内办公楼地下室里有大量的积水。经过消防、供热、自来水、市政等部门救援人员十多个小时的联合施救,馆内地下室积水最终被抽空,但地下室内存放的部分馆藏珍贵文物却遭到不可挽救的损毁。2007年7月18日,因特大暴雨雨水淹了济南银座地下广场。由于水势太猛,玻璃门全部被冲碎,洪水冲倒了所经过的柜台。虽然身处地下的1万多人全部安全撤离,但造成的财产损失巨大。2010年5月,广州一场暴雨造成35个地下车库遭受不同程度水淹,1409辆车受淹或受到影响,造成重大损失。2021年7月17日至23日,河南省遭遇历史罕见特大暴雨,发生严重洪涝灾害(图7-6),特别是7月20日郑州市遭受重大人员伤亡和财产损失。灾害共造成河南省150个县(市、区)1478.6万人受灾,因灾死亡、失踪398人。

图7-6 2021年郑州暴雨事件致地铁车站进水

与火灾相比,地下水灾事故虽然不多,但一旦发生,它在地下空间中所造成的危害将远远超过地面同类事件,因而地下空间中水灾的防范及处治应是地下空间开发中必须解决的重要问题。

### 7.5.2 城市地下工程防水措施

1) 自防水材料

结构自防水即混凝土结构本体防水,它是人为地从材料和施工等方面采取措施减少或抑制混凝土内部空隙生成,提高混凝土密实性,从而达到防水目的。结构自防水的主要材料是普通硅酸盐水泥、矿渣水泥、粉煤灰水泥等。这些材料的抗渗性和耐久性都比较好,但由于防水混凝土的抗拉强度低,变形小,易于收缩,往往会破坏结构的整体性能。此外,普通防水混凝土内部空隙也容易形成渗水通道。混凝土的抗裂性和结构裂缝的处理是结构自防水的两个重要方面。

2) 全面考虑地下水的影响

①合理确定防水等级。
②考虑结构平面形式和外形。
③重视细部构造的防水设计。
④考虑现场条件。
⑤充分考虑施工条件。
⑥特别重视防水材料的选择。
⑦强调采用软保护层。

3) 水灾防治措施

(1) 工程措施

充分考虑到防洪需要,地下工程出入口处应高出地面一定距离(如地铁的出入口及通风口下沿须高出地面 150~450mm)。对于线状地下工程如地铁,若其位于下跨地表水体,则在地表水体以下的区间段的两端均应加强防淹门的设计工作,必要时辅以排水措施。

(2) 预警和疏散措施

根据相关研究成果,地下工程的出入口被淹主要是受暴雨及地面积水的影响,因此可根据天气预报及时做好地下工程出入口的临时防洪措施。对于下穿地表水体的地下工程(如地铁隧道和地下直径线等),遇到地震或特殊灾害性天气时与有关部门建立网络联系,加强对非常灾害的预测预报,及时做好关闭防淹门的各项措施,包括暂时中断地铁运营,疏散地铁乘客及有关人员,以应对突发事故的发生,使灾害的危害降到最低程度。

(3) 环境生态保护措施

考虑当地的水资源和生态环境的特点,建议从传统的被动的水力学防洪理念(如加强防淹门设计,提高防洪标准等)转向到生态主动的水文学防洪理念,如海绵城市设计,这是一项意义深远的工作。海绵城市设计就是在城市范围内采用各种措施对雨水资源加以保护和利用,这在发达国家已经有几十年的历史。雨水利用,一方面通过收集、储存和净化后直接利用;

另一方面通过各种人工或自然渗透设施,使雨水渗入地下,补充地下水资源。雨水利用不仅是利用雨水资源和节约用水,还应减缓城区雨水洪涝和地下水位的下降。

### 7.5.3 城市地下工程水灾典型案例分析

2020年7月6日以来,受持续强降雨的影响,江西省部分地区出现暴雨到大暴雨,局部地区出现特大暴雨天气。在持续多日的强降雨以及长江支流的共同影响下,鄱阳湖水位持续上涨,超过了鄱阳湖星子站警戒水位线1.07m。7月8日至7月9日,江西省内14个站点录得暴雨总计805.5mm,相当于全国近一半的暴雨都落在了江西。本次暴雨天气造成江西省25万人受灾,直接经济损失高达上亿元,南昌市城区多处道路出现积水,交通瘫痪。部分建筑出现了开裂现象,南昌鸿海万科天空之城北地块未交付地区局部地下停车场出现了多达40根柱体开裂、地基下沉和墙体开裂等现象(图7-7)。

图7-7 出现裂缝的柱体

(1)柱体开裂的原因

①由于地下停车场位置低于地面,强降雨过后,大量的雨水灌入地下停车场,在基坑与外墙间的回填土及地下室底板下的填土中形成渗流通道,地表积水渗入地下室底板下,导致了地下室上浮,从而导致上部柱体出现裂缝。

②施工单位在已知局部地下停车场顶板后浇带已封闭且顶板覆土未回填的情况下,没有及时采取有效的应急措施。而监理单位在应对汛期施工时,未能有效落实应急预案,在已启动了防汛二级应急响应的汛期,未对地下停车场局部顶部板未覆盖土体的情况下实施应急响应措施的情况进行有效的监管。

(2)本次事故带来的危害

①造成建筑物发生倾斜。本次南昌天空之城北部地下停车场因为暴雨发生上浮,造成了其北地块1#~19#主楼建筑物发生倾斜,但根据第三方检测单位检测结果认为:间隔6天的两次检测报告均反映主楼的建筑物倾斜率在安全范围之内,且此部位的顶板以及柱帽在开裂后有效地释放了地下停车场出现上浮现象之后所产生的附加应力和出现的结构变形,并不会对主楼的正常使用造成影响。

②造成大量的经济损失。由于大量承重柱出现裂缝，必须采取有效的措施进行修补，且因地下停车场上浮而导致其顶板、结构柱、柱帽、地板等受到不同程度的损伤，必须对其构件进行加固、补强或是更换，在满足设计要求后，方能恢复使用。其小区业主因为承重柱出现裂缝而大批退房。

(3) 如何预防和减少地下建筑物受到水灾的影响

①根据当地具体情况进行详细的设计。地下工程的设计应具备防洪能力。设计应考虑到地下工程所在地的水文地质条件以及可能发生的洪水情况。设计师应合理安排建筑的基础结构和排水系统。其中，排水系统应包括排水管道和排水泵站，确保在洪水来临时能顺畅排出积水，并避免建筑物被冲毁。同时，设计中还要考虑到建筑的气密性，以防洪水通过门窗等缝隙进入地下空间。

②采用较高标准的施工工艺。抗浮锚杆布置方式对地下室抗浮设计的安全性与经济性影响较大，设计时应通过多方案比选进行优化布置。同时根据相关规范的要求，防水工艺一定要落实到位，不能偷工减料，每一道防水施工步骤都应严格按照要求进行，如对基层涂刷处理剂之前一定要把基层清理干净，同时在进行涂刷时要做到均匀不漏底，防水卷材在搭接时的宽度要严格满足规范要求。

③按照具体情况布置排水设施。在出入口处安放防水设施，例如沙包、沙袋等，在发生事故时能够减缓水进入地下建筑。布置一定数量的有盖板明沟，明沟内部保持清洁光滑，不得有杂物堆积，并对其定期进行检查和清理，通过明沟将水流汇集到地势相对更低的集水坑，可在坑内设置拥有较大排水量的排水泵、排污泵等排水设备，使汇集的水流能够快速排除。

④完善防洪标准的同时做好防洪措施。结合当地的降雨情况并推算当地洪水水位的变化周期，对即将到来的洪水做出预判，对地下商场、地铁等地下建筑设置预警信号，方便提前进行准备，从而使得损失降至最小。

## 7.6 城市地下防空防灾体系

### 7.6.1 城市地下空间的防空防灾功能

地下空间基本上是一种封闭的建筑空间，从地下空间的特性看，与地面空间比较，它具有防护能力强、能抗御多种灾害、耐久性好和机动性较好等优势。同时，地下空间也有其局限性，例如封闭的空间不利于对内部灾害的防护，在重灾情况下新鲜空气的供应受到限制等。因此，应当区别不同情况和条件，扬长避短，才能发挥地下空间在城市综合防灾中的作用。从这个意义上看，应着重发挥地下空间以下三个方面的作用。

①为应对地面上难以抗御的灾害做好准备。在过去的二三十年中，我国为了防空而建造了大量地下人防工程，大部分均具备一定防护等级所要求的"三防"能力。这部分地下工程，包括过去已建的和今后计划兴建的，能够防御核袭击、大规模常规空袭、城市大火、强烈地震等多种严重灾害，是任何地面防灾空间所不能替代的，因此应当成为地下防灾空间的核心部分，

使之保持随时能用的良好状态,为抗御突发性的重灾做好准备。

②在地面受到严重破坏后保存部分城市功能和灾后恢复的潜力。当地面上的城市功能大部分丧失,基本上陷于瘫痪时,如果地下空间保存完好,并且能互相连通,则可以保存一部分为救灾所需的城市功能,包括:执行疏散人口、转运伤员和物资供应等任务的交通运输功能,提供维持避难人员生命所需最低标准的食品、生活物资供应,最低标准的空气及水、电保障,各救灾系统的通信联络;保障城市领导机构和救灾指挥机构的正常工作等。这样,就不但可以使部分城市生活在地下空间中得以延续,还可以使大部分专业救灾人员和救灾器材、装备得以保存,对于展开地面上的救灾活动以及进行灾后恢复和重建,都是十分必要的。

③与地面防灾空间相配合,实现防灾功能的互补。尽管地下空间的防灾抗灾能力强于地面空间,但其容量毕竟有限,不可能承担全部的城市防灾抗灾任务。对于一些仅仅开发少量浅层地下空间的城市来说,地下空间在容量上与地面空间相差悬殊,即使充分开发,一般也不能超过地面空间容量的 1/3。因此,有限的地下空间只能最大限度地承担那些唯有地下空间才能承担的救灾防灾任务,在不断扩大地下空间容量的同时,充分发挥地面空间,如城市广场、公园、绿地等的防灾功能,实现二者的互补,形成一个城市综合防灾空间的整体。

当城市地下空间的开发与利用已达相当规模和速度时,除指挥、通信等重要专业工程外,大量的地下防空防灾空间在平时的城市地下空间开发与利用中自然形成,只需对其加以适当的防灾指导,增加不超过投资的 1% 就可使其具备足够的防空防灾能力。对地下空间的开发应实行鼓励和优惠政策,使人防工程建设从强制性执行计划变成有吸引力的开发城市地下空间的自觉行动,这样不需要很长的时间,为每一个城市的居民提供一处安全的防灾空间的目标就能实现,一个能掩蔽、能生存、能机动、能自救的大规模地下防灾空间就能形成。

### 7.6.2 防空防灾系统的组成与防护要求

整个城市综合防空防灾体系由多个系统组成,包括:指挥通信系统、人员掩蔽系统、医疗救护系统、交通运输系统、抢救救援系统、生活保障系统、物资储备系统和生命线防护系统。如果各系统都有健全的组织、精干的人员和充分的物资准备,又有合理的设防标准,那么不论是发生战争还是严重灾害,这个体系都可以有效地运行,保护生命与财产,把空袭或灾害的损失减轻到最低程度,并在战后或灾后使城市迅速恢复正常。图 7-8 为城市地下防空防灾系统。

建立防空防灾系统应基于三个原则:一是确立合理的设防标准,防空与防灾统一设防;二是大部分系统应在平时城市地下空间开发与利用中形成和使用;三是由统一的机构组织规划、监督建设和依法管理。

目前在我国,只有人民防空工程和抗震工程有明确的设防标准。鉴于空袭后果与多种灾害的破坏情况非常相近,故暂以人民防空的设防标准作为统一的防空防灾标准,同时考虑灾害的特殊要求,应当是可行的。

图 7-8　城市地下防空防灾系统

核战危险减弱的同时，现代战争的主要形式是核威慑下的高技术局部战争。这一点已有一定共识，而花费高昂代价对核武器进行全面防护已失去实际意义，城市防护对象以常规武器为主即可；除少数核心工程外，不考虑常规武器直接命中，这样的防护标准对于多数平时灾害的防御也是适用的。

我国的人民防空建设虽然在数量和规模上取得了一定成就，但在防护效率上仍处于较低水平，主要表现在两个方面：一是习惯于用完成的数量作为衡量工作的标准，而忽视耗费比这样重要的指标；二是只重基本设施的建设，而配套设施严重不足。尽管人民防空工程已有一定的掩蔽性，但人员掩蔽后的生存能力和自救能力很弱，这一点不论是对核袭击还是常规武器的袭击都是相同的，应引起足够的重视，在建立各系统时应特别加以注意，在尽可能少用专门投资条件下，建成高效率的城市防空防灾体系。

### 7.6.3　战时城市疏散、运输、救援系统

交通是城市功能中最活跃的因素，当城市交通矛盾严重到一定程度后，单在地面上采取措施已难以解决，因此利用地下空间对城市交通进行改造就成为最早开始利用城市地下空间且成效显著的一项内容，交通成为城市地下空间利用的主要动因。目前，上海地铁已经达到 831 公里（截至 2023 年），拥有 20 条线路、508 座车站，其中换乘站 83 座，网络规模、车辆数量和全自动运行线路里程均位列世界前列，工作日日均客流接近 1200 万人次。以纵横交错的地铁隧道为干线，与地下快速道路系统相结合，再与分片形成的地下步行道相连接，组成一个四通八达的地下交通网，对保障战时人员疏散、伤员运送、物资运输都是十分有利的。

城市基础设施特别是市政公用设施系统对保障各种城市活动正常进行至关重要，故常被称为城市的生命线。城市生命线由很多系统组成，一旦在战争中受到空袭而被破坏，不但会造成直接经济损失，对城市经济和居民生活造成的间接损失也是严重的，甚至会使整个城市生活陷于瘫痪，从物质上和心理上对人民防空产生不利影响。这些系统在空袭中受到破坏的程度和抢修的速度，直接影响到处在掩蔽状态下的居民能否维持最低标准的正常生活和消除空袭后果的效率，以及战后恢复的难易。

在城市现代化进程中,市政基础设施的发展趋向大型化、综合化和地下化。虽然至今大部分市政管、线已经埋在地下,但多为浅层分散直埋,不但空袭中容易破坏,平时维修也要破坏道路,有时还会对浅层地下空间的开发与利用造成障碍。因此,在次浅层地下空间集中修建综合管线廊道成为今后市政公用设施发展的方向,对生命线系统的防护十分有利。此外,在市政公用设施中,最容易受空袭破坏的是系统中在地面上的各种建筑物、构筑物,如变电站、净水厂、泵站、热交换站、煤气调压站等。如果在现代化的过程中,逐步将这些设施地下化,则对于提高各生命线系统的安全程度是非常重要的。

## 7.7 城市地下工程施工事故及其防护

随着城市地下空间的开发与利用,地下工程的规模越来越大,数量越来越多,同时施工条件和环境越来越差,加上相应工程理论的不成熟,如何对城市地下工程施工事故引起的灾害进行防护,是工程建设中的重点与难点。

### 7.7.1 城市地下工程施工事故及其危害

2004年9月25日,广州地铁2号线延长段琶洲塔至琶洲区间工地基坑旁的地下自来水管被运泥重型工程车压破爆裂,大量自来水注入基坑并引发大面积塌方,塌方面积超过400$m^2$。

2006年1月3日,北京东三环路京广桥东南角辅路污水管线发生漏水断裂事故,污水大量灌入地铁10号线正在施工的隧道区间内,导致京广桥附近三环路由南向北方向部分主辅路坍塌,车辆被迫绕行,虽未有人员伤亡,但造成了重大经济损失和恶劣的社会影响。

2007年2月5日,江苏南京牌楼巷与汉中路交叉路口北侧,南京地铁2号线施工造成天然气管道断裂爆炸,导致附近5000多户居民停水、停电、停气。金鹏大厦被爆燃的火苗袭击,8楼以下很多窗户和室外空调机被炸坏(图7-9)。

图7-9 南京地铁施工造成燃气爆炸

2007年3月28日,位于北京市海淀南路的地铁10号线苏州街车站东南出入口发生一起塌方事故,此事故导致地面发生塌陷,并造成6名工人死亡。

2007年11月29日,北京西大望路地下通道施工发生塌方,导致西大望路由南向北方向主路4条车道全部塌陷,主辅路隔离带和部分辅路也发生塌陷,坍塌面积约100m²,此事故虽未造成人员伤亡,但导致该路段断路,交通严重拥堵(图7-10)。

图7-10 北京西大望路地下通道施工发生塌方

2008年11月15日,杭州地铁萧山湘湖段发生施工塌方事故,导致萧山湘湖风情大道75m路面坍塌,并下陷15m,正在路面行驶的约11辆车辆陷入深坑,造成21人死亡,这是中国地铁建设史上最为惨重的事故。导致坍塌的直接原因是施工技术的不合理以及设计单位缺乏设计经验,深层次原因也包括施工行业普遍存在的转包分包的顽疾以及建设单位不按科学办事的态度。

以上几起事故仅仅是中国城市地下工程建设事故的缩影,实际发生事故的数量是惊人的,其中造成巨大经济损失、引起严重社会影响的例子不胜枚举,这使我们深刻认识到在城市地下工程建设中面临着巨大的挑战。

### 7.7.2 城市地下工程施工事故的产生原因

(1)工程地质及水文地质条件异常复杂

工程地质及水文地质条件是城市地下工程设计、施工最重要的基础资料,充分掌握工程地质及水文地质资料是减少安全事故的前提。但由于地下工程具有隐蔽性,地质构造、土体结构、节理裂隙特征与组合规律、地下水、地下空洞及其他不良地质体等在开挖揭示之前,很难被精细地判明。大量的试验统计结果表明,岩土体的水文地质参数也是十分离散和不确定的,具有很高的空间变异性,这些复杂因素的存在给城市地下工程建设带来了巨大的风险,也蕴含了导致安全事故的根本因素。

(2)工程自身结构复杂

根据城市发展的需要,城市地下工程建设面临着开挖断面不断增大、结构形式日益复杂、结构埋深越来越小的技术难题。地铁车站、地下商场、地下停车场和地下仓库等地下工程,其跨度尺寸均达到10m甚至20m以上,而且结构复杂,施工难度较大。随着地下工程埋深的减小,施工对地面的影响增大,在超浅埋条件下,开挖对周围环境的影响及控制措施与开挖方式、施工工艺、支护方法等众多因素有关,是地下工程施工中极为复杂的问题。

(3) 工程建设周边环境复杂

城市地下工程所处的地理位置决定了其建设过程中几乎不可能与周围环境完全隔离，往往是在管线密布、建筑物密集、大车流和大人流的环境下进行施工，这种客观环境条件，决定了城市地下工程施工的高风险性，一旦发生事故，后果将非常严重。

(4) 立项、规划等决策问题

地下工程在项目投资可行性研究中不重视项目投资风险的预测，只凭借经验和直觉主观臆断，对项目建设过程中或建成后可能出现的风险因素预测不够。如未组织专家进行充分的咨询评估论证，忽视建设项目决策咨询评估制度，未及时发现施工工艺选择不当、技术不可靠、资金没有保证、市场调研不足、投资预算不准等问题，加大了地下工程的前期风险。一些决策者一味强调政绩工程，未能以科学发展观的思想进行多方面考虑，出现决策失误，造成巨大的资源浪费和经济损失，使得前期风险未能最大化地消除，为工程建设留下隐患。

(5) 勘察、设计不完善

场地的地质勘察资料是地下工程设计、施工的重要依据。必须准确地、全面地对场地土性、地下水条件等进行评价。在地下工程地质勘察中，地质条件千差万别，地层起伏较大，探孔数量有限，布孔间距过大，未能反映实际土层物理力学性质。有时探孔数量过少、探孔无法钻至预定深度，后又未采取补救措施，以致造成遗漏。由于地质条件异常复杂，地下结构形式多样，地下结构体与其赋存的底层之间的相互作用关系至今仍不明确，使得目前城市地下工程的设计规范、设计准则均存在一定程度的不足，导致工程设计中所采用的力学模型及分析判断方法与实际施工存在一定的差异。

(6) 施工设备及操作技术水平参差不齐

城市地下工程建设队伍众多，施工设备及技术水平参差不齐。由于工程施工技术方案与工艺流程复杂，不同的施工方法又有不同的适用条件，因此，同一个工程项目，不同单位进行施工可能会得到完全不同的施工效果。施工设备差、操作技术水平低的队伍在施工中更容易发生意外安全事故。若施工人员管理和策划不当、混乱，随时有可能发生事故。为赶工期忽视施工质量，工程监测不当，工程监督管理不当，相邻施工影响，盲目降低造价等都会影响工程质量。

### 7.7.3 城市地下工程施工事故的防护措施

(1) 勘察、设计的防护对策

①做好地质勘察工作。掌握施工所处区域的地质和水文地质资料，判明围岩稳定性，以及判断地下水是否会影响施工，是否具有可疏性，施工位置的选择要尽量避开不良地质地段。在考虑施工安全与工程总造价后确定最优的施工线路。

②针对必须穿越的不良地质区段，要做好超前地质预测预报工作，避免地质灾害的发生。多观察地质的变化，检查支护的受力状态，注意地形、地貌的变化，分析可能出现的险情，并做好预防措施。

③加强施工与设计的配合。发现围岩情况与设计不符，要及时提出设计调整建议；选择合适的施工方法，特别是开挖方法，减少对围岩的扰动，最大限度地发挥围岩自稳能力；若施工需要爆破，则尽量减少对软弱破碎地带的扰动，要注意及时做好支护，保证围岩稳定。

(2)事故发生前的防护对策
①人员配备标准化。
②按规范施工,落实各项安全防范措施。
③坚持"管生产必须管安全"的原则,落实安全生产责任制。
④探明地下管线,落实专项保护措施。
⑤对机械设备实行准入制度。
⑥建立健全项目安全保证体系,并落地执行。
(3)施工过程中的防护对策
①加强施工过程监控管理。
②地下施工风险管理。
③采用信息化施工。
④用专人管专业,抓弱项。

### 7.7.4 城市地下工程施工事故案例

广州地铁 11 号线是广州市政府"十二五"规划中的重点项目,主要是为了缓解广州市中心区域的交通压力。2019 年 12 月 1 日上午,广州市地铁 11 号线沙河站四分部二工区 1<sup>#</sup>竖井横通道上台阶喷浆作业区域上方路面,即广州大道北与禺东西路交界处出现塌陷(图 7-11),造成路面行驶的 1 辆清污车、1 辆电动单车及车上人员坠落坑中,两车上共 3 人遇难,直接经济损失约 2004.7 万元。

图 7-11　地面塌陷区

(1)坍塌事故发生的原因
①塌陷区域 1<sup>#</sup>横通道上方富水砂层及强风化砂层逐渐加厚,拱顶围岩为强风化砂砾岩,裂隙发育,局部揭露溶洞,围岩总体稳定性差,在使用暗挖法施工时发生透水坍塌的风险高。同时,本次施工时间跨度较长,沿河涌一带施工附近区域地下水存积量相较工程开工前大。

②受沙河站地表建筑物、立体交通、地下管线、沙河地区服装批发市场及其周边人流、车流极为密集等诸多客观因素影响,加密勘探受限,勘察精度与地质复杂程度不匹配,项目施工单位施工前未充分掌握施工区域及附近的地层变化与分布特征、地下地质水文情况。施工过程

中出现两次异常渗水掉块,但是没能引起足够的重视,未及时调整施工方案,采取有效措施并深入排查事故原因。

③施工单位安全风险辨识不足,针对施工过程中出现的渗水、溶洞等风险征兆,未采取针对性安全防范措施,未及时对地面采取围蔽警戒措施。事发时,地面值班人员及项目管理人员仅下达指令要求地下作业人员撤离,直至路面塌陷都未能及时组织对作业区上方路面进行紧急围蔽和警示过往人员车辆,导致事故后果。

(2) 如何预防类似地下工程事故

①本次事故施工前的地质勘探的设计布孔满足现行国家标准距离要求,但勘探受限于地面建筑设施和交通压力等客观因素,未能完成全部孔位勘探。因此,应杜绝地质勘探存在较大的盲区,保证勘察探测到位。在未能完全掌握具体地下地质情况时,不能冒险开工,必须采用超前地质勘探,待信息掌握完全后,再制订合适方案,进行施工作业。

②施工监管单位要时刻保持警惕,不要盲目乐观。对施工方法可能带来的安全风险加以管控。施工中出现不寻常现象时,立刻采取处理措施应对,并加强对地质变化的风险监测和防控。同时,日常监督检查必须落实到位,对易发生事故施工段进行重点检查,完善监督检查制度,及时巡查现场安全情况。

③建立联动机制,从源头上遏制地下工程建设安全风险。全面识别地质风险,从源头上辨识风险,深入分析地质条件对工程安全的影响,保障重要道路地上地下人员、建筑物的安全,确保各项工作能够顺利进行。开展常态化应急演练,切实增强应急管理人员、一线施工人员实施应急预案意识等。

## 本章思考题

1. 城市地下工程火灾的原因有哪些?如何进行地下工程的火灾防护?
2. 城市地下空间水灾事故原因?发生水灾时采取的防护措施有哪些?

# 第8章
# 城市地下空间韧性

全球变暖引发全球极端天气气候事件和自然灾害频繁发生,暴雨、寒潮、异常炎热天气和特大地震相继登场,灾害损失和人员伤亡大。郑州"7·20"特大暴雨引发灾难性的洪涝链生灾害和跨类(衍生)灾害,共397人遇难/失踪,这一严重事件给我国城市基础设施的建设与运营敲响了警钟。随着我国城镇化进程加快,城市复杂系统面临的未知风险因素不断增加,城市功能表现出极大的脆弱性,"韧性城市"应运而生。

针对外部灾害如地震、爆炸、火灾、毒气、风灾等,地下空间只需采取一定的措施即可达到较强的防灾效果。随着极端天气的趋频、趋强,单纯提高设计标准的防灾措施显然是不切实际的,因而考虑城市地下空间的灾后恢复能力成为必然。在韧性理念提出后,结构设计理念转向基于韧性的设计趋势有所增强,容许应力、荷载抗力分项系数等传统设计发展为基于性能的设计、鲁棒性设计。在结构运维方面,对提高城市地下空间韧性已达成基本共识,即平时提高城市居民生活质量,灾时保障人员和信息的高效流动。

## 8.1 城市地下空间韧性概述

### 8.1.1 城市地下空间韧性的内涵

在城市地下空间运营过程中,设备失灵、环境突变、管理失误、恐怖袭击等情况会导致地下空间功能无法正常发挥,进而影响城市功能的正常运转。城市地下空间韧性,是指城市地下空间具有的以下特性:在遭受冲击和扰动时能够抵抗冲击,维护其功能,及时恢复并吸收经验,从而提高应对下一次不确定性冲击的能力。城市地下空间韧性主要由以下3种能力组成:

①冲击抵抗能力,表现为城市地下空间遭受不确定性冲击时能凭借设施设备、管理机制体制等固有条件实现一定程度的抵御,尽可能维持地下空间的功能不受损害,或减轻损害的后果。

②受灾恢复能力,表现为城市地下空间在抵御冲击无效、不可避免地遭受到损害后,地下空间的功能及结构能够迅速恢复至初始状态或预期状态。

③风险适应能力,表现为城市地下空间在遭受不确定性冲击后,不仅能够适应冲击带来的后果,还能够通过主动或被动学习提升未来应对更大不确定性风险的能力。

传统的防灾减灾理念通常将灾害风险、作用对象割裂开来,主要通过抵抗不利作用来实现安全目标,单纯强调抗力韧性,即系统抵抗灾害作用的能力,要求系统功能损失至一定水平后仍能保持其关键功能不丧失。以韧性为导向的防灾减灾理念,则在传统理念中融入恢复韧性,强调抵抗与恢复的有机结合。可以看出,恢复韧性是被动防灾转向主动防灾的关键,涉及两类影响因素:恢复的技术和方法,为工程影响因素;通过人员、经济、管理等措施保障恢复过程的有序进行,为非工程影响因素。相较于抗力韧性,恢复韧性更注重非工程因素和灾后过程,采取更为宏观的视角看待城市地下空间的韧性发展。明确恢复韧性的内涵及其影响因素,是研究恢复韧性发展策略的前置条件。

### 8.1.2 城市地下空间韧性评估体系

城市地下空间韧性安全水平体现于城市承灾系统对公共安全事件响应过程的表现上,以及政府与各级组织对公共安全事件响应过程的管理上,因此,基于"城市安全韧性三角形模型",将城市承灾系统和安全韧性管理作为一级指标。其中,城市承灾系统包括建筑、人员、交通、基础设施、生态环境5个二级指标,安全韧性管理包含领导力、资金支持、风险评估、监测预警、应急管理能力、恢复能力、区域协同能力等7个二级指标,由此形成城市安全韧性评价指标体系框架(表8-1)。

城市安全韧性评价指标体系框架　　　表8-1

| 一级指标 | 二级指标 |
| --- | --- |
| 城市承灾系统 | 建筑、人员、交通、基础设施、生态环境 |
| 安全韧性管理 | 领导力、资金支持、风险评估、监测预警、应急管理能力、恢复能力、区域协同能力 |

当采用此体系展开评估时,需要根据受评对象的特点,针对各二级指标制定相应的三级指标,形成完整的指标体系,并对三级指标设置评分原则、权重,使指标体系具备可操作性和科学性。对于三级指标的选取,应注重反映出多样性、冗余性、适应性、鲁棒性、协同性、恢复力等城市地下空间韧性主要特征。

相较而言,作为城市韧性的重要组成部分,城市地下空间韧性的相关研究相对较少。基于对国内部分城市地下空间的实地调研,借鉴城市韧性评估既有研究成果,依据科学性、综合性、可操作性、层次性指标选取原则,构建包括基础韧性、管理韧性、发展韧性等3个方面的城市地下空间韧性综合评价指标体系(表8-2)。

**城市地下空间韧性评估体系** 表8-2

| 评估对象 | 一级指标 | 二级指标 | 单位 |
|---|---|---|---|
| 我国城市地下空间韧性($X$) | 基础韧性($X_1$) | 城市供水管道长度($X_{11}$) | km |
| | | 每万人拥有的医疗机构床位数($X_{16}$) | 张 |
| | | 建成区排水管道密度($X_{15}$) | km/km$^2$ |
| | | 地下轨道交通运营里程($X_{13}$) | km |
| | | 地下综合管廊长度($X_{12}$) | km |
| | | 人均拥有地铁长度($X_{14}$) | km/人 |
| | 管理韧性($X_2$) | 危险性较大的分部分项工程安全隐患排查整改率($X_{21}$) | % |
| | | 城市轨道交通日均客流量($X_{22}$) | 万人次 |
| | | 交通事故直接财产损失($X_{23}$) | 万元 |
| | | 交通事故发生数($X_{24}$) | 起 |
| | 发展韧性($X_3$) | R&D 支出($X_{34}$) | 亿元 |
| | | 地区生产总值($X_{35}$) | 亿元 |
| | | 固定资产投资额/行政面积($X_{33}$) | 亿元/km$^2$ |
| | | 城市轨道交通空间投资额($X_{32}$) | 万元 |
| | | 地下综合管廊投资额($X_{31}$) | 万元 |
| | | 地方财政公共安全支出($X_{36}$) | 亿元 |

(1)基础韧性

基础韧性是硬件设施层面的韧性,体现出城市地下空间基础设施的配置水平,是城市地下空间持续运营的首要条件。基础韧性维度选取城市供水管道长度、每万人拥有的医疗机构床位数、建成区排水管道密度、地下轨道交通运营里程、地下综合管廊长度、人均拥有地铁长度等6项二级指标,所选指标既反映了城市基础设施建设状况,也在一定程度上体现了城市抗冲击能力。

(2)管理韧性

管理韧性主要从运营与组织管理角度反映城市地下空间的韧性。管理韧性维度选取危险性较大的分部分项工程安全隐患排查整改率、城市轨道交通日均客流量、交通事故直接财产损失、交通事故发生数等4项二级指标。其中危险性较大的分部分项工程安全隐患排查整改率是指相关管理部门对房屋建筑和市政基础设施工程进行安全隐患排查及相应的整改情况,这是直接体现城市地下空间安全管理水平的重要指标。而交通事故发生数、交通事故直接财产损失则是管理效果的最终体现,作为反向指标,反映出了安全管理对城市地下空间韧性的意义。

(3)发展韧性

发展韧性是城市地下空间遭受突发事件或灾难事故冲击时,能够抵卸灾害、减轻灾害损失,并合理地调配资源,以从灾害中快速恢复过来的能力。城市地下空间在遭受冲击后,通过设施修缮和管理机制制度的整改,抗灾能力得到增强,能够抵御更大、更高强度的冲击。发展韧性维度选取 R&D 支出、地区生产总值、固定资产投资额/行政面积、城市轨道交通空间投资额、地下综合管廊投资额、地方财政公共安全支出等 6 项二级指标,主要反映经济投入对地下空间发展的影响作用。较高的经济水平对城市地下空间遭受冲击后的恢复具有正向意义,经济投入强度大则有利于地下空间设施的改进和完善,有助于地下空间韧性水平的提升。

### 8.1.3 城市地下空间韧性特征

城市地下空间韧性与城市韧性是一致的,考虑到地下空间多处封闭的特点,且相关的自然灾害的种类略有限定,故其主要特征表述如下:

①多样性:强调城市系统多元性和系统协同组织,表现为城市各子系统之间及地下与地上空间之间具有强有力的联系和反馈作用,当城市面临冲击时,多元的系统可以协作配合,有针对性地削减冲击带来的影响。

②适应性:强调城市组织的高度适应性和灵活性,不仅体现在物质环境的构建上,还体现在社会机能的组织上。

③鲁棒性:强调城市关键系统的承灾能力,主要体现在城市中某些重要功能的可替代性设计和备用设施的建设上,当城市面临冲击使得某种设施损坏时,其承担的功能可由备用设施补充或由其他系统替代。

④稳健性:系统抵抗和应对外部冲击的能力。

⑤恢复力:具有可逆性和还原性,受到冲击后仍能回到系统原有的结构或功能状态,组成系统的各部分之间具有强有力的联系和反馈作用。

⑥学习转化能力:具有从过往发生的灾害和经历中学习和转化的能力,通过系统内资源的及时补充和调动,填补最需要的缺口。

## 8.2 城市地下空间韧性规划与设计

### 8.2.1 城市地下空间韧性规划

城市规划是为了实现一定时期内城市的经济和社会发展目标,确定城市性质、规模和发展方向,合理利用城市土地,协调城市空间布局和各项经济建设所作的综合部署和具体安排。城市地下空间规划,既有城市规划概念在地下空间开发利用方面的沿袭,又有对城市地下空间资源开发与利用活动的有序管控,是各项地下空间功能设施建设的综合部署,是一定时期内城市地下空间发展的目标预期,也是地下空间开发与利用,建设与管理的依据和基本前提。

传统总体规划的综合防灾系统多以系统为单位考虑城市安全,优点在于各个系统的运营链条、技术标准和责任部门非常清晰,缺点是对于灾害的认知过于单一,忽视了灾害(尤其是重大灾害)暴发时的综合破坏力。另外,以政府为主导的单向传导管控思维无法满足未来面对突发事件的快速响应需求,公众参与城市安全建设的主观能动性低,风险意识也较为薄弱。

相比于传统的综合防灾减灾规划,韧性城市规划更加强调城市安全的系统性和长效性,规划的内涵也更为丰富,涉及自然、经济、社会等各个领域,而且更注重通过软硬件相互结合和各部门相互协调,构建多级联动的综合管理平台和多元参与的社会共治模式,进而弥补单个系统各自为营、独立作战的短板和不足。此外,将防灾减灾向后端延伸,提升城市系统受到冲击后的"回弹""重组"以及"学习"和"转型"等能力(表8-3)。

表8-3 传统防灾减灾规划与韧性防灾减灾规划的差异

| 比较项目 | 传统的防灾减灾规划 | 韧性城市理论下的防灾减灾规划 |
| --- | --- | --- |
| 规划理念 | 重在工程防御,减轻灾害,时效性短 | 适应安全新常态,基于动态风险评估,降低灾害风险 |
| 技术思路 | 以工程技术标准公式或经验值预测灾害,采取工程防御措施 | 城市安全风险评估,识别风险,评估影响,采取应对措施 |
| 系统方法 | 单一灾种防灾,主要考虑地震、火灾、洪涝、战争等;系统间协调机制不健全 | 范围扩展到城市公共安全,覆盖自然灾害、事故灾害、公共卫生、社会安全等多方面;强调灾后的快速适应和恢复能力 |

城市规划为地下空间规划的上位规划,编制地下空间规划要以城市规划的规定为依据,同时城市地下空间韧性规划应积极吸取城市规划的成果并反映在地下空间规划中,最终达到两者的协调和统一。

城市地下空间韧性规划的几个要点:

(1)综合性

城市地下空间韧性规划涉及城市规划、交通、市政、环保、防灾及防空等各个方面的专业性内容,技术综合性很强,同时作为对城市关键性资源的战略部署,地下空间韧性规划又涉及国土资源、规划、城建、市政、环卫、民防等多个城市行政部门,并最终触及生态和民生。

(2)协调性

地下空间韧性规划不是独立存在的,需要考虑在地面条件的制约下科学预测发展规模,慎重选择转入地下的城市功能,合理布局开发建设时序,最终引导地面空间布局及功能结构调整,实现整个城市的可持续发展。如何通过地下空间的韧性规划促进地上、地下两大系统的和谐共生,是城市地下空间规划与地面城市规划在职能上的根本不同。

(3)前瞻性与实用性

前瞻性是城市规划的固有属性,与地面城市规划不同,城市地下空间韧性规划具有很强的不可逆性,地下工程一旦建成将很难改造和消除,同时地下工程建设的初期投资大,投资回报周期长,地下空间设施运营和维护成本较高。而地下空间的环境、防灾及社会等间接效益体现较慢,很难定量计算,这些都决定了地下空间韧性规划需要更加长远的眼光,立足全局,对地下空间资源进行保护性开发,合理安排开发层次与时序,充分认识其综合效益,避免盲目建设导致一次性开发强度不到位且后续开发又无法进行,造成地下空间资源的严重浪费。

在高度强调地下空间韧性规划前瞻性的同时,规划方案的实用性也同样不容忽视,这主要是由我国的经济发展实际、投资建设与管理体制、地下空间产权机制及立法相对不完善等客观条件决定的。例如,虽然我国许多城市人均地区生产总值水平已接近或超过10万元,具备了大规模开发与利用地下空间的条件,但如果未曾认真分析国外地下空间开发和利用成功的背景及机制因素,只是片面强调全面网络化的地下空间开发模式,在我国现阶段未必可行。而立足我国多点分散的地下空间,针对如何构成体系、形成网络,研究适合我国国情的地下空间开发模式,将是规划解决的重点问题。同样,将综合管廊与地铁地下街等整合建设以节省建设成本,也巧妙地实现了现阶段发展的实用性。再如,没有完全打开融资渠道、地下空间产权不明等,也使规划与实际建设脱节,"公""私"地下空间连通受阻也影响了规划的顺利实施。

因此,地下空间韧性规划必须立足国情,强化规划实施措施方面的研究,同时注重吸纳新工艺和新技术,合理统筹前瞻性与实用性。

(4) 政策性与法治性

城市地下空间的韧性规划涉及多个城市行政部门,在遇到一些重大问题时必须通过出台相关政策、行政命令和法律法规的方式来保证管理权责,以推动规划的有效执行。同时,在规划实施的过程中,为协调政府、投资者和使用者等多方的利益关系,必然需要制定相关的政策与法规以保障规划的顺利执行,提高规划的可操作性。

今后的城市地下空间韧性规划应充分吸收政府管理部门及投资者等利益群体的意见,在编制中切实提出保障规划实施的政策性及法制性措施,为后续研究积累经验,最终推进地下空间开发与利用的管理及法治建设。

(5) 动态性

目前,我国仍在对城市地下空间韧性规划系统、完整、综合的设计方法及编制体系进行不断地探索。实际中,城市地下空间韧性规划往往以学术研究与规划实践的双重身份出现,这就决定了需要在实践中不断积累经验来完善现有的规划理论,并对新的规划实践进行更加行之有效的指导,使城市地下空间韧性规划理论在动态平衡中发展与前进。因此,今后的城市地下空间韧性规划应合理制定分期实施步骤,并对原有规划不断审视修正,充分吸纳城市规划理念中的"弹性规划"和"滚动规划",建立地下空间韧性规划始终是一个动态的过程。

芬兰赫尔辛基大都市区是世界上最北端的人口超过100万的大都市区,也是欧盟成员国中最北部的国家首都。赫尔辛基共有130万居民,约占全国人口的四分之一。赫尔辛基目前有$1.0 \times 10^7 m^3$的地下空间用于停车、开展体育活动、储存石油和煤炭、地铁运营等。此外,还有400多处地下房屋、220km的市政隧道、24km的中水管道和60km的综合管廊,承担整个区域的供热、制冷、电力、通信以及给排水。赫尔辛基平均每$100m^2$的地表面积有约$1m^2$的地下空间面积。赫尔辛基地下空间总体规划是具有法律效力的城市总体层面的规划,其主要目标是为公共设施建设提供空间资源并促进公用基础设施的统筹布局和系统建设,从而提高地下空间的整体经济效益、安全性和环境品质。地下空间总体规划针对城市中心建成区和外围郊区采用了不同的规划策略。地下空间资源对于赫尔辛基及其毗邻地区的城市结构具有极其重要的核心作用,能够帮助该区域构建一个更加统一且更具生态效益的结构。地下空间韧性规划提升了地下设施的整体经济效益,并增强了其安全性(图8-1)。

图8-1 位于赫尔辛基地下空间的泳池

## 8.2.2 城市地下空间韧性设计目标

城市地下空间韧性的概念并不能脱离具体城市的整体规划以及地下城市的规划而独立存在,其设计内涵受到时代背景和城市经济甚至是政治形势等多因素的影响。城市韧性的规划建设,一方面是对曾经发生过或者可能发生的问题进行归纳分析并拿出应对和解决方案,使整个城市系统强健,减少受到的各种困扰和限制;另一方面则是随城市规划提前做出规划,预留应急避难、疫情防控等相关功能接口,保留交通等城市基础设施接入条件。

地下空间平时会按各种设计用途正常使用,韧性则仅在城市状态发生重大变化或者遭受非常规打击时才体现。例如发生海啸、地震或遭受重大打击时,假设城市地上建筑或者部分地下空间无法再发挥功能,需要将部分或者全部城市功能转入剩余的城市地下空间来维持城市运行。

目前,地下空间的常规形式是根据城市自身已有的历史经验及可对比参照的同类型城市的经验来做应对设计。例如洪水和内涝多发的城市,有针对性地进行相应改造;发生过重大疫情的城市,可根据疫情发生期间出现的城市管理各方面问题对城市予以调整,但并不做出非常超前的设计。

例如在国际上赫赫有名的土耳其德林库尤地下空间(图8-2),根据科学家们的估计,德林库尤地下城可能在8—12世纪建成,最多可以容纳20000人躲灾避难,在历史上多个时期扮演了避难所的角色。1909年的阿达纳大屠杀,当消息传到这里时,阿克索很大一部分人都躲进了这个地下城。

德林库尤地下城共有8层,每层都有不同的功能。其中,第一层是住房、马厩、酒窖、厨房和餐厅等常见设施;第二层是拱形屋顶的教堂;第三和第四层设有洗礼堂、学校和军械库;第五层有教堂和储水池。整个地下城结构巧妙,由1200多个房间和隧道连接而成。入口分布在地面不同地方,通过50多个通风井与地面相连,保证了空气流通。地下城还拥有一条地下河,可供居民使用饮用水。此外,每一层都设有石门,以保护居民免受入侵者的威胁。

图 8-2　土耳其德林库尤地下空间

### 8.2.3　城市地下空间韧性设计要点

针对城市地下空间韧性的特征，在相关规划的基础上，城市地下空间韧性设计应更加具体并保证可实施，并注意保证系统化、冗余度和前瞻性。

**1) 系统化**

系统化就是从整体上考虑韧性在城市地下空间中的体现，具体包括以下几点：

(1) 如何处理未来灾害的发生概率与工程寿命之间的关系

城市灾害多种多样，未来灾害的发生频度也各有不同，发生灾害的种类和频度与城市区域位置环境、城市人口规模等密切相关。一般来说，重大灾害（如战争、地震、洪水等）发生的频度较长，而轻微灾害（如水涝、火灾等）发生的频度较短。有的灾害（如洪水等）可以适时提前预测，有的灾害（如地震等）则需长时间观察预判。

相比地上建筑，地下建筑物的工程寿命要求较长，但即使再长，按目前的相关工程规范标准要求，绝大部分最多也就 100 年的使用寿命。在地下工程 100 年使用寿命期间，应系统考虑城市未来灾害发生的概率，分析发生灾害的强度、对地下空间的影响以及抵抗和恢复能力。

(2) 如何处理针对相应灾害的容灾能力与工程成本之间的关系

城市地下空间韧性的设计目标就是对灾害具有相应的容灾能力。对于地下工程而言，因建设难度大于地面工程，故为确保其容灾能力所需的工程成本也远远大于地面建筑。工程成本是控制地下城市规模的重要因素，在容灾能力和工程成本之间应该有着相对合理的对应关系，既不能因为需要具有很强的容灾能力而导致工程成本无限增加，也不能因为过多顾忌工程成本而一味降低地下城市的容灾能力。

(3) 如何有效实现地下容灾系统与地上容灾系统的互补关系

在可以预见的时间范围内，地下城市只是作为地上城市的补充。地上城市的一部分功能按照适宜程度逐步转移到地下，因此地下城市功能和地上城市功能是互补关系。同样，地下城市的容灾系统与地上城市的容灾系统也是相互补充和相互支持的关系，只有地下与地上实现有效融合,容灾能力才会相对提高,工程成本也会相对降低。

(4) 如何整合局部容灾与区域容灾的相对关系

与地面空间类似,城市地下空间的组成也是由点到线再到网逐步形成规模。由于受建设环境和建设难度的限制,城市地下空间的独立性要远远高于地面城市,目前地下空间应对灾害也是以独立点的能力为主。随着地下空间网络化的逐步推进,需要将局部各自独立的容灾能力进行整合,形成区域容灾能力,加强各独立地下空间之间的沟通能力,使容灾能力能够共享,这样既提升了灾害应对能力,也适当降低了工程成本。

(5) 如何处理平常期和灾害期的功能转换关系

在应对地下城市灾害时,对地下空间的要求较高,包括空间规模划分合理、机电设备配套齐全以及客流组织疏解严谨等。地下空间的规模,理论上是越大越好,功能的转换越灵活越好,但规模过大,功能的转换就很难灵活,在城市设计过程中,需要考虑在平常期应具有转换成灾害期的预留条件,而城市在灾害发生及应对完成后,又需要有快速恢复到平常期功能的能力,实现真正意义上的地下韧性空间。

2) 冗余度

冗余度就是在城市设计中对容灾能力的包容程度,具体包括工程建设规模冗余度、工程结构安全冗余度和设备系统配套冗余度。

(1) 工程建设规模冗余度

工程建设规模具体指的是地下空间容量的大小。由于地下工程具有特殊性,空间容量超载会对地下空间的安全产生实质性影响。因此,在地下城市设计中,不应照搬地上城市的设计理念,应对地下空间规模提出上限,在具体使用时应尽量考虑降低规模。反过来说,就是要保证地下城市的建设规模有足够的冗余度,在实际容量超出设计值但还没达到极限值之前,应及时采取措施进行疏解。

(2) 工程结构安全冗余度

工程结构安全是地下空间整体安全的基础,地下工程的受力特征远比地面建筑受力特征复杂,其影响力学结构最大的因素如岩土特性、水位等具有变化复杂、强度不一、覆盖面广、影响严重等特性,加之不同灾害的影响范围、影响程度和影响模式不完全一致,所以在结构设计时,就要在结构参数取值、结构形式选择、结构计算模式等方面加强对安全余量的限制,最终尽量保证工程结构安全冗余度。

(3) 设备系统配套冗余度

设备系统配套冗余度需要考虑两个方面:一是设备规模;二是设备接口。由于工程建设规模和工程结构安全是长期性的,设备系统使用寿命相对较短,一般最多为30年,有的甚至10年左右就要更换,因此设备系统的配套冗余度不一定要很高,需要根据灾害发生的概率进行适当配置。设备接口对设备系统配套冗余度设置很重要,除了上述各系统使用寿命较短且不相一致的情况外,城市灾害也会随着城市发展、社会与自然环境不断发生变化,相应地下空间应灾的能力和形式也会发生变化,所以必须在设置设备接口时尽量减少局限性,为后续机电设备提供较为宽泛的接入条件。

3) 前瞻性

前瞻性就是城市设计中对未来城市发展和技术进步的预判程度及实施措施,具体包括对灾难场景的前瞻性判断、对应灾方式的前瞻性判断以及对应用技术的前瞻性判断。

(1) 对灾难场景的前瞻性判断

城市的发展是持续的,在人口规模、城市地位和城市功能上,随着城市发展而不断变化;社会环境无论是国家环境还是区域环境,也会随着国际、国内形势和政策的发展而相应改变;由于人类活动更加频繁,对自然环境的影响也愈加严重,包括地质环境、气候环境、公共卫生环境等,对地下城市影响较大的灾害发生的概率也更大。鉴于此,在地下城市建设过程中,就要对灾害发生的概率、发生的场景模式进行前瞻性预判,为韧性地下城市的设计提供基础。

(2) 对应灾方式的前瞻性判断

灾害类型和等级不同,影响程度也不尽相同。目前国家和地方大多没有相应的规定,而且随着人员情况的变化,社会经济的发展,国家对影响损害的关注重点也会发生变化,相应的应灾方式(如应灾重点、应灾模式、应灾主体等)也会不断调整。由此导致设计上需要分析发展趋势,在应灾方式上尽量考虑可持续性,以适应新的环境变化。

(3) 对应用技术的前瞻性判断

随着5G、大数据、人工智能、物联网、区块链、城市大脑等智慧城市新技术理念的引入和配置以及新材料的持续开发和应用,地下空间应对灾害的能力在不断增强,城市设计的基础条件也在不断改变,更安全、更合理、更经济的设计手段和设计方式也会层出不穷,应用技术的更新是持续的、动态的,城市设计也应该持续改进,根据技术发展的趋势进行定期调整。

## 8.3 城市地下空间韧性建设与运营

### 8.3.1 城市地下空间韧性建设原则

1) 地上地下空间开发规划一体化

开发城市地下空间是集约使用土地、优化城市功能、改善城市生态、保障城市安全的城市发展新路径。

将地上地下空间作为一个整体,在功能、布局、造型、装修、园林等各个方面,充分发挥地上地下空间各自的优势,统一规划建设。

对于市政管线、地下交通、商业、人防、综合体、仓储等设施,应减少暴露,进行风险的集中管理,改善城市生态环境。其中包括:

①利用城市地下空间资源分层化(浅、深、超深)特征,明确各层主导功能、开发时序、保护策略等。

②利用城市地下空间的减灾特性,合理安排城市地下空间设施,提高城市对灾害的承受弹性。

2) 利用城市地下空间重塑城市内在安全性

(1) 利用城市地下交通系统,优化城市交通结构

城市地下交通系统包括地下轨道交通系统、地下道路系统、地下停车场和地下步行系统。确定城市地下交通系统的主要灾害为火灾、水灾、地震和恐怖袭击,科学辨识各灾种的危险源,设计安全评价要素,评估危险等级,以此作为城市地下交通系统规划依据,并优化城市交通结构。

(2) 利用地下综合管廊,整合城市生命线系统

地下综合管廊通过将各类市政管线置于其内,较之直埋法敷设市政管线能够节约3/4的地下道路空间,且有助于防止管线权属单位盲目铺设管线,抢占管位,避免道路的频繁开挖。地下综合管廊能够有效地保护管线免受土体、地下水、道路结构层酸碱性物质的腐蚀,便于工作人员的检修与维护,提升城市生命线系统的稳定性和安全性。

(3) 利用地下仓储系统,分散城市危险品源

仓储系统的主要功能是收货、存货、取货、发货。将仓储系统建于地下,能够隔绝外部危险因素的影响。特别是储存油料或危化品等具有非常高的安全性。

(4) 利用城市地下空间连通性,连接城市分散的公共空间

根据地下建筑类型的不同,合理选择不同的地下建筑连通类型,由单体建筑之间的地下连通发展到地下建筑群的连通,直至形成地下综合体群,同时通过地下轨道交通系统形成城域范围内的地下空间网络。

(5) 利用地下人防空间,提升防灾韧性能力

人防空间建设目的是战时提供对核生化武器和常规武器的防护。在和平时期,开发利用地下人防空间,一方面能够增加城市空间,缓解人口密集和交通拥堵的矛盾;另一方面也能为突发事件或自然灾害的救援提供必要的条件,提升城市的整体防护能力。

(6) 利用地下物流空间,优化生产组织,创新智慧城市

地下物流系统是指通过大直径地下管道、隧道等运输通道,使用自动车辆对货物实行输送的一种运输和供应系统。地下物流系统不仅具有速度快、准确性高等优势,而且是解决城市交通拥堵、减少环境污染、提高城市货物运输的通达性和质量的重要有效途径。

3) 有序开发城市地下空间

(1) 统筹规划,有序开发城市地下空间

通过实施地下空间统筹、地下功能统筹、地下资源统筹,高效、集约开发和利用城市土地资源。

(2) 强调公共服务属性,适度挖掘商业价值

确定城市地下空间项目中各类型地下空间的开发比例,避免因过度追求商业价值,使地下空间人流量过大、过于集中,从而带来安全隐患。

(3) 推进综合管廊建设,预留未来发展空间

将市政管线集中到地下综合管廊中,节约用地空间,方便管线管理与延长管线使用寿命,也防止人为破坏。

(4) 重视地下景观设计,打造绿色宜居城市

通过景观设计增强采光、可视性、通风性,提升地下空间的宜居性和舒适感。

(5)明确管理主体责任,构建联合共治体系

改进当前多主体多规则的分散化管理模式,采用大部制、专业化、智慧化的管理模式。

### 8.3.2 城市地下空间韧性建设要点

地下空间的建设,是在处于相对平衡状态的自然环境上进行的改造,自然环境的各种反馈(单一的、综合的、叠加的)因素作用在建设工程上,既对建设过程的安全实施产生影响,也会影响后期永久结构的可靠度。所以要针对安全建设的目标,在建设过程中采取相对应的工程安全措施。其建设要点包含:

(1)对灾害来源的前期评估

无论是建设临时工程、永久工程还是接口工程,都应该对在建设时期可能出现灾害的概率和危害性加以评估,判断灾害产生的原因、不同建设阶段风险因素的改变、工程结构本身的脆弱程度等,分析判断安全风险的耦合性和危害程度,为安全建设提供风险预警。

(2)对建设安全措施的加强

建设安全措施是在建设过程中为保证工程结构安全和建设人员安全必须采取的保障措施,在建设成本和安全保障之间做选择,后者永远是第一位的。而避免因为灾害影响建设安全,即使灾害发生也能尽快恢复建设工作,本身也是韧性地下城市的一种体现。

(3)对建设工艺措施的保障

建设工艺措施是保障建设工程质量的基本要素,遵循正确的工艺措施就能正常达到或超过前期设计要求。而没有遵循正确的工艺措施,一方面,结构安全能否达到设计要求会存在疑问;另一方面,未遵循正确的工艺措施会提高已预估灾害的发生概率及危害程度,也可能导致新灾害的产生,还减弱了建设过程中结构应对灾害的反应能力。

(4)对新技术、新工艺的论证

新技术、新工艺在某种程度上会提高建设效率甚至降低建设成本,但由于地下工程建设具有复杂性,影响工程安全的因素多种多样,而灾害的发生是各种因素相互影响造成的结果,所以在采用新技术、新工艺之前,一定要加以反复论证,由小到大,由点到面,在充分保障降低灾害发生的情况下逐步推广使用。

### 8.3.3 城市地下空间韧性运营管理

相对地下城市的短暂建设过程,地下城市的运营周期就要长很多,其时长可以等同于整个地下空间的使用期限。在城市地下空间运营过程中,一些自然灾害、安全事故或者是人为的危害公共安全因素,都有可能使城市地下空间设施受损,功能无法延续。因此在城市地下空间的运营过程中,必须考虑一旦其遭受自然灾害、安全事故等的冲击,城市地下空间的功能不能够继续维持时该如何应对。城市地下空间运营韧性,是指城市地下空间在运营过程中遭遇突发事件的适应能力及功能恢复能力。其主要特征包括响应性、耦联性、稳定性。

(1)响应性

响应性是指城市地下空间遭受突发事件的冲击与扰动之后,应急主体所进行的应对。城

市地下空间运营韧性强弱的判断标准是响应性的高低。一方面是应急主体在响应速度上的快慢,另一方面是响应时对应急资源的利用效率高低。

(2)耦联性

城市地下空间运营是包括城市地下空间设施及管理主体与管理组织体系的系统性工程。城市地下空间运营韧性受该系统性工程的每一个子系统的影响,如组织管理体系脆弱会使城市地下空间子系统功能受到影响;城市地下空间管理主体的缺失会影响城市地下空间管理的重大决策的确定。所以,城市地下空间运营韧性很难用某一个或者几个指标来描述,要充分地了解各指标间的耦联性。

(3)稳定性

稳定性是指城市地下空间遭受突发事件冲击时,维持功能的相对完整、不发生毁灭性损失的能力。稳定性是运营韧性的基础,能保证城市地下空间的工程设施在急性冲击下保存下来并发挥作用。稳定性对于城市地下空间的运营至关重要,良好的稳定性也是城市开展突发事件应急处置的起点,城市地下空间运营越是稳定,越有助于应急救援及城市功能的恢复。

### 8.3.4 城市地下空间韧性运营应对突发事件

典型的城市地下空间结构在遭受不同的灾害时,会产生不一样的致灾因子。致灾因子是指在突发事件发生时,致使事件发生的诱因。此类因素会持续推动突发事件的演化和发展,是突发事件升级演化的根本原因和推动因素。

致灾因子可分为两类,即人为致灾因子和非人为致灾因子。人为致灾因子指人的不安全行为,如安全事故、恐怖袭击、战争等;非人为致灾因子主要包括自然灾害(地震、台风、海啸等)和设备故障。致灾因子状态具有不稳定性和易变性,使得突发事件呈现链条状演化,即灾害链。不同事故的灾害链和承灾载体不同,而承灾载体和致灾因子之间又有着密切的联系。一方面,承灾载体是致灾因子影响的结果;另一方面,承灾载体可能发展成为致灾因子。具体来说,承灾载体是一个由人群、地下生命线系统、人文环境及自然生态环境组成的社会系统,即由致灾因子引发的,受到直接影响的人和物。

假设某市于×年×月×日发生8级地震。在本次地震中,地下管线受到严重破坏,无法正常使用。同时地震引起的火灾以及汽油管线的泄漏使得火势迅速蔓延。此外,恐怖分子伺机携带炸药袭击地下生命线系统,整个地下空间严重损毁。城市地下空间突发灾害情景如图8-3所示。

(1)地震情景下的应对

第一步:监测。在地震发生后,该市各级地震监测台网和台站及社会地震监测台对地震信息进行监测、传递、分析、处理、存储和报送;受灾省地震局对全省各类地震观测信息进行接收、监控、存储、分析、处理并开展震情跟踪工作;密切监视震情发展,及时收集与地震事件相关的各类信息并进行分析研究。

第二步:评估研判。受灾省地震局立即启动地震应急救援预案,对震区基本情况、灾情简报、辅助决策系统及地震专题图进行预评估,由专家对震区伤亡人数、影响范围及经济损失进行评估,对指挥、救援活动作出初始评估并提出救援方案;组织开展震情的分析会商,严密监视余震动向,避免更大的损失发生。

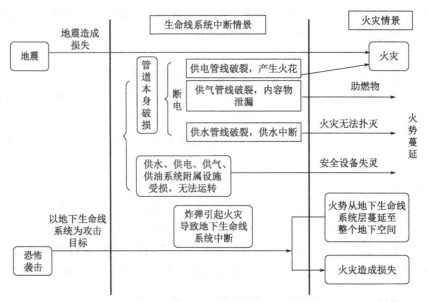

图 8-3 城市地下空间突发灾害情景图示

第三步:应急响应。成立抗震救灾指挥体系,实施地震应急 I 级响应。抗震救灾指挥体系由受灾省抗震救灾总指挥部、灾区市抗震救灾指挥部组成。抗震救灾总指挥部根据需要设立相应的应急救援专项工作组,包括抢险救灾组、群众生活组、医疗救治和卫生防疫组、基础设施保障和生产恢复组、地震监测和次生灾害防范与处置组、社会治安组、地震灾害调查及灾情损失评估组、信息发布及宣传报道组等。抗震救灾总指挥部要发挥好协调作用,统筹各部门各工作组的工作,对其工作进行引导和监督,保证工作有序开展。

第四步:救援与疏散。地震发生后立即通知受灾省抗震救灾总指挥部,根据地震应急救援预案,立即协调落实现场应急资源调配方案,安排支援灾区的抗震救灾物资,组织抢险救援队伍赶赴灾区,对被压埋的幸存者开展搜索、营救和医疗救护,最大限度地抢救生命,降低灾害后果。与此同时,应该立即安排人员开放应急避难场所,制订群众疏散撤离的方式和行动的组织指挥方案,规定疏散撤离的范围、路线、避难场所和紧急情况下保护群众安全的必要防护措施。重点要关注人员密集场所。

(2)火灾情景下的应对

第一步:监测。城市地下空间工作人员根据监测系统提供的信息和相关人员报警反馈的信息,了解火灾发生的信息,重点把握的信息包括:一是火灾的发生点和蔓延区域;二是场内人员被困情况及分布区域,以及自救措施情况;三是场所消防系统(报警系统、通风排烟系统、灭火系统)的运行情况,以及各区域隔火设施(卷帘门、防火门)的情况;四是电源(消防与非消防电源)的使用情况;五是烟的污染区域分布情况,以及潜在的危险和对救援工作开展不利的因素。

第二步:应急响应。一方面,城市地下空间相关管理人员在监测到火灾信息后,应该迅速开展初步的响应工作,主要包括:使用和启动消防系统设施和设备,运用紧急广播系统引导人员沿安全通道有序撤离。另一方面,要在城市地下空间建立灭火救援指挥部,主要任务有四个:一是对灭火救援队伍进行分工,合理分配救援任务;二是及时提供救援过程中所需要的设备器材,统筹调度;三是跟踪掌握火灾的变化情况,合理调整救援工作;四是随时与一线取得联系,并做好汇报工作。

第三步:救援与疏散。在灭火过程中,应根据火灾的发展情况,选用有效的灭火与救援策略。在火灾发生之初,内部产生的烟雾较少,可见度相对来说比较高,较易开展援救工作并控制火灾的蔓延,因此必须在第一时间以最高的救援效率开展救人和灭火工作;在火灾蔓延阶段,室内会有大量浓烟积聚,热气向周围扩散并从各出入口处喷出,因此消防灭火人员应佩戴呼吸保护装备,并配备照明设施,在射水做掩护的情况下,从有空气进入的入口进入;在火势凶猛阶段,消防指挥应判断形势,采取防御型措施,调集能有效控制火势的器材并集结相应的救援队伍,对重点区域进行控制,阻止立体式火灾扩大。在无人区域可采用高倍数泡沫灌注法或者运用封堵窒息的方法进行灭火。

人员疏散与救援也是城市地下空间火灾救援的关键步骤和环节。首先,应开启应急广播系统,一方面通过广播安抚受困人员情绪;另一方面通过广播告知自救措施,提醒受困人员配合救援人员的工作。其次,做好引导、分流工作,有秩序地将受困人员安全疏散,避免拥挤踩踏事故的发生。对于特殊情况下不能进行引导疏散,需要抢救的被困者,消防指挥员应与地下空间管理人员取得联系,查阅图纸,对地下空间的空间结构及设施情况进行分析,采取针对性方案进行救援。

(3)恐怖袭击情景下的应对

第一步:监测和情报搜集。有关部门应在城市地下空间设置实时监测系统,评估危险的级别。要强化反恐情报搜集分析工作,依托国家反恐怖主义情报中心和地方反恐怖主义领导机构,加强以城市地下空间为袭击目标的反恐怖主义情报信息搜集工作,强化不同单位情报信息的协作共享机制,对搜集到的有关线索、人员和行动类的情报信息及时进行分析和研判。拓展情报搜集的来源与渠道,建立以地铁警力为骨干,保安员、物业人员、商户、乘客等为主体的多元信息采集机制,将信息搜集的触角延伸到城市地下空间辖区的每个区域内,为有效预警和精确打击恐怖活动提供依据。要建立疑似恐怖组织和恐怖人员等重点高危人员的信息数据库。

第二步:应急响应与处置。当前的城市地下空间反恐处置力量主要包括公安机关、运营部门的保卫部门与安保部门。所以,迫切需要专门的机构作为城市地下空间反恐的主体,并辅以当前已有的警务机构、安检人员、运营机构、工作人员、地铁出入口附近的地面警务巡逻力量形成立体化防控体系。同时组建由公安、消防、武警、通信、医疗、水务、环保、燃气、地铁公司等多部门组成的专业反恐、抢险、救援队伍。

第三步:人员疏散。可以按照《中华人民共和国反恐怖主义法》第六章"应对处置"部分所规定的"指挥长负责制"确定地下空间的指挥长角色,统筹指挥各方面力量参与地下空间爆炸现场的疏散和救援。指挥长最主要的职责就是要在爆炸发生后,根据现场情况及时确定疏散和救援的具体方案,并指令各参与力量协同落实。在这一过程中需解决的主要问题有以下几个。

①确定现场人员的疏散路线,利用广播系统,由工作人员组织引导现场人员离开危险区。

②组织警察力量及时赶赴现场,执行区域封锁和秩序维持,防暴、技术、侦查小组佩戴专有标记开展相应工作。

③组织消防力量,根据爆炸及现场破坏情况组织对火情、毒气及毒物等的救险处置。

④组织紧急医疗救护力量对现场进行救援。此外,还应根据实际情况对爆炸现场周边的公共场所、公园、集市、公共交通工具发出警报,并通过城市广播系统引导人们进入安全区域。另外,恐怖分子有可能多点实施爆炸,现场疏散和救援力量应有后备和机动措施,以便实施多点同时救援。

(4) 地下管线破损情景下的应对

由于燃气管线破损易引发爆炸,处理难度更大,因而以燃气管线破损为例提出应对措施。

第一步:抢修准备。应急办公室开展事故信息搜集及分析,现场应急指挥部成员立即赶赴现场开展应急救援行动,并通知当地政府、公安、安全生产监督、消防、燃管等部门,迅速疏散事故现场周边居民。现场指挥人员首先应断开电源,通知附近居民熄灭一切火种。同时应迅速赶到出事地点,协助当地相关部门控制事故区域,在事发区域设置警示标志、警戒线,实时了解事故现场泄漏情况,及时、准确地评估事故发展状况、影响范围。

第二步:抢修施工。确定泄漏点,及时挖出泄漏处管沟土方,确定抢险方案。在施工过程中,要采用轴流风机强制排出管沟内的天然气,同时进行不间断的可燃气体监测和安全监护。

## 8.4 城市地下空间韧性建设案例分析

上海合作组织地方经贸合作示范区(简称"上合示范区")位于青岛胶州湾西侧,规划用地面积 $61.1 km^2$。对于建成的上合示范区,通过合理开发与利用其城市地下空间,建设高水平的防灾减灾韧性城市,打造工业、建筑、交通低碳排放以及生态与人工强碳汇的"双碳"城市,形成一个在转型的同时不断适应,能够对脆弱性进行防范,在风险中维持与恢复活力的韧性系统。作为上合示范区核心区的子系统,上合广场地下空间综合体是核心区公共服务空间和地下交通系统的关键纽带,因此在基本功能上应起到连通、高效、联动及整合物流、车流、人流的作用,是具有防火、防淹(内涝)、防疫、韧性交通、韧性市政基础设施、韧性结构等多功能的系统,创新性地回应环境对空间不同阶段的需求。

上合广场位于上合示范区核心区(简称"核心区"),属于上合示范区的重点开发区域,用地面积约 $1.267 \times 10^5 m^2$,计划于 2025 年 12 月底完工,由地面广场、地下空间、地下车库联络道、综合管廊及市政配套五大子项组成,空间布局共有四个层面,包含地面广场和地下三层空间。项目建成后地面广场面积预计约 $1.26 \times 10^5 m^2$,地下空间总建筑面积约 $3 \times 10^5 m^2$,综合开发利用的地上、地下空间将为周边开发提供一流的交通和市政基础设施。作为核心区中枢系统,上合广场致力于为核心区中轴线区域提供综合服务功能,地下空间的开发设计与地面城市核心相耦合。作为城市最重要的子系统之一,上合广场地下空间集立体交通、公共服务、绿色市政、智慧管理等综合功能于一体,通过合理分析各类功能设施的规模,并充分考虑地下功能的未来发展与弹性转换,形成功能多元复合、发展具备韧性的地下空间体系。

(1) 防火设计

地下商业因其建筑结构特殊、功能复杂、人员密集,火灾危险性更大,因此地下商业的消防安全防控问题尤为重要;智慧中心和能源中心作为地下空间的创新应用,属于新的火灾风险源,一旦发生火灾,损失影响比较大。上合广场地下空间功能系统主要包括公共商业开发区域、市政综合服务设施(物流中心、智慧中心、能源中心)及公共停车库。能源中心为车库、商业与物流中心等供电,智慧中心包括环路控制中心、管廊控制中心、交大大道控制中心,建成后将动态支持地下物流系统、地下商业、地下安全防范相关活动,以提升上合广场对各类社会性事件、自然事件的响应速度和处理能力。

上合广场地下空间结合天然采光的下沉式广场合理组织通道和防火分区,在主要通道的交会处适当将空间放大,提升公共空间品质的同时对防火疏散也很有利。

(2) 防淹(内涝)设计

一座城市的防洪涝灾害问题及地下道路的防水灾问题,不能简单地依靠提高标准来解决。提高标准会使得投资成本提高,投资性价比降低,甚至受各种外在条件限制,导致在实际实施时无法落地,达不到预期目标。特别是地下道路及地下工程中,从车辆通行、视觉及相关的技术角度,进出口挡水驼峰的高度和人行楼梯、风井、采光井等开口防水挡墙高度,不能为提高防水灾标准而设计得太高;同时也不能够出现降雨量增幅不大时就频繁关闭地下道路而影响正常通行。因此,基于整个城市一定的防洪标准和防内涝标准,在客观实施条件和投资受限的情况下,需要寻求韧性技术方案,提高其防水灾能力的弹性空间。

上合广场地下空间积极汲取郑州水灾经验,充分利用自身条件,结合地面景观绿地广场和海绵城市技术,以防蓄结合、平灾结合、应急调蓄为主要原则,在地下一层和地下三层分别设置了雨水利用调蓄池和应急雨水调蓄池。

地下一层设置雨水利用调蓄池,在雨季收集雨水,旱季收集周边污水,经过储存处理为再生水,作为洗车、道路、广场及绿化浇洒用水,既考虑了雨水的重复利用,又考虑了再生水的再利用,也可以缓解城市内涝,提升减灾能力。借用整个地下三层作为应急雨水调蓄池,在台风或者极大暴雨灾害的情况下,结合上合广场地下空间的应急防灾预案,在短历时超标降雨、台风等特别灾害天气时启用,打开进水口,缓解甚至抵御该项目及汇水面积范围内其他重点工程的被淹情况,保护周边地上及地下一、二层的商业及重要设备,以及周边区域主要建筑的地下车库等地下空间,增加人员疏散的时间,避免更大的人员伤亡及财产损失,起到减灾的作用。

应急雨水调蓄池的建设大大提高了抵抗城市内涝风险能力,应对超标降雨,吸收超过20年一遇内涝设计标准的雨水,可将该区域的内涝防治标准由20年一遇提高到100年一遇(3h降雨模型计算);充分利用城市地下车库等地下空间作为多功能调蓄空间,遇到极端降雨事件时提前清空调蓄空间内的车辆、可移动设备等,进而将市政积水引至调蓄空间,缓解调蓄空间周边市政道路积水现象,同时保护多功能调蓄空间所在的上层建筑及重要设备,也可以有效降低工程投资。进水及强排管渠与地下建筑同步设计,不影响地下空间的非雨季使用功能。

(3) 韧性交通设计

上合广场秉承城市立体交通理念,坚持多元化分项系统支撑,构建了地面和地下两套交通体系,高效利用地上和地下空间,形成立体化综合运输网络格局,通过设置地下交通系统(轨道交通、地下道路、地下车库联络道),提高交通出行的保障度。就地便捷换乘、中转或配送,提高交通运输效率,降低交通能耗,可以减少环境污染。

示范区未来将形成"三线、一轨、十一站"、公交辐射、轨道覆盖的综合公共枢纽系统,结合"一隧两环"的地下行车道路系统,可以做到相互补充和相互可替代,上合广场地下二层与地下环路平行衔接,布置了地下车库联络道和公共停车区域,实现了地面道路、地下环路与地下停车场的连通,大幅提升了车行交通的可靠性和韧性。

(4)韧性市政基础设施设计

随着城市网络化和市政管网体系的快速发展,因管线扩容、更新、维修等带来的道路反复开挖现象十分常见,不仅给居民的正常生活造成了不便,同时也带来环境污染、噪声污染,以及管线交叉损害、城市交通拥堵、商业利益损失等问题,已经成为制约城市基础设施发展和环境改善的瓶颈。此外,各大城市因新建地铁导致原有管网设施破坏或者管道改建的情况常有发生。

上合广场通过与地下环路共建的方式设置了总长约1.1km的片区型综合管廊系统,由于使用寿命与预测期限之间的差距较大,因此考虑一定弹性系数,使综合管廊无须开挖道路即可进行管线扩容的优势得以充分发挥。这不仅可以辅助解决城市交通拥堵问题,还极大地方便了电力、通信、燃气、供排水等市政设施的维护和检修,该系统还具有一定的防震减灾作用,进一步提升了管线的安全性和可修复性。同时还通过设置储能中心,提供应急状态下的能源保证。

(5)韧性结构设计

地下空间结构设计必须具有十分优越的抗灾防灾性能和耐久性能。作为上合示范区核心区的重要子系统,上合广场地下空间建筑尺度较大,属于超长结构,有效控制混凝土收缩应力和温度应力影响,是确保地下室结构安全、正常使用的设计重点。同时在结构设计中充分考虑各个要素条件(防火、抗震、防水、耐久性等),确保施工阶段和使用阶段的结构整体稳定性,确保抗震安全,杜绝工程事故的发生。

上合广场地下空间主体结构采用框架结构,抗震等级设计为三级;结构防水设计确立钢筋混凝土结构自防水体系,并以此作为系统工程对待,即以结构自防水为根本,加强钢筋混凝土结构的抗裂防渗能力。同时,以变形缝、施工缝等接缝防水为重点,重要部位辅以附加防水层加强防水;耐久性按照50年设计使用年限设计,同时结合项目特点,依据相关规范,采取必要措施确保结构具有足够的耐久性。

上合广场项目在工程设计过程中,充分把握城市公共地下空间开发利用的发展趋势,综合布置城市空间的要素,诠释了城市韧性理念在"应急""弹性""调蓄"等方面的内涵,同时还进行了减灾防灾设计。除了专项减灾防灾设计外,上合广场项目通过创新性地组合地上、地下共四层空间,将建筑空间纳入核心区绿色基础设施,以整体性系统应对突发性事件。

**本章思考题**

1. 城市地下空间韧性规划要点和设计要点的主要包括哪些内容?
2. 城市地下空间韧性建设要点包括哪些?

# 参 考 文 献

[1] 李喆,江媛,姜礼杰,等.我国隧道和地下工程施工技术与装备发展战略研究[J].隧道建设(中英文),2021,41(10):1717-1732.

[2] 黄强兵,彭建兵,王永飞,等.特殊地质城市地下空间开发利用面临的问题与挑战[J].地学前缘,2019,26(3):85-94.

[3] 雷升祥,申艳军,肖清华,等.城市地下空间开发利用现状及未来发展理念[J].地下空间与工程学报,2019,15(4):965-979.

[4] 唐祖君,张翔,徐建刚.日本轨道交通枢纽"站城一体开发"模式、实践及其启示[J].现代城市研究,2020(12):55-63.

[5] 日建设计站城一体开发研究会.站城一体开发:新一代公共交通指向型城市建设[M].北京:中国建筑工业出版社,2014.

[6] 刘鑫,洪宝宁.城市地下工程[M].北京:中国建筑工业出版社,2021.

[7] 曾亚武,吴月秀.城市地下空间规划[M].武汉:武汉大学出版社,2022.

[8] 蒋雅君,郭春.城市地下空间规划与设计[M].成都:西南交通大学出版社,2021.

[9] 李晓昭,王睿,顾倩,等.城市地下空间开发的战略需求[J].地学前缘,2019,26(3):32-38.

[10] 陈志龙,伏海艳.城市地下空间布局与形态探讨[J].地下空间与工程学报,2005(1):25-29.

[11] 张波,于姗姗,刘茜婉.西安金融商务区地下空间控制性详细规划案例研究[C]//2014中国城市规划年会论文集,2014:93-100.

[12] 万汉斌.城市高密度地区地下空间开发策略研究[D].天津:天津大学,2013.

[13] 李鹏.面向生态城市的地下空间规划与设计研究及实践[D].上海:同济大学,2008.

[14] 王文卿.城市地下空间规划与设计[M].南京:东南大学出版社,2000.

[15] 顾新,于文悫.城市地下空间利用规划编制与管理[M].南京:东南大学出版社,2014.

[16] 束昱,路姗,阮叶菁.城市地下空间规划与设计[M].上海:同济大学出版社,2015.

[17] 赵景伟,王鹏,王进,等.城市重点地区地下空间开发控制方法:以青岛中德生态园商务居住区地下空间控制性详细规划为例[J].规划师,2015,31(8):54-59.

[18] 胡斌,赵贵华.蒙特利尔地下城对广州地下空间开发的启示[J].地下空间与工程学报,2007(4):592-596.

[19] 顾国荣,杨石飞,苏辉.地下空间评估与勘测[M].上海:同济大学出版社,2018.

[20] 中华人民共和国住房和城乡建设部.岩土工程勘察规范(2009年版):GB 50021—2001[S].北京:中国建筑工业出版社,2009.

[21] 中华人民共和国住房和城乡建设部.建筑地基基础设计规范:GB 50007—2011[S].北京:中国建筑工业出版社,2012.

[22] 龚晓南.地基处理手册[M].3版.北京:中国建筑工业出版社,2008.

[23] 袁聚云,钱建固,张宏鸣,等.土质学与土力学[M].4版.北京:人民交通出版社,2009.

[24] 陈志敏,欧尔峰,马丽娜.隧道及地下工程[M].北京:清华大学出版社,2014.

[25] 李志业,曾艳华.地下结构设计原理与方法[M].成都:西南交通大学出版社,2003.

[26] 陶龙光,刘波,侯公羽.城市地下工程[M].2版.北京:科学出版社,2011.

[27] 吴波.城市地下工程技术研究与实践[M].北京:中国铁道出版社,2008.

[28] 魏进,王晓谋.基础工程[M].5版.北京:人民交通出版社股份有限公司,2021.

[29] 木林隆,赵程.基坑工程[M].北京:机械工业出版社,2021.

[30] 吴熊森.地下工程结构[M].2版.武汉:武汉理工大学出版社,2015.

[31] 贺少辉.地下工程[M].2版.北京:清华大学出版社,北京交通大学出版社,2022.

[32] 门玉明,王启耀,刘妮娜.地下建筑结构[M].2版.北京:人民交通出版社股份有限公司,2016.

[33] 曾艳华,汪波,封坤,等.地下结构设计原理与方法[M].2版.成都:西南交通大学出版社,2022.

[34] 关宝树.地下工程[M].北京:高等教育出版社,2011.

[35] 崔玖江.隧道与地下工程修建技术[M].北京:科学出版社,2005.

[36] 白云,肖晓春,胡向东.国内外重大地下工程事故与修复技术[M].北京:中国建筑工业出版社,2012.

[37] 曹平,王志伟.城市地下空间工程导论[M].北京:中国水利水电出版社,2013.

[38] 马桂军,赵志峰,叶帅华.地下工程概论[M].北京:人民交通出版社股份有限公司,2016.

[39] 洪开荣.我国隧道及地下工程发展现状与展望[J].隧道建设,2015,35(2):95-107.

[40] 尚志海,刘希林.试论环境灾害的基本概念与主要类型[J].灾害学,2009,24(3):11-15.

[41] 王凤山,戎全兵,朱万红,等.地下工程地震灾害综合风险要素体系研究[J].工程地质学报,2016,24(6):1064-1071.

[42] 方银钢,朱合华,闫治国.上海长江隧道火灾疏散救援措施研究[J].地下空间与工程学报,2010,6(2):418-422.

[43] 张冬梅,李钰.地铁荷载引起的盾构隧道及土层长期沉降研究[J].防灾减灾工程学报,2015,35(5):563-567.

[44] 周红波,蔡来炳,高文杰.城市轨道交通车站基坑事故统计分析[J].水文地质工程地质,2009,36(2):67-71.

[45] 王梦恕,张成平.城市地下工程建设的事故分析及控制对策[J].建筑科学与工程学报,2008,25(2):1-6.

[46] 郭东军,陈志龙,杨延军.城市地下空间规划中人防专业队工程布局探讨[J].岩石力学与工程学报,2003(S1):2532-2535.

[47] 郭翔.城市地下空间韧性评估及提升策略研究[J].中国国土资源经济,2023,36(10):74-81.

[48] 路德春,廖英泽,曾娇,等.城市地下空间恢复韧性发展策略研究[J].中国工程科学,

2023,25(1):38-44.
[49] 邵继中.城市地下空间设计[M].南京:东南大学出版社,2016.
[50] 谭卓英.地下空间规划与设计[M].北京:科学出版社,2015.
[51] 陈志龙,王玉兆.城市地下空间规划[M].南京:东南大学出版社,2005.
[52] 陈志龙,黄欧龙.城市中心区地下空间规划研究[C]//2005 城市规划年会论文集.北京:中国水利水电出版社,2005:605-610.
[53] 刘艺,任杰,余朝玮,等.城市公共地下空间韧性设计研究:以青岛上合广场为例[J].城市建筑,2023,20(8):33-35.
[54] 中国工程院全球工程前沿项目组.2021 全球工程前沿[M].北京:高等教育出版社,2021.
[55] 郭骏伟,李晓英.泡沫混凝土在城市地下建(构)筑物处理中的应用[J].天津建设科技,2023,33(2):45-48.
[56] 陈智贵,宋力,陈小威,等.新孟河延伸拓浚工程黄山河地涵曲线顶管施工技术探讨[J].中国水运(下半月),2023(1):84-86.
[57] 梁跃.基于视觉舒适的地下步行空间天然光引入方式与天窗设计策略研究[D].徐州:中国矿业大学,2022.
[58] 刘静文.地下空间托起"未来之城"[N].中国自然资源报,2022-02-17(006).
[59] 周杰,任永忠.兰州地铁土门墩车站基坑开挖支护有限元分析[J].山西建筑,2021,47(17):57-59,86.
[60] 方忠新,龚辉,张莹,等.沿海地区高压旋喷桩止水施工技术[J].石油化工建设,2021,43(2):67-71.
[61] 余东洋.城市地下空间工程施工特点、机遇和挑战分析[J].四川水泥,2021(1):143-144.
[62] 段谟东.塔木素地区高放废物黏土岩处置库建造工程条件研究[D].北京:中国地质大学(北京),2020.
[63] 蒋少武,高鹏,邱昌.超狭窄竖井盾构分体始发施工技术研究[J].施工技术,2020,49(1):79-82,112.
[64] 何冠男.大断面长距离混凝土顶管管节卡管机理研究[D].重庆:重庆大学,2019.
[65] 王录林.关于浅埋隧道管幕法施工对环境保护作用的探讨[J].价值工程,2019,38(9):105-107.
[66] 油新华,何光尧,王强勋,等.我国城市地下空间利用现状及发展趋势[J].隧道建设(中英文),2019,39(2):173-188.
[67] 沈福良,马俊江,贾刚,等.泥饼处理措施研究[J].城市建设理论研究(电子版),2019(4):92.
[68] 左义华.浅析武汉市岩溶地段建筑地基处理与基础选型[J].山西建筑,2019,45(4):57-58.
[69] 张军.富水复合式地层地铁盾构管片上浮控制技术[J].石家庄铁道大学学报(自然科学版),2018,31(S2):46-50.

[70] 夏生祥.泥水平衡顶管技术在穿越客专中的应用[J].价值工程,2018,37(28):182-186.

[71] 王丹,耿丹,江贻芳.城市地下空间测绘及其标准化探索[J].测绘通报,2018(7):97-100.

[72] 郄雪刚.深圳市轨道交通站点和周边地下空间一体化开发案例研究[D].深圳:深圳大学,2018.

[73] 王栋.川藏铁路高海拔、大高差区隧道典型工程地质问题研究[D].成都:成都理工大学,2018.

[74] 王龙.盾构隧道与联络通道交叉部位管片力学行为研究[D].石家庄:石家庄铁道大学,2018.

[75] 黄细超.成兰铁路某隧道洞口段围岩稳定性及抗震措施研究[D].成都:成都理工大学,2018.

[76] 邓如勇.盾构刀盘结泥饼的机理及处置措施研究[D].成都:西南交通大学,2018.

[77] 艾祖斌.泥水平衡法顶管施工过程控制研究[J].城市道桥与防洪,2017(12):137-140,154.

[78] 王磊.地连墙未隔断承压含水层判断与加固技术[J].国防交通工程与技术,2017,15(4):42-46,80.

[79] 邱俊.成兰铁路某隧道软弱围岩大变形特征及其控制措施研究[D].成都:成都理工大学,2017.

[80] 姚建锋.岩溶处理方法及技巧分析[J].工程技术研究,2017(4):12-14.

[81] 张军.袖阀管注浆技术在地铁暗挖区间施工中的应用[J].建筑施工,2017,39(4):548-549,553.

[82] 伏海艳,朱良成.善用地下空间资源:香港地下空间发展的经验和启示[J].地下空间与工程学报,2016,12(2):293-298.

[83] 李地元,莫秋喆.新加坡城市地下空间开发利用现状及启示[J].科技导报,2015,33(6):115-119.

[84] 陶玮,丁国莹,李长斌.大口径顶管技术在水利工程中的应用与设计[J].价值工程,2014,33(23):122-123.

[85] 梁仟名.珠海横琴梧桐树大厦袖阀管双液注浆加固深层砂层防止冲孔桩塌孔的技术应用[J].中华民居(下旬刊),2014(6):334-335.

[86] 喻莲.地铁盾构出洞冷冻法加固施工技术[J].石家庄铁道大学学报(自然科学版),2014,27(S1):242-243,246.

[87] 张显宇.砂卵石地层盾构施工方案研究[C]//中国市政工程协会.2014中国城市地下空间开发高峰论坛论文集.中咨工程建设监理公司,2014.

[88] 李勇军.联络通道冻结法施工关键技术[J].安徽建筑,2013,20(6):73-74,96.

[89] 杨校辉.桩锚支护结构内力演化及受力特性对比研究[D].兰州:兰州理工大学,2013.

[90] 李馨.钢筋混凝土构件裂缝宽度计算方法比较研究[D].大连:大连理工大学,2013.

[91] 王波.城市地下空间开发利用问题的探索与实践[D].北京:中国地质大学(北京),2013.

[92] 朱锦峰.上海市中山医院综合楼地下通道的顶推施工技术[J].浙江建筑,2012,29(10):38-42.

[93] 王玉晓,杨千红,魏善航,等.日本消防工作考察启示[J].消防技术与产品信息,2012(9):65-68.

[94] 粟晋华.岩溶隧道注浆加固技术探讨[J].中国科技信息,2012(17):50,71.

[95] 高亚丽.地铁隧道盾构法施工综述[J].科技信息,2012(22):365.

[96] 曹宝飞,张国华.大口径钢筋砼管泥水平衡顶管技术工程应用[J].中国西部科技,2011,10(35):17-18.

[97] 黑文艳,黑美艳.工程勘探布置的技术总结[J].科技资讯,2011(32):43.

[98] 陈婷婷.基于AHP-TOPSIS的地铁车站施工方案比选研究[D].大连:大连理工大学,2011.

[99] 李津威,俄广志,徐海峰,等.城市地下空间开发趋势及规划应对[C]//中国城市规划学会;南京市政府.转型与重构:2011中国城市规划年会论文集.天津市规划局建设项目管理处,天津市地下空间规划管理信息中心系统开发部,天津市地下空间规划管理信息中心综合业务部,2011:9.

[100] 苏俊军.陡倾岩层中隧道围岩失稳机理及塌方处置对策探讨[D].西安:长安大学,2011.

[101] 丁站武.顶管施工技术[J].中国城市经济,2011(8X):161-162.

[102] 吕运春.关于冻结法在建筑施工中的应用技术分析[J].黑龙江科技信息,2011(14):282.

[103] 尹亮.城市总体布局中地下空间开发利用研究[D].长春:东北师范大学,2011.

[104] 罗龙勇,李冉,付亮.地下结构设计的荷载、模型、方法的确定[J].工程建设与设计,2011(4):59-62.

[105] 林源.黄土超深基坑施工对周边环境的影响及对策研究[D].西安:西安建筑科技大学,2011.

[106] 陈玲.冻结法在隧道泵站中的施工应用[J].太原城市职业技术学院学报,2010(12):150-151.

[107] 游红卫.建筑施工中冻结法的应用探析[J].民营科技,2010(4):245.

[108] 宋秀清.隧道监控量测技术在鹰嘴山隧道的应用[D].西安:长安大学,2010.

[109] 李广新.锚喷支护设计方法比较[J].煤炭技术,2010,29(3):95-96.

[110] 吴茹.浅谈冻结法施工方法[J].中小企业管理与科技(上旬刊),2009(34):184.

[111] 王芳.地铁隧道盾构施工风险分析及对策研究[D].西安:西安建筑科技大学,2009.

[112] 束昱,路姗,朱黎明,等.我国城市地下空间法制化建设的进程与展望[J].现代城市研究,2009,24(8):7-18.

[113] 张士科.史山矿回采巷道锚杆支护参数优化研究[D].焦作:河南理工大学,2009.

[114] 苏伟.溶洞对地铁隧道结构力学特性及围岩压力影响的研究[D].长沙:中南大学,2009.

[115] 顾松.中山市三乡镇污水主干管网工程顶管施工措施[J].山西建筑,2008(18):197-198.

[116] 刘叶.西安城市地下空间开发利用规划研究:以地铁二号线沿线为例[D].西安:西安建筑科技大学,2008.

[117] 付磊.城市地下空间规划指标体系研究[D].西安:西南交通大学,2008.

[118] 张乐.达成高速铁路浅埋大断面隧道施工力学研究[D].西安:西南交通大学,2008.

[119] 王龙.地下空间标识系统设计研究[D].上海:上海交通大学,2008.

[120] 谭勇.峪园隧道衬砌破裂检测评价及演化机理分析[D].长沙:长沙理工大学,2007.

[121] 王宁,薛绍祖.人工地层冻结法在地铁联络通道中的应用[J].隧道建设,2007(S2):494-497.

[122] 隋兆显,胡建平.城市地下空间开发利用情况及环境地质问题分析[J].江苏地质,2007(2):119-123.

[123] 唐福祥.东莞市地下空间开发需求预测及岩土技术初探[D].广州:广东工业大学,2007.

[124] 蒋蓓.基于杭州市岩土工程虚拟场地上的地下隧洞开挖模拟的一体化设计[D].杭州:浙江工业大学,2007.

[125] 赵英骏.城市的立体化开发:城市地下空间设计形态的研究[D].合肥:合肥工业大学,2007.

[126] 张弛.成都市地下空间开发与规划研究[D].西安:西南交通大学,2007.

[127] 芍洁,邢德兆.石拱桥套拱法加固技术研究[J].山西建筑,2007(4):334-335.

[128] 钱七虎.建设节约型城市应充分开发利用地下空间:在地下空间国际学术大会上的讲话[J].地下空间与工程学报,2006(S1):1081-1082.

[129] 钱七虎.地下工程建设安全面临的挑战与对策[J].岩石力学与工程报,2012,31(10):1945-1956.

[130] 钱七虎.可持续城市化与地下空间开发利用[J].世界科技研究与发展,1998(3):4-8.

[131] 章元爱.TBM隧道围岩稳定和支护结构受力特性研究[D].北京:铁道部科学研究院,2006.

[132] 黄明波.大跨水工导流洞施工技术研究[D].西安:西南交通大学,2006.

[133] 梁旭黎.深埋巷道围岩稳定性分析[D].保定:河北大学,2006.

[134] 冯华晟.住区地下空间设计研究[D].上海:同济大学,2006.

[135] 李文慧.地下洞室群施工期监测与动态支护设计研究[D].成都:四川大学,2005.

[136] 潘培强.深基坑支护技术在广州地铁建设中的应用[D].长沙:湖南大学,2005.

[137] 武明静.多种施工技术在广州地铁二号线纪越区间隧道的综合应用[C]//中国铁道学会.铁路长大隧道设计施工技术研讨会论文集.中铁十二局集团第二工程有限公司,2004:7.

[138] 童林旭.地下空间概论(一)[J].地下空间,2004(1):133-136,142.

[139] 杨哲峰,高勇.地下隧道新奥法施工综述[J].水利规划与设计,2003(4):40-48.

[140] 党秀英,谭一鸣,陈太林,等.锚喷支护设计分析方法的研究现状[C]//中国建筑学会工程勘察分会,中国土木学会土力学与岩土工程分会,中国地质学会工程地质分会,中国岩石力学与工程学会.全国岩土与工程学术大会论文集(下册).空军后勤学院,2003.

[141] 彭颖,夏才初,王文杰.地下空间在我国城市立体开发中的发展[J].地下空间,2003(2):216-219+228.

[142] 焦永强.顶管施工与原体测试[D].西安:西安建筑科技大学,2002.

[143] 钱七虎.岩土工程的第四次浪潮[J].地下空间,1999(4):267-272+338.

[144] 张丽香,梁二永.论城市化可持续发展的对策[J].内蒙古科技与经济,1999(2):23-24.

[145] 曹健.旋挖钻机摩阻杆振动规律仿真研究[D].北京:中国地质大学(北京),2022.

[146] 陈敏柏.那文隧洞工程通风防尘实施方案探讨[J].广西水利水电,2022(4):72-73,79.

[147] 陈培菲.旋挖钻机动力头甩土特性研究[D].秦皇岛:燕山大学,2023.

[148] 董辉辉,闵付松.潮式混凝土喷射机技术发展现状与研究方向[J].能源技术与管理,2015,40(6):13-15.

[149] 耿家祥.国外地下连续墙施工技术及其设备的开发应用和发展趋势[J].天津建设科技,1997(3):40-43.

[150] 韩艳桃.双轮铣成槽机技术初探[J].山西建筑,2007(4):339-340.

[151] 何超伟.旋挖钻机截割部件的优化设计研究[D].郑州:郑州轻工业大学,2023.

[152] 孔双腾.旋挖钻机筒钻截齿破岩仿真研究[D].北京:中国地质大学(北京),2022.

[153] 李海峰.超深地下连续墙成槽中设备优选与施工工艺[J].工程机械与维修,2022(1):199-201.

[154] 李玲.沉管隧道的机械配套问题[J].西部探矿工程,1999(5):47-51.

[155] 李赛.综掘工作面风水联动除尘系统研究与应用[D].合肥:安徽理工大学,2023.

[156] 刘鹏.试析湿式混凝土喷射机的发展及应用[J].江西煤炭科技,2015(4):87-88.

[157] 刘旭阳.隧道衬砌模板台车设计的探讨[J].中国建筑金属结构,2007(2):42-46.

[158] 吕益.除尘风机结合单轨吊在岩巷掘进中的应用[J].煤矿安全,2015,46(2):85-86.

[159] 孙志宇,李成.凿岩、锚杆台车在大断面巷道中的快速掘支应用[J].能源技术与管理,2016,41(1):98-100.

[160] 王卫星,任学禹.综合除尘系统在柳湾煤矿选煤厂的应用[J].山西焦煤科技,2020,44(12):50-54.

[161] 王兆卿,孙建党,张新江,等.旋铣式成槽机[J].中国水利,2010(10):67-68.

[162] 毋焱磊,陈鑫鑫,石安政,等.锚杆台车工作臂设计及作业空间分析与验证[J].机电工程技术,2023,52(4):275-280+308.

[163] 徐锁庚,董辉辉,山军兴.锚喷支护技术与混凝土喷射设备研究综述[J].建井技术,2017,38(4):50-54.

[164] 闫振东.大断面煤巷支护技术试验研究及新型锚杆机研发应用[D].北京:中国矿业大学(北京),2010.

[165] 杨其新,王明年.地下工程施工与管理[M].成都:西南交通大学出版社,2005.

[166] 叶绿,张寿,姚华,等.掘进机可控循环通风除尘方法与措施研究[J].化工矿物与加工,2010,39(9):30-32.

[167] 张红耀,康宝生.锚杆台车再制造研发及质量控制[J].建筑机械化,2020,41(6):72-75.

[168] 张开玉,徐龙江.湿式混凝土喷射机的研究与应用[J].煤矿机械,2012,33(12):217-219.

[169] 朱生茂.煤矿防尘降尘设施的改进措施探究[J].山西化工,2023,43(2):143-144.

[170] 陈国兴,陈苏,杜修力,等.城市地下结构抗震研究进展[J].防灾减灾工程学报,2016,36(1):1-23.

[171] 杜修力,李洋,许成顺,等.1995年日本阪神地震大开地铁车站震害原因及成灾机理分析研究进展[J].岩土工程学报,2018,40(2):223-236.

[172] 安永林,杨高尚,彭立敏.隧道火灾中CO对人员危害机理的调研[J].采矿技术,2006(3):412-414.

[173] 李为为,唐祯敏.地铁运营事故分析及其对策研究[J].中国安全科学学报,2004(6):105-108.

[174] 郑刚,程雪松,周海祚,等.岩土与地下工程结构韧性评价与控制[J].土木工程学报,2022,55(7):1-38.

[175] 刘严萍,王慧飞,钱洪伟,等.城市韧性:内涵与评价体系研究[J].灾害学,2019,34(1):8-12.

[176] 赵子维,袁媛,郭东军,等.基于防灾的城市地下空间网络复合可达性评价[J].地下空间与工程学报,2021,17(1):1-8.

[177] 李彤玥.韧性城市研究新进展[J].国际城市规划,2017,32(5):15-25.

[178] 宋玉香,张诗雨,刘勇,等.城市地下空间智慧规划研究综述[J].地下空间与工程学报,2020,16(6):1611-1621+1645.

[179] 杨敏行,黄波,崔翀,等.基于韧性城市理论的灾害防治研究回顾与展望[J].城市规划学刊,2016,(1):48-55.

[180] 邱桐,陈湘生,苏栋.城市地下空间综合韧性防灾抗疫建设框架[J].清华大学学报(自然科学版),2021,61(2):117-127.